Studienhilfe Botanik

Zu Strasburger
Lehrbuch der Botanik
34. Auflage

Von Helmut Besl
Manfred A. Fischer
Wolfgang Höll
Dieter Vogellehner

5. Auflage

GUSTAV FISCHER
Stuttgart Jena Lübeck Ulm

Zuschriften an:

Dr. Helmut Besl,
Institut für Botanik der Universität Regensburg,
Universitätsstraße 31, D-93053 Regensburg

Prof. Dr. Manfred A. Fischer,
Institut für Botanik der Universität Wien,
Rennweg 14, A-1030 Wien

Prof. Dr. Wolfgang Höll,
Lehrstuhl für Botanik der TU München,
Arcisstraße 21, D-80333 München

Prof. Dr. Dieter Vogellehner,
Botanischer Garten der
Albert-Ludwigs-Universität Freiburg,
Schänzlestraße 1, D-79104 Freiburg

Die Deutsche Bibliothek -
CIP-Einheitsaufnahme

Studienhilfe Botanik : zu Strasburger, Lehrbuch der Botanik, 34. Aufl. / von Helmut Besl ... – 5. Aufl. – Stuttgart ; Jena ; Lübeck ; Ulm : G. Fischer 1998
ISBN 3-437-25348-4

Impressum:

Satz: Satz.Grafik Günter Heimbach, 73760 Ostfildern
Gesetzt aus der 9/10p Times, Auszeichnungsschrift Frutiger
Gedruckt auf 100g/qm Velva, h'frei beidseitig matt gestr., tcf
Druck und Einband: Wilhelm Röck GmbH, Weinsberg
Umschlaggestaltung: pre press Ulm
Titelbild: *Euphorbia myrsinites* (Foto: P. Sitte)

Vorwort und Einleitung

Auch bei der fünften Auflage der «Studienhilfe Botanik» leitete uns der Grundgedanke, den Studierenden der Biologie das Arbeiten mit STRASBURGERS «Lehrbuch der Botanik» zu erleichtern, ihnen zu helfen, sich in die Wissenschaft von den Pflanzen zu vertiefen und sich auf die Anforderungen der Prüfungen einzustellen.

Sämtliche Teile dieser Auflage wurden überarbeitet und auf die 34. Auflage (1998) des «Lehrbuchs der Botanik» abgestimmt. Die Studienhilfe bringt zu den meisten wichtigen Themen des Lehrbuchs Fragen mit kurzen, falls erforderlich aber auch ausführlicheren Antworten. **Seiten- und Abbildungszahlen (am Ende der Antwort) verweisen auf die entsprechenden Stellen im Lehrbuch.**

Die Fragen der Studienhilfe sind bewußt unterschiedlicher Natur. Einerseits bringen wir solche, bei denen es um einfaches Faktenwissen geht und die sich meist problemlos beantworten lassen. Sie dienen den Studierenden zur Überprüfung des «materialen» Wissensstandes und geben Anregungen, etwaige Lücken durch das Studium der betreffenden Stellen im Lehrbuch zu füllen. Allzu spezielle Fragen nach Einzelheiten erübrigen sich oft, da sie sich auch mit Hilfe des Stichwortregisters am Ende des STRASBURGERS unschwer beantworten lassen. Besonders als direkte Vorbereitung auf Prüfungen und manche Prüfer hat derartiges «Vokabellernen» sicherlich einen gewissen Wert.

Um aber der Gefahr des bloßen Einpaukens entgegenzuwirken, haben wir uns bemüht, die «Verständnisfragen» zu vermehren. Dies liegt einerseits im Interesse der Studierenden, denn sie werden nur selten mit solchen Prüfern zu tun haben, die sich mit telefonbuchartigem Wissen begnügen. Andererseits entsprechen wir damit dem Wunsch zahlreicher Rezensenten. Unter Verständnisfragen verstehen wir solche, die sich bloßem Auswendiglernen widersetzen und vielmehr nur dann richtig zu beantworten sind, wenn der Sinn des betreffenden Begriffs, der Argumentation, der Zusammenhänge verstanden worden ist. Sie regen die/den Studierende/n dazu an, selber nachzudenken und zu prüfen, ob sie/er den Sachverhalt tatsächlich richtig verstanden bzw. das jeweils Wesentliche erkannt hat und sich nicht bloß durch ein Scheinwissen aus zwar eingeprägten, aber unverstandenen Wörtern hat täuschen lassen.

Wenn die Fragen und Antworten mitunter etwas über den Text des STRASBURGERS hinausgehen, soll dies nicht als Nachteil empfunden werden, sondern als Anregung, sich mit dem Lehrbuchtext kritisch auseinanderzusetzen. Außerdem werden sich wohl nur wenige Prüfer auf den Wortlaut des Lehrbuchs beschränken. In einigen Fällen haben wir auch Fragen gewagt, die sich auf mehrere verschiedene oder im Lehrbuch weit voneinander entfernte Themen beziehen, denn sie erscheinen uns wertvoller als jene, die ohnehin in genau derselben Sichtweise im Lehrbuch abgehandelt werden.

Nicht zuletzt hoffen wir, daß sich vielleicht auch mancher Prüfer durch unsere Fragen anregen läßt, was natürlich dem studentischen Leser unserer Studienhilfe zugute kommt.

Wir sind allen Rezensenten der 4. Auflage sehr dankbar, die sich der Mühe unterzogen haben, die Fragen und Antworten der Studienhilfe kritisch zu beurteilen. Unser Dank gilt insbesondere denjenigen Kollegen, die uns auf konkrete Fehler aufmerksam gemacht haben. Über Stellungnahmen aus dem Kreis der Studierenden zur vorliegenden Auflage würden wir uns sehr freuen.

Wir haben uns die Arbeit an dieser Studienhilfe wieder genau parallel zu den Autoren des Lehrbuchs aufgeteilt:

- Einleitung und 1. Teil: Morphologie (STRASBURGER-Autor: P. Sitte): D. VOGELLEHNER (Freiburg);
- 2. Teil: Physiologie (STRASBURGER-Autor: H. Ziegler): W. HÖLL (München);
- 3. Teil: Evolution und Systematik, 2. Abschn.: Übersicht des Pflanzenreichs, z. T.: Prokaryoten und Niedere Pflanzen (Pilze, Algen, Moose, Farnpflanzen) (STRASBURGER-Autor: A. Bresinsky): H. BESL (Regensburg);
- 3. Teil: Evolution und Systematik, 1. Abschn.: Allgemeine Grundlagen; und 2. Abschn.: Übersicht des Pflanzenreichs, z. T.: Höhere Pflanzen (Samenpflanzen); und 4. Teil: Geobotanik (STRASBURGER-Autor: F. Ehrendorfer): M. A. FISCHER (Wien).

Im Frühjahr 1998

H. Besl
M. A. Fischer
W. Höll
D. Vogellehner

Inhaltsverzeichnis

ERSTER TEIL: MORPHOLOGIE

ZWEITER TEIL: PHYSIOLOGIE

Erster Abschnitt: Physiologie des Stoff- und Energiewechsels

DRITTER TEIL: EVOLUTION UND SYSTEMATIK

VIERTER TEIL: GEOBOTANIK

Einleitung

1 Welche Organismen werden zur Gruppe der «Pflanzen» gestellt?	Als Pflanzen werden alle Organismen zusammengefaßt, deren Zellen neben echten Zellkernen auch Plastiden enthalten, die u.a. als Chloroplasten vorliegen. Die Chloroplasten sind die Organelle der Photosynthese, damit sind die Pflanzen phototroph (photoautotroph). (Seite 1)
2 Welche Gruppe der Einzeller (Protisten) kann man als «gemeinsame Wurzel» von Tierreich und Pflanzenreich deuten?	Die Flagellaten; sie treten, zuweilen in derselben Gattung, als Chloroplasten-aufweisende und Chloroplasten-freie Formen auf (Phyto- und Zooflagellaten). (Seite 1)
3 Weshalb müssen die Archaeen (Archaebakterien) und Bakterien davon getrennt behandelt werden?	Durch den völlig anderen Zellbau, z.B. kein echter Zellkern, unterscheidet man diese Organismen grundsätzlich als Prokaryoten mit Protocyte von allen anderen Organismen, den Eukaryoten mit Eucyte. (Seite 1)
4 Prägen Sie sich anhand Abb. 1 die wichtigsten Strukturen eines eukaryotischen pflanzlichen Einzellers ein.	(Seite 1)
5 Weshalb kann man trotz aller Unterschiede, etwa zwischen Pro- und Eukaryoten, von einem monophyletischen Ursprung aller heute lebenden Organismen ausgehen?	(Seite 2)
6 Nennen Sie kurz die «klassischen» Eigenschaften lebender Systeme.	Fähigkeit zur Biosynthese, Stoffwechsel und Energieaustausch, Bewegung, Reizaufnahme und Reizbeantwortung, Wachstum und Entwicklung, Fortpflanzung, Vermehrung, Vererbung, Evolution. (Seiten 2, 3)
7 Inwiefern ist die Fortpflanzungsfähigkeit als übergeordnetes Kriterium des Lebens anzusehen? Was versteht man unter dem «von Neumannschen Automaton»?	(Seite 3)
8 Orientieren Sie sich anhand Kapitel C über die Vorstellungen zum Ursprung des Lebens und bedenken Sie vor allem die abiogene Entstehung organischer Moleküle und die Entstehung einfachster Selbstvermehrungs-Systeme.	(Seiten 3, 4)
9 Wodurch kann man auf die sehr frühe (d.h. frühes Präkambrium) Trennung der Organismenreiche (Archaeen, Bakterien, Eukaryoten) schließen?	Durch den Vergleich hochkonservierter Sequenzen homologer Proteine, RNAs und DNAs. (Seite 4)
10 Orientieren Sie sich über die «untere Komplexitätsgrenze selbstreproduzierender Biosysteme» oder über das Problem «Wie klein können Lebewesen sein?»	(Seite 5)
11 Warum sind Viren keine Lebewesen im Sinne der Definition?	Sie verfügen nicht über einen Stoff- und Energiewechsel, haben keine eigene Replikationsfähigkeit und Proteinsynthese und vermögen sich daher nicht selbsttätig fortzupflanzen. (Seiten 5, 6)
12 Was sind Viroide?	Infektiöse Nucleinsäuren (RNA) ohne Begleitproteine, z.T. gefährliche Pflanzenparasiten. (Seite 6)

13 Warum sind Viren und Viroide nicht als Urformen des Lebens interpretierbar?

(Seite 6)

14 Inwiefern ist das naturwissenschaftliche Weltbild offen, fragmentarisch und vorläufig?

Stichworte: mit Fortschreiten der Forschung jederzeit erweiterungs- und änderungsfähig, methodische Limitierung, indirekte Zielversuche mittels überprüfbarer Erklärungsversuche (Hypothesen). (Seite 6)

15 Überlegen Sie sich die Begriffe «Hypothese» und «Theorie» bezüglich ihrer Falsifizierbarkeit.

(Seiten 6, 7)

16 Was versteht man unter biologischer Teleonomie?

(Seiten 7, 8, Abb. 5)

17 Vergleichen Sie Tier und Pflanze, vor allem unter den Aspekten der «offenen» und «geschlossenen» Organisation, der äußeren und inneren Oberflächen, der Zentralisierung und der unterschiedlichen Regenerationsleistungen.

(Seiten 8, 9)

18 Was versteht man unter den Begriffen phototroph/osmotroph, phagotroph und mixotroph?

Phototroph (photoautotroph): Photosynthese incl. Kohlenstoff-Assimilation,
osmotroph: Aufnahme von Stoffen in gelöster Form,
phagotroph: Aufnahme von Nahrung in Form von Partikeln,
mixotroph: Organismen mit Chloroplasten, Partikelaufnahme ebenfalls möglich (Verdauungsvakuolen). (Seiten 8, 9, Abb. 6)

19 Was versteht man unter Dermoblast und Gymnoblast?

Dermoblast: Pflanzenzelle mit «reißfester» Zellwand und großer Vakuole (Turgor!),
Gymnoblast: Tierzelle ohne große Vakuolen und ohne «reißfeste» Zellwand. (Seite 9)

20 Orientieren Sie sich anhand des Abschnittes H (Gliederung und Bedeutung der Botanik) über Aufgabenstellungen und Forschungsgebiete der verschiedenen botanischen Disziplinen.

(Seiten 9, 10)

ERSTER TEIL
MORPHOLOGIE

21 Orientieren Sie sich anhand Abb. 1-1 über die Größenverhältnisse insbesondere der Protocyten und Eucyten und ihre Einbindung in die übrigen angegebenen Größen.

(Seite 13)

22 Prägen Sie sich die SI-Längeneinheiten ein (m, µm, nm).

(Seite 13)

Erster Abschnitt – Molekulare Grundlagen – die Bausteine der Zellen

23 Was versteht man unter einem Makromolekül.

Ein Makromolekül ist ein Molekül mit Massen größer als 10 000 Da. (Seite 15)

24 Machen Sie sich die Begriffe Hydrolyse, Polykondensation, Polymerisation klar.

(Seite 15)

I. Die Nucleinsäuren: DNA und RNA

25 Was versteht man unter autokatalytischer und heterokatalytischer Funktion der DNA?

Autokatalytische Funktion: Fähigkeit zur Replikation, Heterokatalytische Funktion: Festlegung der Sequenzen von RNAs und über diese der Aminosäuresequenzen von Proteinmolekülen: Ausbildung von Phänen. (Seiten 15, 16)

26 Was ist ein Nucleotid?

Monomer von DNA und RNA aus drei Bausteinen: heterocyclische Purin- oder Pyrimidinbase, Zuckermolekül, Phosphorsäurerest. (Seite 16, Abb. 1-2)

27 Prägen Sie sich die Purinbasen Adenin und Guanin und die Pyrimidinbasen Cytosin, Thymin und Uracil auch in den wichtigsten Teilen des Formelbildes ein.

(Seite 16, Abb. 1-2)

28 Üben Sie die Verbindung von Nucleotiden (kovalente Bindungen über die Phosphorsäurereste) zu Polynucleotiden.

(Seite 16, Abb. 1-3)

29 Worin liegt der Informationsgehalt solcher Kettenmoleküle begründet?

In der Aufeinanderfolge der Basen (Basensequenz). (Seite 16)

30 Nennen Sie die Basen, die in DNA und RNA vorkommen. Welche sind Purin-, welche Pyrimidinbasen?

DNA: Adenin (A), Guanin (G), Cytosin (C), Thymin (T),
RNA: Adenin (A), Guanin (G), Cytosin (C), Uracil (U),
Purinbasen: A, G,
Pyrimidinbasen: C, T, U.
(Seite 16, Abb. 1-2)

31 In welcher Form liegt DNA in Organismen vor?

Bei einigen Phagen und Viren als Einzelstrang-DNA (ssDNA), bei der Mehrzahl der DNA-Viren und -Phagen und in allen Zellen in Form von Doppelsträngen (dsDNA). (Seite 17)

32 Machen Sie sich anhand Abb. 1-4 die Struktur der DNA-Doppelhelix nach dem Watson-Crick-Modell klar.	(Seite 17)
33 Was versteht man unter spezifischer Basenpaarung?	Durch Wasserstoffbrücken sind nur folgende Basenpaare möglich: AT, GC (AU bei RNA), also jeweils eine Purin- und eine Pyrimidinbase. (Seite 17, Abb. 1-5)
34 Beschreiben Sie die komplementäre Sequenz zu dem DNA-Ausschnitt - ATTGACGACCT -	- TAACTGCTGGA -. (Seite 17)
35 Was versteht man unter «Schmelzen von DNA»?	Trennung der beiden Stränge einer Doppelhelix im Experiment. (Seite 17)
36 Versuchen Sie, sich die beiden wichtigen Eigenschaften der DNA-Doppelhelix «antiparallel» und «plektonemisch» klar zu machen. Bedenken Sie die Konsequenzen für die Replikation.	(Seite 17)
37 Orientieren Sie sich anhand Abb. 1-6 über die Genomgrößen (haploid) bei Pro- und Eukaryoten.	(Seite 18)
38 Nennen Sie die wesentlichen Punkte des Modells der semikonservativen Replikation der DNA.	Öffnen der «Leiter» durch Lösen der Wasserstoffbrücken, Anfügen von Nucleotiden an jedem Strang der Doppelhelix zur Bildung jeweils eines neuen, basenkomplementären Partnerstranges. (Seiten 18, 19, Abb. 1-7)
39 Was bedeutet in diesem Zusammenhang «semikonservativ»?	Die beiden Stränge der Doppelhelix bleiben erhalten, von den «2 Kopien» ist jeweils ein Strang «alt», der zweite «neu». (Seiten 18–20, Abb. 1-7)
40 Orientieren Sie sich anhand Abb. 1-9 über die molekulare Struktur der Replikationsgabel und die Bedeutung von RNA-Primern und DNA-Polymerasen.	(Seiten 19, 20)
41 Was bedeuten die Begriffe monoreplikonisch und polyreplikonisch?	Zirkuläre Bakterien-DNA und Organell-DNA haben nur einen Startpunkt (monoreplikonisch), lineare DNA der Eukaryoten-Kerne dagegen viele (polyreplikonisch). (Seite 51)
42 Informieren Sie sich über klassische Färbemethoden zur Erkennung von DNA (Feulgen, Fluorochrome) und die modernen Spreitungsverfahren für die elektronenmikroskopische Darstellung.	(Seiten 20, 21, Abb. 1-10, 1-11)
43 Bedenken Sie Möglichkeiten und Gefahren der Gentechnologie.	(Seite 21)
44 Inwiefern unterscheidet sich RNA von DNA?	RNA: Einbau von Ribose statt Desoxyribose, bei den Pyrimidinbasen steht Uracil statt Thymin, RNAs sind kleiner und im allgemeinen einzelsträngig. (Seite 22)
45 Welche Funktionen haben die verschiedenen Typen der zellulären RNAs?	mRNA, messenger-RNA: Programmierung der Proteinbiosynthese an Ribosomen, rRNA, ribosomale RNA: Bestandteil der Ribosomen, tRNA, transfer-RNA: Translationsprozeß. (Seite 22)

II. Die molekulare Struktur der Proteine

46 In welche wichtigen Gruppen kann man die Proteine nach ihrer Funktion gliedern?

In Enzymproteine, Strukturproteine, Reserveproteine, Rezeptorproteine, Translokatorproteine. (Seite 22)

47 Charakterisieren Sie allgemein die Struktur eines Proteins.

Proteine sind Polypeptide, ihre Moleküle sind lineare Makromoleküle aus Aminosäuren, die durch Peptidbindungen verknüpft sind. (Seiten 22, 23)

48 Üben Sie anhand der entsprechenden Formeln das formale Verknüpfen von Aminosäuren durch eine Peptidbindung.

(Seite 23)

49 Versuchen Sie, anhand Abb. 1-12 die Eigenschaften der verschiedenen Aminosäuren (ambivalent, hydrophob, hydrophil) zu verstehen.

(Seite 23)

50 Inwiefern sind die Polypeptidketten der Proteine «informative Makromoleküle»?

Die für jedes Protein charakteristische Reihenfolge der Aminosäuren beinhaltet eine spezifische Information. Die Leserichtung geht vom N-Terminus zum C-Terminus der jeweiligen Aminosäure. (Seite 24)

51 Prägen Sie sich die wichtigsten Abkürzungen und Zeichen des Einbuchstaben-Codes der 20 proteinogenen Aminosäuren ein.

(Seiten 23, 25, Abb. 1-12, 1-15)

52 Inwiefern sind die Aminosäuresequenzen der Proteine aufschlußreich für die Verwandtschaft der Organismen?

(Seiten 25, 26)

53 Welche Umstände weisen u.a. darauf hin, daß die Evolution der informativen Biomakromoleküle von erstaunlich wenigen Ursequenzen ausgegangen sein dürfte?

Die Sequenzen der bisher untersuchten Proteine liegen weit unter der Zahl denkbarer Aminosäuresequenzen. (Seiten 25, 26)

54 In welcher Form treten Proteine oft auf?

Als Proteine mit nicht-peptidischen, «prosthetischen» Gruppen, z.B. Glykoproteine, Lipoproteine, Chromoproteine usw. (Seite 26)

55 Orientieren Sie sich über die elektrischen Eigenschaften der Proteine. Versuchen Sie, diese aus der Struktur der Aminosäuren abzuleiten.

(Seite 26)

56 Was ist der isoelektrische Punkt?

Der isoelektrische Punkt (pI) ist der pH-Wert, bei dem ein Protein gleich viele positive und negative Ladungen trägt und daher insgesamt elektrisch neutral erscheint. (Seite 26)

57 Charakterisieren Sie kurz Primär-, Sekundär-, Tertiär- und Quartärstruktur der Proteinmoleküle.

Primärstruktur: Sequenz der Aminosäuren (Peptidbindung),
Sekundärstruktur: vor allem durch Wasserstoffbrücken (zwischen benachbarten CO- und NH-Gruppen) stabilisierte Kettenform der Proteine, oft als Alphahelix und Beta-Faltblatt,
Tertiärstruktur: räumliche Anordnung der Peptidketten, durch Disulfidbrücken stabilisiert,
Quartärstruktur: übermolekularer Verband mehrerer Proteinmoleküle; Untereinheiten: Protomeren (= einzelne Proteinmoleküle). (Seiten 24–27, Abb. 1-15 bis 1-19)

58 Worauf beruhen die Rekognitionsprozesse bei Proteinen?

(Seite 27)

59 Was versteht man unter einem Multienzymkomplex?

Verschiedene Enzyme sind in einer Quartärstruktur zusammengefaßt und können zuweilen ganze Reaktionsfolgen katalysieren. (Seiten 28, 29, Abb. 1-19)

III. Kohlenhydrate und Polysaccharide

60 Nennen Sie die wichtigsten Strukturpolysaccharide der Zellwände von Pflanzen und Pilzen.

Cellulose, Chitin, Hemicellulose, Pektinstoffe. (Seite 29)

61 Welches sind die wichtigsten Speicherglykane?

Stärke und Glykogen. (Seiten 29, 107)

62 Zeichnen Sie die verschiedenen Strukturformel-Typen der D-Glucose und beachten Sie den Begriff Stereoisomeren.

(Seite 29, Abb. 1-20)

63 Welches sind die Monomere von Cellulose und Stärke?

Cellulose: β-D-Glucose,
Stärke: α-D-Glucose.
(Seite 29, Abb. 1-20)

64 Orientieren Sie sich über die wichtigsten Monosaccharide.

(Seite 30, Abb. 1-21)

65 Was sind Glykoside?

Verbindungen von Monosacchariden mit Alkoholen bzw. Phenolen unter Wasserabspaltung (O-Glykoside) bzw. mit Aminen (N-Glykoside). (Seiten 30, 31)

66 Orientieren Sie sich über Glykolipide und Glykoproteine.

(Seite 30)

67 Welches sind die Wiederholungseinheiten von Cellulose bzw. Amylose und Amylopektin?

Cellulose: Cellobiose,
Amylose: Maltose,
Amylopektin: Isomaltose. (Seite 30, Abb. 1-22)

IV. Lipide und ihre Aggregate

68 Was wird mit den Begriffen hydrophil und hydrophob umschrieben?

Mit den Begriffen hydrophil und hydrophob (= lipophil) wird die Löslichkeit bzw. Quellbarkeit eines gegebenen Stoffes in Wasser umschrieben. (Seite 31)

69 Machen Sie sich anhand Abb. 1-23 über die Dipolwirkung der Wassermoleküle kundig.

(Seite 31)

70 Was sind Wasserstoffbrücken?

Die entgegengesetzten Teilladungen der H- und O-Atome bedingen elektrostatische Anziehung. Somit bilden sich in der Wasserphase zwischen Wassermolekülen Wasserstoffbrücken, in diesem Falle als H ||||| O-Brücken. (Seiten 31, 32, Abb. 1-23, 1-24)

71 Wo gibt es außer in der Wasserphase noch Wasserstoffbrücken?

Überall dort, wo Wasserstoff kovalent mit Atomen höherer Elektronegativität verbunden ist, z.B. sind neben Hydroxylgruppen vor allem Aminogruppen häufig an Wasserstoffbrückenbindungen beteiligt (vgl. die DNA-Doppelhelix!). (Seite 17, Abb. 1-5)

72 Wann liegen unpolare kovalente Bindungen vor?

Bei unpolaren kovalenten Bindungen haben beide Bindungspartner ähnliche Elektronegativitäten, so daß keine elektrischen Dipole auftreten. (Seite 31)

73 Versuchen Sie, Hydrophobie und Hydrophilie auf der Basis der Bindungsmöglichkeiten zu erklären.

(Seiten 31, 32)

74 Vergleichen Sie Speicher- und Membranlipide bezüglich ihrer Polarität.

Speicherlipide setzten sich vor allem aus unpolaren und daher wasserunlöslichen Fetten bzw. fetten Ölen zusammen, Membranlipidmoleküle vereinigen sowohl hydrophobe wie hydrophile Bereiche (amphipolare, amphiphile oder amphipathische Moleküle). (Seiten 32, 33, Abb. 1-25)

75 Welche entscheidende Eigenschaft besitzen amphipolare Moleküle im Hinblick auf die Bildung von Membranen?

Sie sind weder in Wasser noch in unpolaren Lösungsmitteln löslich. Sie konzentrieren sich daher an Phasengrenzen zwischen wäßrigen und unpolaren Medien. (Seite 32)

76 Was versteht man unter Monolayers und Bilayers?

Monolayers: monomolekulare Lipidfilme (hydrophiler Teil in die Wasserphase eingesenkt, hydrophober Teil z.B. in die Luft ragend),
Bilayers: Durch Zusammenlagerung im Innern einer Wasserphase entstehende bimolekulare Lipidfilme. (Seiten 32, 33, Abb. 1-26)

77 Machen Sie sich die Struktur der Lipidmono- und Lipidbilayer anhand Abb. 1-26 und 1-27 klar. Inwiefern spricht man in diesem Zusammenhang von «Flüssigkristallen»?

(Seite 33)

Zweiter Abschnitt — Bau und Feinbau der Zelle

I. Cytologie

78 Inwiefern sind auch bei Vielzellern wesentliche Lebensprozesse auf dem Niveau der einzelnen Zelle fixiert geblieben?	(Seite 34)
79 Was versteht man unter Ontogenese?	Ontogenese ist Individualentwicklung eines Lebewesens (auch eines Organs oder Gewebes usw.). (Seite 34)
80 Was bedeutet der Satz von R. Virchow (1855): «omnis cellula e cellula»?	Zellen können nur aus ihresgleichen hervorgehen durch Teilung oder Verschmelzung. (Seite 35)

II. Methoden der Zellforschung

81 Weshalb ist das im Vergleich zum Elektronenmikroskop ein wesentlich geringeres Auflösungsvermögen besitzende Lichtmikroskop auch heute noch unverzichtbar?	Mit dem Lichtmikroskop können lebende Zellen beobachtet werden. (Seiten 36, 37, Abb. 1-30)
82 Informieren Sie sich über die Methoden der Phasenkontrast- und Interferenzkontrast-Mikroskopie.	(Seite 37)
83 Was versteht man unter Mikro-Radioautographie?	(Seiten 37, 38, Abb. 1-31)
84 Machen Sie sich die wichtigsten Daten der Leistungsfähigkeit des Elektronenmikroskops klar.	(Seiten 38, 39, Abb. 1-33, 1-34)
85 Wie arbeitet das Rasterelektronenmikroskop (REM) grundsätzlich?	Das Präparat wird nicht durchstrahlt, sondern durch einen zeilenförmig über einen begrenzten Oberflächenbereich geführten Elektronenstrahl abgetastet. Auf dem Leuchtschirm des Monitors entsteht ein sekundäres Bild. (Seite 39)
86 Orientieren Sie sich über die Möglichkeiten der Ultrazentrifuge. Was bedeutet die S-Zahl?	(Seite 40)

III. Die Pflanzenzelle

A. Übersicht

87 Beschriften Sie das nebenstehende Schema einer ausgewachsenen Pflanzenzelle (lichtmikroskopisches Bild) aus dem Assimilationsparenchym (Abb. 1). Vergleichen Sie damit Abb. 1-36 (S. 41) und achten Sie auf die im elektronenmikroskopischen Bild aufgeschlossenen Bestandteile (Seiten 35, 40–42).

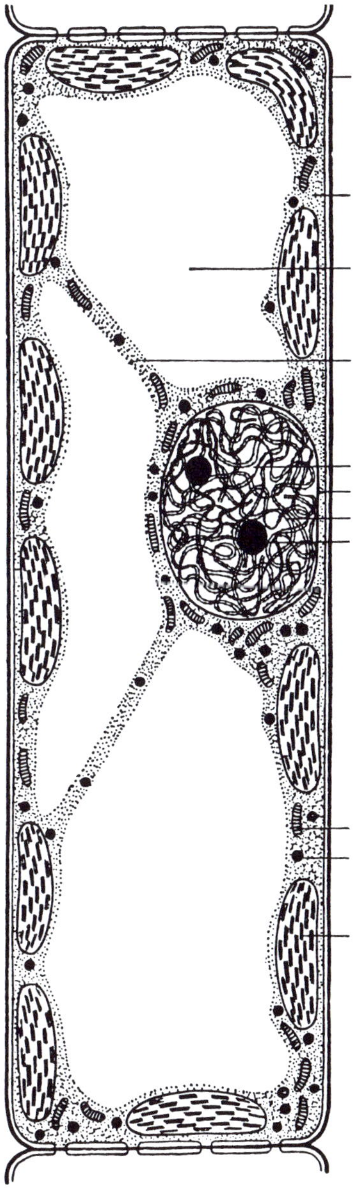

Abb. 1

88 Unterscheiden Sie Zellwand und Zellmembran. Durch welche Eigenschaften wirkt die Zellwand als «Exoskelett» der Zelle?

(Seite 41)

89 Welche Aufgabe haben die Biomembranen?

Biomembranen grenzen einen Binnenraum, ein Kompartiment, lückenlos gegen die Umgebung ab. (Seiten 41, 42)

90 Charakterisieren Sie kurz das Cytoplasma.

Das Cytoplasma ist die viskose bis gallertige Grundmasse des Protoplasten, es ist der Ort vieler wichtiger Stoffwechselreaktionen. (Seite 42)

91 Wo treten Mikrotubuli auf?	Als Elemente eines internen Zellskeletts (Cytoskelett), häufig auch in Zellstrukturen, die Bewegungen vermitteln. (Seite 42)
92 Charakterisieren Sie kurz die Ribosomen.	Kleine (30 nm) dichte Partikel, häufig zu Aggregaten vereinigt (Poly(ribo)somen). Organelle der Protein-Biosynthese. (Seite 42)
93 Schildern Sie kurz die Struktur des Endoplasmatischen Reticulum.	Das Endoplasmatische Reticulum (ER) ist ein weitverzweigtes System flacher Membransäcke oder «Zisternen». Der zentrale Teil des ER bildet die Kernhülle (Perinuclear-Zisterne). (Seite 42)
94 Was bedeutet «rauhes» oder «granuläres» ER?	Als rauhes oder granuläres ER (rER) werden alle mit Polysomen besetzten Zisternen des ER bezeichnet. Polysomenfreie Teile des ER nennt man glattes ER (smooth ER, sER). (Seite 42)
95 Charakterisieren Sie den Golgi-Apparat der Zelle bei höheren Pflanzen.	Gesamtheit der Dictyosomen, über das gesamte Plasma zerstreut (dispers). Struktur der Dictyosomen: Stapel von glatten, flachen Zisternen; Funktion: Drüsenorganell der Zelle. (Seite 42)
96 Was sind Vakuolen?	Vakuolen sind von einer Membran (Tonoplast) umschlossene, oft große Kompartimente. Der Vakuoleninhalt (Zellsaft) ist eine nichtplasmatische, meist saure Flüssigkeit mit zahlreichen gelösten Ionen und Molekülen. (Seite 42)
97 Was sind Oleosomen?	Oleosomen sind Öltröpfchen im Cytoplasma; sie wurden früher als Sphärosomen bezeichnet. (Seite 42)
98 Nennen Sie die wichtigsten Typen von Plastiden und kurz ihre Funktion.	Chloroplasten: mit Chlorophyll, Organelle der Photosynthese, Chromoplasten: gefärbte Plastiden, meist in Blüten- oder Fruchtblättern (Tieranlockung für Bestäubung bzw. Ausbreitung). (Seite 42)
99 Welche Funktion haben die Mitochondrien?	Die Mitochondrien sind die Organelle der Zellatmung. (Seite 42)
100 Inwiefern besitzen Plastiden und Mitochondrien unter den Organellen der Zelle eine Sonderstellung?	Beide besitzen eine doppelte Membranhülle, vermehren sich ausschließlich durch Teilung, besitzen eigene DNA und eigene Ribosomen. (Seite 42)
101 Auf welche Weise ist die genetische Information im Zellkern verschlüsselt?	In Basensequenzen langer DNA-Doppelhelices. (Seite 44)
102 In welchen Zusammenhang bringen Sie die DNA-Doppelhelix und das Chromosom?	Jede DNA-Doppelhelix ist zentrales Struktur- und Funktionselement eines Chromosoms. (Seite 44)
103 Was bezeichnet man als Chromatin?	Die Gesamtmasse der Chromosomensubstanz, also DNA, Histone und Nichthiston-Proteine. (Seite 44)
104 Was versteht man unter «Arbeitsform» und unter «Transportform» des Chromatins?	In der «Arbeitsform» ist das Chromatin dekondensiert und physiologisch aktiv. Vor der Zellteilung geht das Chromatin unter Kompaktierung und Verdichtung (Kondensation) der einzelnen Chromosomen in die «Transportform» über. (Seite 44)
105 Was sind Nucleolen?	Bereiche im Kernraum, in denen Vorstufen der cytoplasmatischen Ribosomen gebildet werden. (Seite 44)

B. Das Cytoplasma

106 Nennen Sie die wichtigsten Reaktionen und Reaktionsketten des Stoffwechsels, die im Grundplasma der pflanzlichen Zelle ablaufen.

Glykolyse, Bildung von Speicherlipiden, Synthese von Aminosäuren und Nucleotiden, Proteinbiosynthese, Synthese der Saccharose, oft auch Synthese von Sekundärstoffen. (Seite 44)

107 Was versteht man unter Gel- und Sol-Zustand des Cytoplasma? Wo treten die verschiedenen Formen auf?

(Seite 44)

108 Welche Arten von Plasmaströmung unterscheidet man?

Rotationsströmung (Plasmarotation), Zirkulationsströmung, amöboide Bewegung. (Seite 45)

109 Bei welchen Zelltypen ist ein gut entwickeltes Cytoskelett besonders wichtig?

Bei Gymnoblasten (unbewandete Zellen), z.B. Gewebezellen der Tiere und des Menschen, unbewandete Einzeller (Flagellaten, Rhizobien, Plasmodien der Schleimpilze). (Seiten 45–47, Abb. 1-39)

110 Was sind Mikrofilamente?

In Lösungen von globulärem Actin (G-Actin) durch Aggregation sich bildende Actinfilamente (F-Actin). Sie haben die Möglichkeit, sich durch Einbau weiterer Actinmoleküle zu verlängern, zu «wachsen». (Seiten 45, 47, Abb. 1-40)

111 Was ist der molekulare Baustein der Mikrotubuli?

Eine dimere Einheit aus zwei ähnlichen Proteinen: α- und β-Tubulin. (Seite 47)

112 Wie kann man auf dieser Basis die Mikrotubuli beschreiben?

Als röhrenförmige Quartärstruktur aus fädig strukturierten Tubulinen. (Seite 47, Abb. 1-41)

113 Wo in der Zelle werden vor allem Mikrotubuli gebildet?

An den Mikrotubuli-organisierenden Zentren (MTOCs), z.B. an den Basalkörpern von Geißeln und an den Polregionen der Kernteilungsspindel. (Seite 47)

114 Wie wirken die Alkaloide Colchicin und Taxol auf die Mikrotubuli?

(Seite 48, Abb. 1-42)

115 Verfolgen Sie den «Mikrotubuli-Zyklus» bei der beginnenden Mitose einer Pflanzenzelle.

(Seiten 48, 49, Abb. 1-43)

116 Informieren Sie sich über die verschiedenen «Motormoleküle».

(Seiten 49, 50, Abb. 1-44)

117 Informieren Sie sich über das Zusammenspiel Actin – Myosin im Gleitfaser-Modell.

(Seiten 49, 50)

118 Was bedeutet des «9+2-Muster» bei Geißeln eukaryotischer Zellen?

Es handelt sich um die im Querschnitt charakteristische Anordnung der 20 Mikrotubuli in zwei zentrale Einzeltubuli (Singuletts) und 9 Doppeltubuli (Dupletts). (Seiten 50, 51, Abb. 1-45, 1-46)

119 Orientieren Sie sich anhand Abb. 1-47 über die Feinstruktur der Eukaryotengeißel und versuchen Sie, hieraus die Einzelheiten der Bewegung zu verstehen.

(Seite 51)

120 Was versteht man unter dem Basalkörper? Welche Strukturen sind identisch gebaut?

Der Basalkörper ist ein kurzer Zylinder aus 9 Mikrotubuli-Tripletts; bei der Entstehung der Geißeln fungiert er als Bildungszentrum. Identisch gebaut sind die Centriolen. (Seiten 51, 52, Abb. 1-48)

121 Überlegen Sie, warum die Centriolen nicht als Bildungszentren des Spindelapparates bezeichnet werden können.

(Seiten 51, 52)

C. Der Zellkern

122 Wie wird das Kompartiment Karyoplasma gegen das Cytoplasma abgegrenzt, welche Verbindungen werden geschaffen?

Abgrenzung durch die doppelschichtige Kernhülle, Austausch zwischen Kern und Cytoplasma durch die Kernporen. (Seite 52)

123 Welche wesentlichen Makromoleküle treten durch die Kernporen?

Vom Kern ins Cytoplasma: mRNAs, tRNAs und Präribosomen,
vom Cytoplasma in den Kern: kernspezifische Proteine. (Seiten 52, 53, Abb. 1-50)

124 Was ist die Nuclearmatrix?

Ein filamentöses Netzwerk, das den Kern als «Kernskelett» durchzieht und ihm Gel-artige Konsistenz verleiht. (Seite 52)

125 Bringen Sie Gen-Repression und Gen-Aktivierung in strukturellen Zusammenhang mit dem Verdichtungsgrad des Chromatins.

Maximale Dekondensation: replikativ oder transkriptiv engagiertes Chromatin: Chromatin-Aktivierung, Gen-Aktivierung,
Kondensation: Chromatin-Inaktivierung, Gen-Repression. (Seiten 52, 53)

126 Was versteht man unter differentieller Genexpression?

Von der immer gleichen Information werden in den Zellen der einzelnen Gewebe verschiedene Anteile abgerufen, andere bleiben abgeschaltet und ungenützt. (Seite 53)

127 Was versteht man unter der Kern/Plasma-Relation?

Das im Normalfall zwischen Volumen des Zellkerns und Gesamtvolumen des Protoplasten bestehende Verhältnis 1:10, besonders große, meist polyploide Kerne sind typisch für große, plasmareiche Zellen. (Seite 53)

128 Verfolgen Sie anhand der Abb. 2 die sieben wichtigen Schritte zum «zentralen Dogma der Molekularbiologie» (Seite 53, Abb. 1-50).

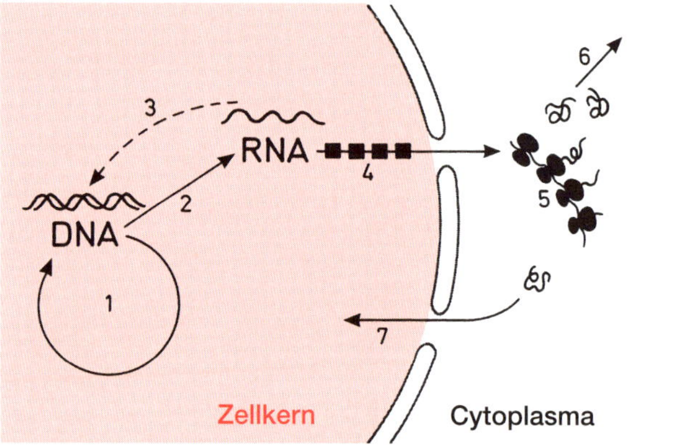

Abb. 2

129 Beschreiben Sie in Stichworten die Funktion der Histone, ihren Bildungsort und ihre Verbreitung.

Histone, bei Eukaryoten allgemein verbreitet, werden synchron mit DNA in der Replikationsphase im Cytoplasma synthetisiert und in den Zellkern verlagert. Dort ist der größte Teil der nucleären DNA mit Histonen komplexiert. (Seite 53)

130 Orientieren Sie sich über die fünf Grundtypen der Histone.

(Seite 53, Tab. 1-2)

131 Nennen Sie die verschiedenen Phasen der Chromatinkondensation bzw. -kompaktierung.

Nucleosomen, Nucleofilament, Chromatinfibrille, Chromonema. (Seiten 53–55, Abb. 1-51 bis 1-53)

132 Wie stark ist durch diese Kondensationsprozesse im Extremfall die Verkürzung der DNA-Doppelhelix?

Im Extremfall (z.B. beim Meiose-Chromosom) wäre die DNA-Doppelhelix im gestreckten Zustand mehr als 10 000 x länger als das Chromosom. (Seite 55, Abb. 1-53)

133 Denken Sie über die Bedeutung des Begriffs Chromosom nach.

(Seite 55)

134 Was bezeichnet man als Karyotyp?	Als Karyotyp wird der Chromosomenbestand einer Art bezeichnet. (Seite 55)
135 Was bedeutet «Karyogramm»?	Unter Karyogramm versteht man die schematische Darstellung des einfachen, «haploiden» Chromosomensatzes einer Art. Erstellt wird es durch lichtmikroskopische Untersuchung der Chromosomen im maximal kondensierten Zustand (Metaphase). (Seiten 55, 56, Abb. 1-54)
136 Welche Merkmale sind zur Kennzeichnung des Karyogramms einer Art wichtig?	Zahl der Chromosomen, Chromosomenlänge, Lage des Centromers, Vorhandensein oder Fehlen einer Nucleolus-Organisatorregion, Ausmaß und Lage heterochromatischer Abschnitte. (Seiten 55, 56, Abb. 1-54)
137 Was ist das Centromer, was bedeutet Kinetochor?	Centromer: Dünnstelle eines Chromosoms, an der bei Kernteilungen die Abwinkelung erfolgt, Ansatzstelle der Mikrotubuli der Kernteilungsspindel, Kinetochor: plattenförmige Struktur am Centromer, hier enden die Mikrotubuli der «Fasern». (Seiten 55, 56, Abb. 1-54)
138 Welches Modell DNA/Chromosom ist heute anerkannt?	Das Einstrangmodell: Die Chromosomen, die am Ende einer Kernteilung in die Tochterkerne eingehen, enthalten je nur eine dsDNA. (Seite 55)
139 Orientieren Sie sich über die funktionell verschiedenen Sequenzabschnitte des Eukaryoten-Chromosoms (Telomeren, Centromer-Sequenz, Replikator-Sequenzen, codierende Sequenzen, regulative Sequenzen, nichtcodierende Sequenzen).	(Seiten 55–57)
140 Machen Sie sich anhand Abb. 1-55 die Funktion typischer regulatorischer Sequenzen eines von RNA-Polymerase II transkribierten Pflanzen-Gens klar.	(Seite 57)
141 Orientieren Sie sich über die verschiedenen Ausbildungen repetitiver Sequenzen der Eukaryoten-Genome, vor allem im Bereich des Heterochromatins.	(Seite 57)
142 Was versteht man unter «Mosaik-Genen»?	In der Sequenz der meisten Gene des nucleären Genoms wechseln codierende Exons ab mit nichtcodierenden Introns. (Seite 57)
143 Welche Veränderungen erfährt das Primärtranskript im Laufe des «Prozessierens»?	(Seite 57)
144 Was ist die molekulare Voraussetzung für das Lokalisieren von Genen?	Die im allgemeinen konstante Gesamtsequenz chromosomaler DNAs. (Seite 57)
145 Was versteht man unter «springenden Genen»?	Als «springende Gene» oder Transposonen werden definierte informative Sequenzen bezeichnet, die ihren Platz mit vergleichsweise hoher Frequenz wechseln können. (Seite 57)
146 Was sind und welche Funktion haben Nucleolen?	Nucleolen sind im Kernraum in Ein- oder Mehrzahl liegende, von keiner besonderen Hülle umgebene Bereiche, in denen die Vorstufen der cytoplasmatischen Ribosomen entstehen. (Seiten 57, 58)
147 Was versteht man unter der Nucleolus-Organisator-Region (NOR)? Was geschieht hier?	Die Nucleolus-Organisator-Region (NOR) ist ein bestimmter Abschnitt chromosomaler DNA, der den Nucleolus durchzieht. Die NOR enthält repetitive Gene (multiple Sequenzen) für die rRNAs. (Seite 58, Abb. 1-56, 1-57)
148 Wie hoch sind hier die repetitiven Sequenzen?	Bei höheren Pflanzen werden bis über 20 000 Kopien von rRNA-Genen pro Kern erreicht. (Seite 58)

149 Was ist ein SAT-Chromosom?

Chromosomen mit einer NOR werden als Satelliten- oder SAT-Chromosomen bezeichnet. In der Metaphase ist die NOR als Dünnstelle eines Chromosomenarmes auch lichtmikroskopisch sichtbar. (Seiten 58, 56 Abb. 1-54 A, B)

150 Orientieren Sie sich über Kernmatrix, Kernlamina, Kernporen und Kernhülle und ihre funktionellen Einzelheiten.

(Seiten 59, 60, Abb. 1-58)

151 Definieren Sie kurz den Vorgang der Mitose.

Mitose ist die häufigste Form der Kernteilung, bei der aus einem Zellkern zwei erbgleiche Tochterkerne entstehen. Alle durch Mitosen aus einer Zelle hervorgegangenen Zellen stellen einen Zellklon dar. (Seiten 60, 61)

152 Was versteht man in diesem Zusammenhang unter Zellzyklus?

Die gesetzmäßige Abfolge von Mitose und Zwischenabschnitt (Interphase) einer Zelle. (Seite 63, Abb. 1-62)

153 Beschreiben Sie die 5 Phasen eines Zellzyklus.

1. Prophase: Kondensation der Chromosomen, Chromosomen werden einzeln erkennbar (z.T. längsgespalten, vorausgegangene Replikation der DNA), Formierung des Spindelapparates, Mikrotubuli ordnen sich zur charakteristischen Mitosespindel, Beginn der Fragmentation der Kernhülle.
2. Metaphase: Kinetochoren bekommen Kontakt mit den Mikrotubuli des Spindelapparates, Verlagerung in den Zelläquator (Prometaphase), Auflösung von Nucleolen und Kernhülle, Chromosomenarme «hängen» an der Äquatorialplatte (Metaphase i.e.S.).
3. Anaphase: Chromatiden als Tochterchromosomen deutlich sichtbar, Centromeren teilen sich, die selbständig gewordenen Tochterchromosomen werden mit Hilfe der Kernteilungsspindel auf die Spindelpole zu bewegt: Verteilung des genetischen Materials auf die künftigen Tochterkerne bzw. Zellen, die Zelle ist vorübergehend tetraploid!
4. Telophase: Auflösung des Spindelapparates, Bildung einer Kernhülle mit Poren, Dekondensation des Chromatins, Bildung der Nucleolen, Wiederbeginn der Proteinsynthese, Zellteilung.
5. Interphase: Arbeitsphase des Chromatins zwischen zwei Mitosen. (Seiten 61–64, Abb. 1-60 bis 1-62)

154 Wie unterscheiden sich bezüglich des Zellzyklus Zellen von Bildungsgewebe von Zellen beim Übergang zu Dauergewebezellen?

Zellen von Bildungsgewebe durchlaufen den Zellzyklus dauernd, beim Übergang zu Gewebezellen bleibt er nach einer letzten Mitose stehen. (Seite 63)

155 Wie kann man mit Colchicin in die Mitose eingreifen?

Colchicin zerstört die Spindel durch Abbau der Mikrotubuli. Die bereits geteilten Chromosomen (Ploidiegrad tetraploid) in der Meta- und Anaphase werden bei fortdauernder Störung des Spindelapparates zu einem «Restitutionskern» vereinigt, der bei nachfolgenden Mitosen tetraploid bleibt. (Seite 63)

156 Wann findet während des Zellzyklus die Replikation der DNA statt?

In einem mittleren Abschnitt der Interphase, der sogen. S-Phase (S = Synthese). Die Abschnitte der Interphase vor und nach der S-Phase werden als G-Phase (G = Gap = Lücke) bezeichnet (G_1, G_2). (Seite 63)

157 Machen Sie sich anhand Abb. 1-62 noch einmal die einzelnen Phasen des Zellzyklus klar, vor allem im Hinblick auf deren Dauer und den Formwechsel der Chromosomen.

(Seite 63)

158 Welche Abweichung des Zellzyklus führt zu endopolyploiden Zellen?

Hier laufen wiederholt S-Phasen ab, ohne daß M-Phasen (= Mitose-Phasen) zwischengeschaltet sind. (Seite 64)

159 Benennen Sie die verschiedenen Bestandteile der Kernteilungsspindel und geben Sie deren Funktion an.	Kinetochor-Mikrotubuli zu den Centromeren («Zugfasern»), Kontakt mit den Kinetochoren, Pol-Mikrotubuli (Polfasern) ziehen zum Spindeläquator, hier entsteht der Phragmoplast (Telophase), Aster-Mikrotubuli, vor allem bei Tieren, von den Polen nach verschiedenen Richtungen ausstrahlend. (Seiten 64, 65, Abb. 1-64)
160 Schildern Sie in Stichworten die auf die Kernteilung (Karyokinese) folgende Zellteilung (Cytokinese).	Bildung des Phragmoplasten in der Äquatorebene, Einwanderung von Golgi-Vesikeln mit Zellwandmatrix, Bildung einer Zellplatte, zentrifugales Wachstum der Wand bis zur Wand der Mutterzelle, Trennung der Tochterzellen. (Seiten 65, 66, Abb. 1-65)
161 Was versteht man unter Coenoblasten, Plasmodien und Syncytien? Geben Sie Beispiele.	Coenoblasten: allgemein mehrkernige Zellen, Plasmodien: mehrkernige Zellen, Ergebnis «freier» Kernteilungen, d.h. Karyokinesen ohne nachfolgende Cytokinesen (Schleimpilze, siphonale Algen und Pilze, vielkernige Milchröhren bei den Wolfsmilcharten), Syncytien: durch Fusion einkerniger Zellen zustandekommende mehrkernige Zellen (z.B. in gegliederten Milchröhren des Löwenzahn, Tapetum der Pollensäcke). (Seite 66)
162 Was heißt «Energide»?	Energide ist die funktionelle Einheit von einem Kern mit dem ihm physiologisch zugeordneten Plasmabezirk. (Seite 66)
163 Wie werden dementsprechend die Begriffe monoenergid und polyenergid verwendet?	Einkernige Zellen sind mono-energid, Coenoblasten sind poly-energid. (Seite 66, Abb. 1-66)
164 Nennen Sie wichtige Abweichungen vom «Lehrbuchschema» der Zellteilung bei Pflanzen (und Pilzen).	Flagellaten und manche Algen: Furchungsteilung, Hefen: Zellsprossung, Basidiomyceten: Schnallenbildung. (Seite 66, Abb. 1-67)
165 Nennen Sie die grundsätzlichen Unterschiede zwischen Mitose und Meiose.	Mitose: beide Tochterkerne erhalten eine genau gleiche Ausstattung an genetischer Information, die auch mit der des Mutterzellkerns identisch ist, Meiose: aus einer diploiden Mutterzelle entstehen in 2 Schritten 4 haploide Tochterzellen (Gonen), die in genetischer Hinsicht weder untereinander noch mit der Mutterzelle genau übereinstimmen. (Seite 66)
166 Was ist Syngamie?	Die Fusion zweier haploider, zwar artgleicher aber genetisch verschiedener Keimzellen (Gameten) zu einer diploiden Zelle (Zygote) mit zwei ähnlichen, aber nicht identischen Chromosomensätzen. (Seite 66)
167 Inwiefern ist die Meiose notwendige Folge und Voraussetzung des Sexualaktes?	(Seite 66)
168 An welchen Stellen des Meioseprozesses ist der «Zufall» von großer Bedeutung für die Veränderung der Genome?	Intrachromosomale Rekombination in der Prophase, interchromosomale Rekombination bei der 1. meiotischen Teilung, Gametenverschmelzung. (Seiten 66, 67)
169 Inwiefern ist die Meiose nicht nur eine Reduktions-, sondern auch (vor allem!) eine Rekombinationsteilung?	(Seite 67)
170 Beschreiben Sie die einzelnen Stadien einer Meiose.	Meiose I (I. Reifeteilung): Prophase I in mehreren Stadien: Leptotän, Chromosomen werden als Chromonemen sichtbar, an vielen Stellen Chromonema zu Chromomeren aufgeknäuelt, Telomeren der Chromosomen an der Kernhülle fixiert. Zygotän, paarweise Aneinanderlagerung der homologen Chromosomen (Syndese, Synapsis), Ausbildung von Pro-

teinstrukturen zwischen den gepaarten Homologen (synaptonemaler Komplex).
Pachytän, Homologenpaarung abgeschlossen, Zahl der Chromosomenpaare (Bivalente) im Kernraum entspricht der haploiden Chromosomenzahl der betreffenden Organismenart. In diesem Stadium intrachromosomale Rekombination durch Crossing over, weitere Verkürzung der Chromosomen durch weitere Kondensation.
Diplotän, Abbbau der synaptonemalen Komplexe, Auseinanderweichen der Homologen, kurze Abschnitte (die Stellen des Crossing over) bleiben als Chiasmen erhalten. Sichtbar ist nun die früher erfolgte Replikation (Tetraden- oder Vierstrangstadium).
Diakinese, letztes Stadium der Prophase I, maximale Kondensation, Auseinanderbewegung der ungeteilten Centromeren jeden Homologenpaares, Fragmentieren der Kernhülle.
Metaphase I: Einordnung der Homologenpaare in den Spindeläquator, Orientierung jeweils eines Homologen zu einem der Spindelpole (Zufall! Grundlage der interchromosomalen Rekombination).
Anaphase I: Auflösung der Chiasmen, Auseinanderweichen der Homologen. In die Tochterzellen gelangen (vgl. Mitose) hier bereits replizierte Chromosomen.
Meiose II (II. Reifeteilung): Pro-, Meta-, Ana- und Telophase II entsprechen etwa einer normalen Mitose. Trennung der «Schwesterchromatiden» der einzelnen Chromosomen. (Seiten 66–70, Abb. 1-68 bis 1-73)

171 Zeichnen Sie schematisch die wichtigsten Phasen der Meiose I und II.

(Seite 70, Abb. 1-73)

172 Wie erfolgt demnach die Reduktion der DNA-Menge von 4C auf 1C?

(Seite 70)

173 Überlegen Sie sich anhand der Abb. 1-74 die Chiasma-Entstehung. Inwiefern werden hier die «Koppelungsgruppen» durchbrochen?

(Seiten 70, 71)

174 Definieren Sie den Begriff «Allele»?

Allele sind unterschiedliche Ausbildungsformen eines Gens, die in homologen Chromosomen gleiche Positionen einnehmen, unter deren Einfluß das entsprechende Merkmal aber unterschiedlich ausgebildet wird. (Seite 69)

175 Was bedeutet und wo findet sich eine Dikaryophase?

Bei zeitlicher und räumlicher Trennung von Plasmogamie und Karyogamie kann sich eine lange, über viele Mitosen sich erstreckende Zweikernphase einschalten, z. B. bei vielen Ascomyceten und bei den Basidiomyceten. (Seite 71)

176 Überlegen Sie sich die Bedeutung der Sexualität für die Evolution.

(Seite 71)

D. Ribosomen, rRNAs und tRNAs

177 In welche Gruppen kann man die Ribosomen nach ihrem Vorkommen einteilen?

In prokaryotische Ribosomen, eukaryotische Cytoribosomen, Plastoribosomen und Mitoribosomen. Die beiden letzteren werden auch als Organellenribosomen bezeichnet. (Seite 71)

178 Inwiefern sind Organellenribosomen wichtig für die Deutung der betreffenden Organelle?

Die Organellenribosomen der Plastiden und Mitochondrien sind in vielem den Ribosomen der Eubakterien ähnlicher als den eukaryotischen Cytoribosomen (vgl. Endosymbiontentheorie). (Seite 72)

179 Wie kann man die Ribosomen nach ihrer Sedimentation gliedern?	80S-Ribosomen: Cytoribosomen, 2 Untereinheiten: 60S und 40S; 70S-Ribosomen: Organellenribosomen, 2 Untereinheiten: 50S und 30S; 70S-Ribosomen: E. coli-Ribosomen, 2 Untereinheiten: 50S und 30S. (Seite 72, Tab. 1-3)
180 Wie liegen die Ribosomen in der aktiven Phase der Translation vor?	Als gepaarte Untereinheiten. (Seite 72, Abb. 1-77)
181 Überlegen Sie sich die Rolle der tRNA anhand ihrer Strukturen.	(Seiten 72, 73, Abb. 1-78)
182 Inwiefern spielen die tRNA-Moleküle dabei die «Rolle eines Lexikons»?	(Seite 72)
183 Was sind Polysomen?	Mehrere bis viele Ribosomen (Monosomen) werden durch einen mRNA-Strang zusammengehalten und bilden ein Poly(ribo)som; Polysomen sind die eigentlichen Translationsorganelle. (Seite 73, Abb. 1-79)

E. Biomembranen

184 Woraus bestehen molekular die Biomembranen?	Vor allem aus Proteinen und Lipiden. Das Massenverhältnis Protein/Lipid liegt im Normalfall bei 3:2. (Seite 74)
185 Durch welche Strukturen unterscheiden sich Biomembranen von künstlich herstellbaren Bilayers?	Durch den Gehalt an Membranproteinen. (Seite 74)
186 Machen Sie sich über die Beteiligung der Membranproteine im Zusammenhang mit der Lipidbilayer kundig.	(Seite 74)
187 Orientieren Sie sich über das Fluidmosaik-Modell.	(Seiten 74, 75, Abb. 1-80)
188 Wie erscheinen Biomembranen im EM?	Im EM erscheinen quergeschnittene Biomembranen als feine Doppellinien (= Doppelschichtigkeit); die integralen Membranproteine treten in Gefrierbruchpräparaten als «Inner-Membran-Partikel» hervor. (Seite 75, Abb. 1-81 A, B)
189 Worauf beruht der Transport durch Biomembranen?	Auf Translokatoren (Permeasen, Carrier). Translokatoren verlagern den Permeanden unter Konfirmationsänderungen aus einem Kompartiment in ein anderes. (Seite 76)
190 Orientieren Sie sich anhand Tabelle 1-4 über wichtige Leitenzyme und charakteristische Verbindungen zellulärer Membranen und Kompartimente.	(Seite 76)
191 Inwiefern sind Biomembranen ganz allgemein keine absoluten Diffusionsbarrieren?	Polare Teilchen können durch kurzlebige Störstellen in den fluiden Membranen passieren (0,3 – 0,5 nm «Porenweite»), unpolare Teilchen können auch sich durch die Membran «durchlösen» (Lipid-Filter-Theorie). (Seiten 76, 77, Abb. 1-83)
192 Welche allgemeine Aussage gilt für die Funktion von zellulären Membranen?	Alle zellulären Membranen trennen Plasma von Nichtplasma (Kompartimentierungsregel). (Seite 77)
193 Überlegen Sie sich im einzelnen Unterschiede zwischen plasmatischen und nichtplasmatischen Kompartimenten.	(Seiten 77, 78)
194 Diskutieren Sie die verschiedenen Konsequenzen aus der Kompartimentierungsregel.	(Seite 78)

195 Was bedeutet der Ausdruck «nucleocytoplasmatisches Kontinuum»?

Die begriffliche Zweiteilung von Cytoplasma und Nucleoplasma kann nicht mehr in strenger Form aufrechterhalten werden (Verschmelzungsmöglichkeit bei der Mitose, Kernporen). (Seite 78)

F. Zelluläre Membranen und Kompartimente

196 Welche drei getrennten Membransysteme können unterschieden werden?

Zellmembran und der größte Teil der Endomembranen, Mitochondrienmembranen, innere Hüllmembranen und Thylakoide der Plastiden. (Seite 79)

197 Überlegen Sie sich die Möglichkeiten, mit wandlosen Protoplasten zu experimentieren.

(Seiten 79, 80, Abb. 1-86 bis 1-87)

198 In welcher Form und mit welcher Funktion tritt das Endoplasmatische Reticulum (ER) auf?

Als rauhes ER (granuläres ER, rER), mit Polysomen besetzt: Proteinsynthese;
als glattes ER (sER): beteiligt vor allem an der Lipid-, Flavonoid- und Isoprenoidsynthese. (Seiten 81, 82, Abb. 1-89 bis 1-91)

199 Wie können Sie Dictyosomen definieren?

Dictyosomen sind Strukturelemente des (in der typischen Pflanzenzelle dispersen) Golgi-Apparates. In ihnen werden Sekrete gebildet oder in ihre endgültige Form gebracht. (Seiten 82, 83, Abb. 1-92)

200 Welche Synthesevorgänge laufen vor allem in den Golgi-Zisternen ab?

Oligo- und Polysaccharidsynthesen zur Bildung von Strukturpolysacchariden der Zellwandmatrix; Glykosylierung von Proteinen zu Glykoproteinen. (Seite 82)

201 Was versteht man unter Exocytose?

Zelluläre Sekretion: Ausschleusung von Sekreten über Sekretvesikel (Golgi-Vesikel), die endlich mit der Zellmembran verschmelzen und ihren Inhalt nach außen abgeben. (Seiten 83, 84)

202 Versuchen Sie, sich anhand der Abb. 1-94 über die Prozesse des Membranflusses klar zu werden und die Vorgänge der Endocytose und Exocytose genauer zu analysieren.

(Seiten 83, 84)

203 Orientieren Sie sich über die Vielfalt der Coated vesicles.

(Seiten 84, 85, Abb. 1-95)

204 Was versteht man unter Peroxisomen?

Kleine 0,3 – 0,5 µm große Vesikel (Microbodies) mit dem Leitenzym Katalase, wichtig vor allem bei der Lichtatmung (Photorespiration) und bei der Mobilisierung der Fettreserven (Glyoxysomen). (Seiten 85–86, Abb. 1-96)

205 Inwiefern erinnert der Enzymtransfer in die Microbodies an entsprechende Vorgänge bei Mitochondrien und Plastiden?

(Seite 86)

206 Inwiefern hängt die Stabilität pflanzlicher Gewebe mit dem Vakuom (Gesamtheit der Vakuolen) zusammen?

Der in den Vakuolen liegende Zellsaft ist hypertonisch und saugt daher durch Plasmamembran und Tonoplast Wasser an. Der hierdurch entstehende hydrostatische Druck (Turgor) spannt die Zellwand und wird vom Wanddruck aufgefangen. Auf dem Antagonismus von Turgor und Wanddruck beruht vor allem die Festigkeit krautiger, unverholzter Pflanzenteile. (Seite 86)

207 Welche Stoffe werden vor allem in den Vakuolen gespeichert?

Neben anorganischen Ionen wie K^+, Cl^-, Na^+ vor allem organische Metabolite wie Zucker und organische Säuren, aber auch Exkrete (Toxine, Alkaloide, Gerbstoffe) und Vakuolenfarbstoffe. (Seite 87)

208 Erläutern Sie die vakuoläre Stoffspeicherung von Proteinen bei Getreidekörnern und bei Keimblättern von Hülsenfrüchtlern.

(Seiten 87, 88, Abb. 1-98 bis 1-100)

209 Orientieren Sie sich über die verschiedenen Möglichkeiten der Kristallbildung aus Calciumoxalat in Vakuolen.

(Seite 87, Abb. 1-98)

G. Zellwände

210 Welche Bedeutung hat die Zellwand der Pflanzen- und Pilzzelle bezüglich der Stabilität?

Die Wand der Pflanzen- und Pilzzelle ist das formgebende Exoskelett und wirkt vor allem als Gegenspieler zum Turgor. (Seite 89)

211 Schildern Sie die wichtigsten Schritte der Entwicklung der Primärwand bei der Teilung der Zelle.

1. Bildung der Zellplatte, vorwiegend aus stark gequollenen Pektinen mit geringem Proteinanteil, bleibt als Mittellamelle erhalten.
2. Abscheidung von Wandlamellen von jeder der beiden Tochterzellen: Primärwand (zunächst plastisch).
3. Dehnung durch den Turgor, Wachstum durch weitere Anlagerung von Wandlamellen, Zunahme der Plastizität.
4. Schließlich durch zunehmende Zahl von Gerüstfibrillen keine weitere Dehnung mehr möglich: Zelle ist ausgewachsen, Primärwand in diesem Zustand: Sakkoderm. (Seite 89)

212 Wann spricht man von sekundären Zellwänden?

Wenn das Sakkoderm (wie bei den Vielzellern) chemisch nachträglich verändert wird oder zusätzliche Wandschichten ausgebildet werden. (Seite 89)

213 Welches sind die wichtigsten Bestandteile der primären Zellwände?

Pektinstoffe, Hemicellulose, Glykoproteine (HPRG) und Cellulose. (Seiten 89, 90, Abb. 1-101)

214 Wie können Sie die Moleküle der Cellulose charakterisieren?

Es sind β-D-Glucan-Ketten, unverzweigt und geradegestreckt, Glucoseeinheiten entlang der Molekülachse jeweils um 180° gegeneinander verdreht. (Seiten 90, 91, Abb. 1-102)

215 Wie viele β-D-Glucan-Monomeren bilden ein Cellulose-Makromolekül?

2 000 bis über 15 000 Einheiten. (Seite 90)

216 In welchen höheren Organisationsgraden treten Cellulose-Makromoleküle auf?

Als Elementarfibrillen (Durchmesser um 3 nm) und, besonders in Sekundärwänden, als Mikrofibrillen (Durchmesser 5 – 30 nm). (Seiten 90, 91, Abb. 1-103)

217 Was ist die wichtigste mechanische Eigenschaft der Mikrofibrillen?

Die hohe Reißfestigkeit. (Seite 91)

218 Wo erfolgt die Biosynthese der Cellulose?

Die Biosynthese der Cellulose erfolgt an Proteinkomplexen der Plasmamembran. Jeder Cellulosesynthase-Komplex bildet mehrere Celluloseketten, die unmittelbar zu einer Elementarfibrille kristallisieren. (Seiten 91, 92, Abb. 1-104)

219 Welches sind die wichtigsten Cellulose-Quellen für die Verwendung durch den Menschen?

Samenhaare der Baumwolle, Holz. (Seite 91)

220 Machen Sie sich eine Vorstellung von der Bedeutung des Cellulose-Makromoleküls in der Biosphäre.

Cellulose ist das häufigste organische Makromolekül in der Biosphäre; jährlich werden schätzungsweise 10^{12} Tonnen Cellulose synthetisiert. (Seite 91)

221 Was ist Chitin, wo tritt es auf?

Chitin, eine lineare Kette aus N-Acetylglucosamin, tritt vor allem im Tierreich (Arthropoden) und bei vielen Pilzen und manchen Algen auf. (Seite 92)

222 Gibt es eine Erklärung dafür, daß Pilze und Tiere im Gegensatz zur höheren Pflanze Chitin statt Cellulose als Wandsubstanz verwenden?

(Seite 92)

223 Denken Sie anhand Abb. 1-105 über die Beziehung der verschiedenen Komponenten der wachsenden Primärwand nach.	(Seite 92)
224 Wie erfolgt das Flächenwachstum der primären Zellwand?	Flächenwachstum der primären Zellwand durch Verschiebung der Wandlamellen nach außen und zunehmende Verdehnung der Wandlamellen, Lockerung des Maschenwerks und Umorientierung der Fibrillen. (Seiten 92, 93)
225 Wie erscheinen Plasmodesmen im Elektronenmikroskop?	Als meist einfache oder verzweigte Röhren von 30–60 nm Durchmesser, Röhrenwand von Plasmamembran gebildet, die Membranen der Nachbarzellen gehen hier ineinander über. Jeder Plasmodesmos wird von einem zylindrischen Fortsatz des ER durchzogen (Desmotubulus). (Seite 94, Abb. 1-107)
226 Weshalb lassen sich Plasmodesmen auch im Lichtmikroskop gut lokalisieren?	Die Plasmodesmen sind von einem Callose-Mantel umhüllt. Callose ist fluoreszenzmikroskopisch leicht nachweisbar. (Seiten 93, 94, Abb. 1-106A)
227 Welcher Zusammenhang besteht zwischen Plasmodesmen und primären Tüpfelfeldern?	Die Plasmodesmen sind meist in bestimmten Bereichen der Zellwand gruppenweise zusammengefaßt, dies sind die primären Tüpfelfelder, die später zu Tüpfelschließhäuten werden können. (Seiten 93, 94, Abb. 1-106C)
228 Halten Sie die Aussage über die Entstehung der Siebporen bei der Behandlung der Siebplatten der Phloem-Leitbahnen (S. 136) im Gedächtnis.	(Seite 94)
229 Was ist die Funktion der Plasmodesmen?	Gegenseitiger Stoffaustausch. (Seiten 94, 95)
230 Machen Sie sich anhand Abb. 1-108 die Entstehung sekundärer Plasmodesmen klar.	(Seiten 94, 95)
231 Welche Texturen der Cellulose-Fibrillen kommen vor, wo sind die jeweiligen Schwerpunkte des Vorkommens?	Streutextur: vorwiegend Primärwand, Paralleltextur: Sekundärwände, je nach Zelltyp in Faser-, Schrauben- und Röhrentextur. (Seiten 95, 96, Abb. 1-109, 1-110)
232 Rekonstruieren Sie die verschiedenen aufeinanderfolgenden Schichten an einer Tracheidenwand einer Konifere.	Mittellamelle, Primärwand (Sakkoderm), dünne S1-Lamelle (Übergangslamelle), dicke S2-Schicht (z.T. aus über 50 Wandlamellen, eigentliche Sekundärwand), dünne S3-Schicht (Tertiärwand). (Seite 96, Abb. 1-111)
233 Wodurch wird die Druckfestigkeit der Zellwand erhöht?	Durch Inkrustierung: die Gerüstfibrillen werden zusätzlich in formfeste Materialen «eingepackt». Inkrusten sind öfter Silikate und vor allem Lignine. (Seite 96)
234 Was versteht man unter «Verholzung der Zellwand»?	Die Inkrustation mit Lignin, das in Riesenmolekülen die Zellwände durchsetzt. (Seiten 103, 104)
235 Überlegen sie sich die Funktion der lignifizierten Zellwände im Vergleich zu Methoden der Verbundbauweise in der Technik.	(Seite 97)
236 Inwiefern liefert das Reaktionsholz horizontal wachsender Äste bei Nadelhölzern ein instruktives Beispiel für die unterschiedliche Rolle von Gerüst und Inkrusten bei der Vermittlung von Festigkeit?	(Seite 97)
237 Was sind Tüpfel?	Beim Anlagerungswachstum ausgesparte Kanäle von Zelle zu Zelle für Wasser- bzw. allgemein Stoffdurchtritt (Tüpfelkanäle). Die Tüpfelkanäle benachbarter Zellen korrespondieren und treffen sich an primären Tüpfelfeldern. Als Schließhäute fungieren diese plasmodesmenreichen Bezirke der Primärwände. (Seiten 97, 98, Abb. 1-112)

238 Zeichnen Sie einen Hoftüpfel der Koniferen unter Beachtung von Hof, Schließhaut, Torus und Margo.

(Seiten 97, 98, Abb. 1-112C)

239 Welche Funktion hat der Torus?

Bei Luftembolien wirken Hoftüpfel als Rückschlagventile. (Seite 97)

240 Wie werden Zellwände gegen Wasserverlust der Zelle «dicht gemacht»?

Durch Akkrustation lipophiler Massen an ein vorgegebenes Sakkoderm. Akkrusten sind Cutin und Suberin. (Seite 97)

241 Was heißt Verkorkung?

Akkrustation einer Suberinschicht, die zwischen der Primärwand und einer Tertiärwand liegt. (Seiten 97, 98, 99, Abb. 1-113)

242 Welche Teile der Suberinschicht sind in hohem Maße hydrophob?

Die eingelagerten Wachsfilme. Suberin selbst ist für Wasser ohne weiteres durchlässig. (Seite 97)

243 Was ist in diesem Zusammenhang der Vorteil der Lamellenbauweise der Sekundärwände?

(Seiten 98, 99, Abb. 1-114)

244 Was ist die Cuticula?

Eine auf die äußere Primärwand von Epidermiszellen akkrustierte cellulosefreie, liphophile Wandschicht mit oberflächenparallelen Wachsfilmen in einer Polymermatrix (Cutin). (Seiten 98, 99, Abb. 1-114B)

245 Wann spricht man von Cuticularschichten?

Bei der Inkrusten-ähnlichen Einlagerung von Cutin mit Begleitwachsen in die äußeren Lamellen der primären Wand von Epidermiszellen. (Seite 99)

246 Orientieren Sie sich über die verschiedenen «Einsatzorte» der Callose als «Abdichtungsmaterial».

(Seite 99)

H. Mitochondrien

247 Machen Sie sich anhand Abb. 1-115 die wichtigsten Struktur- und Funktionselemente eines Mitochondrions klar.

(Seite 100)

248 Worauf beruht die Vermehrung der Mitochondrien?

Auf einer Durchschnürung des Organellkörpers bei gleichzeitiger Ausbildung eines Septums des Intermembranraums. (Seite 101, Abb. 1-119)

249 Wie ist bei solchen Teilungen die Verteilung der mitochondrialen DNA (mtDNA) gewährleistet?

Durch Polyploidie und Polyenergidie. (Seite 101)

250 Versuchen Sie, anhand Abb. 1-118 die wichtigsten Strukturen eines Mitochondrions im EM-Bild zu verstehen, insbesondere die Membranzusammenhänge und die mtRibosomen.

(Seite 101)

251 Wie läßt sich die mtDNA kurz charakterisieren?

Die mtDNA ist ausnahmslos doppelsträngig und in den meisten Fällen zirkulär. Ihre Größe variiert stark. (Seite 101, Abb. 1-120)

252 Was fällt am genetischen Code der mtDNA auf?

Es gibt Abweichungen vom universellen genetischen Code, große mtDNAs enthalten mehr nichtcodierende Sequenzabschnitte als kleine. (Seite 102, Tab. 1-5)

253 Warum bezeichnet man Mitochondrien trotz eigener DNA als «semiautonome Organelle»?

Zwar sind die meisten RNAs der Mitochondrien durch mtDNA codiert, nicht aber zahlreiche mitochondrienspezifische Proteine (z.B. sämtliche Enzyme des Citratzyklus), sie sind Kern-codiert. (Seite 102)

254 Überlegen Sie sich einige Beispiele nachgewiesener «mitochondrialer Vererbung».	(Seite 102)
255 Warum ist es wichtig, daß die Mitochondrienmembranen eine besonders hohe Durchlässigkeit besitzen? Welche der Membranen ist die eigentliche Diffusionsbarriere?	Wegen der Funktion des Energiestoffwechsels und vor allem wegen des Protein-Transports aus dem Cytoplasma in die Mitochondrien (Enzyme!). Die innere Hüllmembran. (Seite 103)
256 Unterrichten Sie sich über die Rolle von Transitpeptiden beim Durchschleusen von Proteinen durch die Mitochondrienmembranen.	(Seiten 103, 104)

I. Plastiden

257 Schildern Sie den Bau eines typischen Mesophyll-Chloroplasten.	Lichtmikroskop: Grana und farbloses Stroma, Elektronenmikroskop: Doppelte Membranhülle, interne Membranen (gebildet durch Einstülpungen der inneren Membran) als räumliches, stark gegliedertes Kontinuum, aber frei als Thylakoide, in begrenzten Bereichen vielfach übereinander geschichtet (Grana), im Stroma einzeln. (Seiten 104–105, Abb. 1-121)
258 Welche wichtigen Reaktionen laufen an den Thylakoiden ab, welche in der Stromamatrix?	Thylakoide: Prozesse der Lichtreaktionen der Photosynthese, Stromamatrix: Dunkelreaktionen der Photosynthese, Bildung von Stärkekörnern u. a. Speicherstrukturen. (Seite 104)
259 Was sind Nucleoide der Plastiden und wo liegen sie?	Nucleoide sind hier aufgelockerte Bereiche mit Ansammlungen von ptDNA-Molekülen. Sie liegen in der Stromamatrix. (Seite 105, Abb. 1-124)
260 Was sind Megaplasten?	Megaplasten sind große, oft nur in Einzahl vorhandene Chloroplasten in den Zellen mancher Grünalgen. (Seite 105, Abb. 1-125)
261 Was versteht man unter Pyrenoiden?	Unter Pyrenoiden versteht man besondere, thylakoidarme Bezirke der Stromamatrix bei Algen. Zentren der Stärkebildung. (Seiten 105, 106)
262 Wie unterscheiden sich die Plastiden der Rotalgen von einem «normalen» Chloroplasten und inwiefern ist dies für das evolutionäre Verständnis der Rotalgen wichtig?	(Seite 106)
263 Was sind Phycobilisomen?	Aus Phycobiliproteinen aufgebaute Lichtsammelkomplexe der Rotalgen und Cyanobakterien. (Seite 106, Abb. 1-127)
264 Was sind Proplastiden?	Proplastiden sind kleine, sich häufig teilende, amöboid bewegliche, undifferenzierte Plastiden. (Seite 107)
265 Wo findet die vorübergehende, wo die endgültige Stärkespeicherung statt?	Vorübergehend in Chloroplasten (Assimilations- oder transitorische Stärke), endgültig in Amyloplasten. (Seite 107)
266 Orientieren Sie sich anhand Abb. 1-129 über verschiedene Strukturen von Stärkekörnern.	(Seite 107)
267 Was sind Etioplasten?	Hemmformen der Chloroplastengenese, in denen Bausteine der Thylakoidmembran oder Vorstufen angehäuft sind (oft in Form eines Prolamellarkörpers). (Seite 108, Abb. 1-130)
268 Vergleichen Sie Vorkommen, Entstehung und Funktion der Chromo- und Gerontoplasten.	(Seite 108, Tab. 1-6)

269 Welche Feinbautypen treten bei den Chromoplasten auf?

Globulöse, tubulöse, kristallöse und membranöse Chromoplasten. (Seite 108, 109, Abb. 1-131)

270 Wann und wie wurde nachgewiesen, daß Plastiden über eigene Erbinformation verfügen?

Im ersten Jahrzehnt dieses Jahrhunderts durch C. Correns und E. Baur aus der ausschließlich mütterlichen (maternalen) Vererbung von Ergrünungsdefekten. (Seite 109)

271 Wie liegt die ptDNA vor?

Als zirkuläre Doppelhelix, mit einer Konturlänge bei höheren Pflanzen von rund 45 µm. (Seite 109)

272 Nennen Sie einige Gene, die auf der ptDNA lokalisiert sind.

Gene für die Codierung von wichtigen Proteinen zur Konstitution der Thylakoidmembran, viele Proteine der plastidären 70S-Ribosomen, Gene für alle plastidären RNAs. (Seite 109)

273 Geben Sie ein Beispiel für einen Enzymkomplex der Chloroplasten, bei denen Kern- und ptDNA bei der Codierung zusammenwirken.

Plastidäre ATP-Synthase, RubisCO. (Seite 109)

274 Denken Sie über die Polyploidie und die Polyenergidie der Chloroplasten nach.

(Seite 109, vgl. auch Seite 101 – Mitochondrien)

IV. Zellbau bei Prokaryoten

275 Vergleichen Sie Protocyte und Eucyte bezüglich Größe, Konturlänge der Kern-DNA und Generationsdauer.

Protocyte (z.B. Escherichia coli), 2-4 x 1 µm groß, Plasmavolumen ca. 2,5 µm³, Gesamtkonturlänge der «Kern»-DNA ca. 1 mm, Generationsdauer ca. 20 min.
Eucyte, Volumen ohne Vakuolen ca. 1500-3000 µm³, Konturlänge der Kern-DNA (Mensch) haploid (1n) etwa 1 m. (Seite 110)

276 Machen Sie sich anhand Abb. 1-132 den Feinbau einer typischen Bakterienzelle klar.

(Seite 110)

277 Charakterisieren Sie kurz den genetischen Apparat der Prokaryoten.

DNA zirkulär, einzelne DNA-Ringe in Nucleoiden plaziert, Nucleoide nicht durch Membranen vom Cytoplasma abgegrenzt, ohne Histone. (Seite 112)

278 Welche Struktur wurde auf der Grundlage lichtmikroskopischer (!) Untersuchungen als «Chromidialapparat» beschrieben?

Das zentral liegende Nucleoid der vergleichsweise großen Zellen von Cyanobakterien («Blaualgen»). (Seite 112)

279 Wie erfolgt bei Prokaryoten die Verteilung des genetischen Materials auf die Tochterzellen?

Nach Verdopplung der DNA-Ringmoleküle rücken deren Membrananheftungsstellen auseinander. Zwischen ihnen setzt die Bildung eines Septums für die Zellteilung ein. (Seite 110, 112, Abb. 1-133)

280 Kann man von einer Kompartimentierung der Protocyte sprechen?

Bei den meisten Protocyten gibt es außer der Plasmamembran keine weiteren Biomembranen (Zelle: einziges Kompartiment). (Seite 112)

281 Was sind die Thylakoide der Cyanobakterien?

Die Thylakoide der Cyanobakterien sind flache Doppelmembranen im Cytoplasma, die nicht eigens membranumgrenzt sind (vgl. Plastiden der Eucyte!). (Seite 111, 112, Abb. 1-134A)

282 Orientieren Sie sich anhand Abb. 1-134 allgemein über die intracytoplasmatischen Membranen bei Prokaryoten.

(Seite 112)

283 Wie ist die Bakteriengeißel gebaut?

Die Bakteriengeißel ist völlig anders gebaut als die Eukaryotengeißel. Sie ist aus einem einheitlichen Strukturprotein aufgebaut (Flagellin) und starr; der Durchmesser erreicht nicht die Dimension eines einzelnen Mikrotubulus. Man sollte daher besser von «Flagellen» sprechen. (Seite 112, Abb. 1-135)

284 Welches ist die strukturbestimmende Komponente der Bakterien-Zellwand?

Die Peptidoglycan- oder Mureinschicht, die als ganzes ein Riesenmolekül darstellt (Mureinsacculus). (Seiten 113, 114)

285 Verdeutlichen Sie sich den unterschiedlichen Wandbau der grampositiven und gramnegativen Bakterien.

(Seiten 113, 114, Abb. 1-136)

V. Die Endosymbiontentheorie

286 Nennen Sie einige wichtige «prokaryotische Eigenschaften» der mtDNA bzw. der ptDNA.

Zirkuläre DNA ohne Histone, ohne höherrepetitive Sequenzen, Replikation zeitlich unabhängig von der S-Phase des Zellzyklus, nur **eine** RNA-Polymerase, Ribosomen, die nach Größe und Empfindlichkeit gegenüber Hemmstoffen dem bakteriellen 70S-Typ entsprechen. (Seite 114)

287 Inwiefern unterscheidet sich die innere Membran der Mitochondrien von einer Eukaryotenmembran?

Durch den hohen Gehalt an Cardiolipin, eines bei Bakterien weit verbreiteten Phospholipids.
(Seite 114, 115, Abb. 1-137)

288 Was ist die grundlegende Aussage der Endosymbiontentheorie?

Die DNA-haltigen Organelle Mitochondrien und Plastiden haben sich aus ehemals freilebenden Prokaryoten evoluiert, die vermutlich durch Phagocytose als Endocytobionten in die Zellen aufgenommen wurden. (Seite 114, Abb. 1-138)

289 Orientieren Sie sich über hypothetische Strukturen und Funktionen und über mögliche Vertreter der Urkaryoten, d.h. der Organismen «vor» Aufnahme von Endocytobionten.

(Seite 115)

290 Was versteht man in diesem Zusammenhang unter «intertaxonischer Kombination»?

(Seite 115)

291 Welche wichtigen Veränderungen mußten nach der Aufnahme der Pro-Organelle im Laufe der Co-Evolution von Wirtszellen und Endocytobionten erfolgen? Was versteht man in diesem Zusammenhang unter Gen-Transfer? Nennen Sie Beispiele.

(Seiten 115, 116)

292 Überlegen Sie sich den Sonderfall eukaryotischer (!) Endocytobionten bei vielen Algen. Welche Hinweise für eine solche Form der «Symbiose» liegen hier vor?

(Seite 116)

293 Nennen Sie Beispiele von intrazellulären Symbionten, bei denen diese ebenfalls physiologisch die Rolle von Organellen spielen.

Symbiontische Bakterien der Wurzelknöllchen von Hülsenfrüchtlern; endocytische Dinoflagellaten bei Steinkorallen; endocytobiontische einzellige Grünalgen bei Amöben, Ciliaten und bei *Hydra*, Cyanellen in plastidenlosen Einzellern. (Seite 116, Abb. 1-139)

Dritter Abschnitt — Die Gewebe der Sproßpflanzen

294 Was versteht man unter einem Gewebe? Welche sind die wichtigsten gewebebildenden Zellen?

Als Gewebe wird ein Verband gleichartiger Zellen bezeichnet. Wichtigste Zelltypen sind parenchymatische Zellen (isodiametrische Zellen), prosenchymatische Zellen (langgestreckte Zellen) und epidermale Zellen (flächig-plattenförmige Zellen). (Seite 117)

295 Was sind Idioblasten?

Idioblasten sind nach Struktur und Funktion abweichende Zellen in einem sonst einheitlichen Gewebe. (Seite 117)

296 Inwiefern ist die Gewebegliederung eines Organismus ein Hinweis auf den Gesamtdifferenzierungsgrad?

Je reichhaltiger die Gewebegliederung eines Organismus ist, desto höher ist der von ihm erreichte Differenzierungsgrad bzw. die Arbeitsteiligkeit seiner Zellverbände. (Seite 117)

297 Welche Pflanzengruppe ist in dieser Beziehung am «höchsten» organisiert?

Die Spermatophyten (Samenpflanzen) als höchstentwickelte Sproßpflanzen. (Seite 117)

298 In welche zwei Haupttypen kann man die Gewebe der Sproßpflanzen einteilen?

In Bildungsgewebe (Meristeme) und Dauergewebe. (Seite 117)

299 Was unterscheidet grundsätzlich, bezüglich des Wachstums, die Meristemzellen und die Dauerzellen?

Die Meristemzellen wachsen durch Vermehrung der Trockensubstanz (embryonales oder Plasmawachstum), zukünftige Dauerzellen wachsen durch Vakuolenvergrößerung (postembryonales oder Streckungswachstum). (Seite 117)

300 Was bedeutet «Reembryonalisierung» von Dauerzellen?

(Seite 117)

I. Bildungsgewebe (Meristeme)

301 Zu welchem Zeitpunkt entstehen beim Embryo höherer Pflanzen Wurzel- und Sproßpol?

Die Polaritätsachse wird meist bei der ersten Zygotenteilung festgelegt (apikaler Pol, basaler Pol). Der apikale Pol liefert später den Sproßscheitel, der basale den Wurzelscheitel. (Seiten 117, 118)

302 Verfolgen Sie anhand Abb. 1-140 die Embryonalentwicklung einer zweikeimblättrigen höheren Pflanze. Achten Sie auf die Lage und erste Ausbildung von Geweben und Organen.

(Seite 118)

303 Wie kann man im Prinzip das Wachstum von Sprossen und Wurzeln kennzeichnen?

Als Spitzenwachstum; die Zellen, aus denen Sprosse bzw. Wurzeln hervorgehen, sind Abkömmlinge von apikalen Meristemen. (Seiten 118, 119)

304 Nennen Sie die wichtigsten Meristemtypen.

Apikale Meristeme, Restmeristeme, Folgemeristeme (Cambien). (Seite 118)

A. Apikale (Scheitel-)Meristeme

305 Kennzeichnen Sie Gestalt und Inhalt von typischen Meristemzellen der Sprosse und Wurzeln.

(Seite 119)

306 Was sind Initialzellen?	Initialzellen oder Stammzellen sind Zellen an den äußersten Sproßspitzen und hinter der Wurzelhaube, die sich inäqual teilen in neue Stammzelle und Deszendent für die weitere Zellvermehrung. (Seite 119)
307 Wo findet sich im Apikalmeristem die höchste Teilungsaktivität?	In den Deszendenten der Initalzellen. Die Initialzellkomplexe (Initialkomplexe) selbst werden als «ruhende Zentren» bezeichnet. (Seite 119)
308 Wann spricht man von einem «Vegetationskegel»?	Wenn wie bei der Mehrzahl der höheren Pflanzen die Apikalmeristeme der Sproß- und Wurzelspitzen annähernd kegelförmig erscheinen. (Seiten 119, 120, Abb. 1-142)
309 Wann spricht man von einer Scheitelzelle?	Wenn im Apikalmeristem lediglich eine einzige Initialzelle vorliegt, z.B. bei vielen Meeresalgen und unter den höheren Pflanzen bei Moosen, Schachtelhalmen und der Mehrzahl der Farne. (Seite 119, Abb. 1-41)
310 Versuchen Sie, sich anhand Abb. 1-141 die Aktivität einer dreischneidigen Scheitelzelle klarzumachen.	(Seite 119)
311 Wie ist der Sproßscheitel der Angiospermen nach der Tunica-Corpus-Konzeption aufgebaut?	Tunica = äußere Schicht oder Schichten von Initialzellen, umschließt mantelartig den Corpus, nur antikline Zellteilungen, Corpus = innere Grundmasse des Apikalmeristems, Teilungen anti- und periklin. (Seiten 119, 121, Abb. 1-143)
312 Wie läßt sich nachweisen, daß jede Schicht einer mehrschichtigen Tunica über mehrere eigene Initialzellen verfügt?	Polyploidisierungsversuche mit Colchicin, Bildung von Periklinal- und Sektorialchimären. (Seite 121, Abb. 1-143)
313 Überlegen Sie sich die Vorgänge, die zur Bildung der Blattanlagen (Blattprimordien) führen. Warum krümmen sich die jungen Blätter gegen den Scheitel hin?	(Seite 121)
314 In welche Bereiche läßt sich schematisch der Sproßvegetationspunkt bei Samenpflanzen gliedern?	In Initialenzone, morphogenetische oder Differenzierungszone und histogenetische Zone. (Seite 121, Abb. 1-144)
315 Beschreiben Sie die Form und die wichtigsten Funktionen der Calyptra.	(Seite 122, Abb. 1-145)
316 Wie ist der Wurzelscheitel bei Farnen und bei Samenpflanzen aufgebaut?	Farne: Tetraedrische (vierschneidige) Scheitelzelle, Gymnospermen: zwei Gruppen von Initialzellen, Angiospermen: mehrere Gruppen unabhängiger Initialgruppen, deren Deszendenten die verschiedenen Dauergewebe bilden (Haube, Epidermis, Rinde, Zentralzylinder). (Seite 122, Abb. 1-145)

B. Restmeristeme und Meristemoide

317 Nennen Sie Beispiele für Restmeristeme im Bereich von Dauergeweben.	Interkalare Meristeme bei Monokotyledonen-Sprossen (z.B. Gräser!), Pericambium der Wurzel, strangförmige faszikuläre Cambien in den Leitbündeln der Dikotyledonen, interkalare Meristeme von Monokotyledonenblättern. (Seite 123)
318 Was versteht man unter Meristemoiden?	Kleine Nester von teilungsaktiven Zellen in den Differenzierungszonen von Sprossen und Blättern, die jedoch keine Stammzellen enthalten, d.h. letztlich alle zu Dauerzellen werden. (Seite 123)
319 Was geht z.B. aus solchen Meristemoiden hervor?	Zahlreiche Typen von Idioblasten, z.B. Spaltöffnungsapparate, mehrzellige Haare. (Seite 123)
320 Überlegen Sie sich in diesem Zusammenhang die Bildung regelmäßiger Muster.	(Seiten 120, 123, Abb. 1-142)

C. Laterale Meristeme (Cambien)

321 Inwiefern unterscheiden sich die Cambium-Initialen von den Zellen der apikalen Meristeme?

Durch ihre größeren Ausmaße und die stärkere Vakuolisierung. (Seite 123)

322 Welche Teile der Cambien sind sekundäre Meristeme, welche primäre?

(Seite 123)

II. Dauergewebe

323 Wie kann man «Dauergewebe» kennzeichnen?

In Dauergeweben finden normalerweise keine Zellteilungen mehr statt, ihre ausdifferenzierten Zellen sind nicht mehr wachstumsfähig. (Seite 123)

324 Nennen Sie die Funktion des Interzellularsystems.

Das Interzellularsystem steht über Spaltöffnungen und Lenticellen mit der Außenluft in Verbindung und dient dem Gasaustausch. (Seiten 123, 124, Abb. 1-146)

325 Was heißt «schizogene Entstehung der Interzellularräume»?

Interzellularräume entstehen durch Spaltung (schizogen) der Zellwände entlang der Mittellamelle. (Seite 123)

A. Parenchyme

326 Beschreiben Sie allgemein die Zellen von Grundgeweben (Parenchymen).

Lebende, dünnwandige Zellen, selten verholzt, große Vakuolen, teils mit Leuko-, Chloro- oder Chromoplasten im Cytoplasma, oft mit Reservestoffen. (Seiten 124, 125).

327 Welche besonderen Funktionen können Parenchyme ausführen?

Speicherfunktion (für organische Reservestoffe): Speiderparenchyme,
Speicherfunktion (für Wasser, Sukkulenten): Hydrenchym,
Durchlüftungsfunktion (mit massiv entwickeltem Interzellularensystem) Aerenchym,
Assimilation (vor allem im Blatt als Mesophyll, Palisadenschicht): Chlorenchym, Assimilationsparenchym,
Mischfunktion: Transpiration und Assimilation: Schwammparenchym der Blätter. (Seiten 124, 125, Abb. 1-146, 1-147)

328 Wie können die relativ dünnwandigen Parenchyme auch Festigungsfunktion für die Pflanze übernehmen?

(Seite 124)

B. Abschlußgewebe

329 Nennen Sie die wichtigsten Typen von Abschlußgewebe.

Epidermis, Kork, Endodermis. (Seite 125)

330 Welches sind die wichtigsten cytologischen Merkmale der Epidermis?

Einschichtige Zell-Lagen, lückenloses Aneinanderschließen der Zellen, Gasaustausch über Spaltöffnungen (Stomata), akkrustierte Zell-Wandschichten (Cuticulae).
(Seiten 125, 126, Abb. 1-148)

331 Welche Funktionen kann die Epidermis von Früchten oder Blütenblättern erfüllen? Welches sind dafür die strukturellen Voraussetzungen?

(Seite 125)

332 Wie unterscheidet sich die Außencuticula der Pflanzen bezüglich ihres Wachstums von der Insektencuticula?

(Seite 126)

333 Welche pflanzlichen Zellen tragen keine Cuticula?	Die Epidermen von resorbierenden Organzonen tragen keine Cuticula (z.B. Rhizodermis, die äußerste Zellage junger Wurzeln). (Seite 126)
334 Orientieren Sie sich über Formen und Funktionen der Cuticula bzw. epicuticularer Wachsüberzüge.	(Seiten 126–128, Abb. 1-149, 1-150)
335 Wie können sie kurz die Funktionen der Stomata charakterisieren?	Die Stomata (Spaltöffnungen) sind die Regulatoren des Gasstoffwechsels, besonders auch der Transpiration. (Seite 128)
336 Schildern Sie den Bau eines Spaltöffnungsapparates.	Zwei längliche Schließzellen, die an den Enden miteinander fest verbunden sind, mittlere Bereiche durch schizogen gebildeten Interzellularspalt (Porus) getrennt, unterhalb des Porus großer Interzellularraum des Mesophyll- oder des Rindengewebes, Nebenzellen verschiedener Art und Form, die an der Funktion beteiligt sind. (Seiten 128, 129, Abb. 1-151, 1-152)
337 Wie hängt die Öffnung des Porus mit dem Turgor der Schließzellen zusammen?	Der von den «Bauchwänden» der Schließzellen begrenzte Spalt ist umso weiter geöffnet, je höher der Turgor der Schließzellen ist. (Seite 128, Abb. 1-151)
338 Was sind Hydathoden? Nennen Sie Beispiele.	Hydathoden (Wasserspalten) sind den Spaltöffnungen homolog und dienen der Abscheidung von flüssigem Wasser (Guttation: «Tauperlen»), z.B. bei der Kapuzinerkresse (*Tropaeolum*) oder beim Frauenmantel (*Alchemilla*). (Seite 128)
339 Wie entstehen Haare?	Durch Auswachsen einer Epidermiszelle (einzellige Haare) oder die Umwandlung einer Epidermiszelle zu einem Meristemoid (mehrzellige Haare). (Seite 128)
340 Nennen Sie wichtige Funktionen von Haaren.	Transpirations- und/oder Strahlungsschutz, Schutz vor Tierfraß, Samenausbreitung, Klimmen und Klettern, Aufnahme von Wasser und Ionen, Abgabe von Wasser, ätherischen Ölen, Schleimen, Klebstoffen, Verdauungsenzymen. (Seiten 129, 130, Abb. 1-153)
341 Was sind Emergenzen?	Vielzellige Auswüchse, an deren Entstehung auch subepidermales Gewebe beteiligt ist, z.B. die Stacheln von Rosen und Brombeeren. (Seiten 129, 142, Abb. 1-170)
342 Klären Sie die Begriffe Phellogen, Phelloderm, Phellem (Korkgewebe) und Periderm.	(Seiten 131, 132, Abb. 1-155)
343 Welche histologischen Vorgänge machen die Nutzung der Korkeiche (*Quercus suber*) für die Gewinnung von Flaschenkork möglich?	(Seite 131, Abb. 1-155)
344 Worauf beruht die Verkorkung einer Zelle?	Die Verkorkung einer Zelle beruht auf der Akkrustierung einer wasserundurchlässigen Suberinschicht an das Sakkoderm. (Seite 131)
345 Warum ist Korkgewebe leicht?	Nach der Wandbildung sterben die Korkzellen ab, der Zellinhalt degeneriert, die toten Korkzellen füllen sich mit Gas. Daher ist Kork ein hervorragender Wärme- und Strahlungsisolator. (Seite 131)
346 Was sind Lenticellen?	Lenticellen (Korkporen) bestehen aus abgerundeten, nur lose zusammenhängenden Korkzellen, zwischen denen hindurch Diffusion von Wasserdampf, CO2 und Sauerstoff erfolgen kann. Lenticellen sind unbenetzbar. (Seiten 131, 132, Abb. 1-156)

347 Beschreiben Sie den primären, sekundären und tertiären Zustand der Wurzelendodermis.

Primärer Zustand: Radiale Zellwände mit nahezu impermeablen Caspary-Streifen;
sekundärer Zustand: Zellen allseits mit Suberinschichten, Durchlaßzellen;
tertiärer Zustand: allseits verdickte und verholzte Wände. (Seiten 132, 133, Abb. 1-157)

348 Inwiefern dient die Endodermis mit den Caspary-Streifen der Radialwände als «physiologische Sperre» bzw. Selektionsmechanismus für durch die Wurzel aufgenommene Ionen?

(Seite 133)

C. Festigungsgewebe

349 Wodurch wird die «Festigkeit» der Pflanzen gewährleistet?

Durch Turgeszenz der Zellen und Gewebespannungen, vor allem aber durch spezielle Festigungsgewebe (Sterome). (Seite 133)

350 Welche Arten von Festigungsgewebe können Sie unterscheiden?

Kollenchym: Kanten- = Eckenkollenchym, Plattenkollenchym,
Sklerenchym: aus Sklereiden (Steinzellen) oder Sklerenchymfasern.
(Seite 134, Abb. 1-158, 1-159)

351 Charakterisieren Sie Kollenchym- und Sklerenchymzellen.

Kollenchymzellen: lebende Zellen, oft mit Chloroplasten, unverholzte Wände, Wandverdickungen aus abwechselnden Lamellen von Cellulose und Pektinstoffen, Wandverdickungen lokal in Kanten oder Längswänden.
Sklerenchymzellen: meist tote Zellen mit allseits verdickten Wänden, oft verholzt; Sklereiden: verschieden gestaltet; Fasern: zugespitzt und teilweise sehr lang, sehr enges Lumen.
(Seite 134, Abb. 1-158, 1-159)

352 Welche Typen von Sklerenchymfasern kann man in Abhängigkeit von der vorzugsweisen Art der Belastung unterscheiden?

Gewöhnlich unverholzte Faserzellen an Orten mit Zugbeanspruchung («Weichfasern»), lignifizierte «Hartfasern» an Orten mit zusätzlicher Druckbelastung.
(Seite 134, Abb. 1-159)

353 Vergleichen Sie die Anordnung der Festigungsgewebe in Pflanzen mit technischen Konstruktionen.

(Seiten 134, 135, Abb. 1-160)

354 Machen Sie sich mit Begriffen der Biomechanik wie «Kabelbauweise» und «Verbundbauweise» vertraut.

(Seite 135)

D. Leitgewebe

355 Woraus ergab sich stammesgeschichtlich die Notwendigkeit, Leitgewebe bzw. ein Leitsystem auszubilden?

(Seite 135)

356 Welche beiden Gewebe mit unterschiedlicher Struktur und Funktion sind im allgemeinen im Leitgewebe vereinigt?

Siebteil (Phloem) für die Fernleitung organischer Verbindungen,
Holzteil (Xylem) für die Wasserleitung samt Leitung anorganischer Ionen (Transpirationsstrom). (Seiten 135, 136)

357 Verfolgen Sie die evolutive Folge der Siebelemente von der Siebzelle zu den Siebröhrengliedern.

(Seiten 136, 137, Abb. 1-161)

358 In welchen Gruppen kommen Siebzellen vor, in welchen Siebröhren?

Siebzellen: Pteridophyten, Gymnospermen, Angiospermen,
Siebröhren: nur Angiospermen.
(Seiten 136, 137, Abb. 1-162)

359 Beschreiben Sie die Siebelemente nach Gehalt und Inhalt der Zellen.	Siebelemente sind langgestreckt. Siebzellen sind zugespitzt, mit Siebfeldern in Längs- und Querwänden; Weiterentwicklung zu Siebröhren aus Siebröhrengliedern mit stärker durch Siebfelder und Siebplatten durchbrochenen Querwänden; gesamtes Lumen erfüllt von lebendem wasserreichem Protoplasten, Speicherplastiden und Mitochondrien; Zellkern und Tonoplast degenerieren frühzeitig; durch Siebporen offene Verbindung zu Nachbarzellen. (Seiten 136, 137, Abb. 1-161, 1-162)
360 Wie lange sind Siebelemente funktionstüchtig?	Meist nur eine Vegetationsperiode, seltener mehrere Jahre. (Seite 136)
361 Was sind Geleitzellen?	Flankenzellen der Siebröhrenglieder mit Kern und vielen Mitochondrien, mit den Siebröhrengliedern durch zahlreiche Plasmodesmen verbunden. Sie supplementieren den Stoffwechsel der kernlosen Leitelemente. (Seite 137, Abb. 1-162)
362 In welcher systematischen Gruppe kommen Geleitzellen vor?	Nur bei Angiospermen. Bei den Gymnospermen und Pteridophyten gibt es proteinreiche Begleitzellen (Strasburger-Zellen). (Seite 137)
363 Wie lassen sich die Elemente des Transpirationsstroms kennzeichnen?	Nach Erreichen der Funktionstüchtigkeit der typischen Röhrenzellen stirbt der Protoplast ab, übrig bleiben nur die verholzten, von Hoftüpfeln durchbrochenen Zellwände. (Seite 137)
364 Beschreiben Sie vergleichend Tracheiden und Tracheen.	Tracheiden: englumige Einzelzellen mit reich getüpfelten Endwänden, Wasser passiert Tüpfelschließhäute, Tracheen (Gefäße): Röhrensystem aus Gefäßgliedern (= Einzelzellen), Tüpfelschließhäute oder ganze Querwände aufgelöst, freier Durchfluß des Wassers. (Seiten 137, 138, Abb. 1-163, Abb. 1-112 C-F, S. 98)
365 Was wird im wesentlichen durch die Lignifizierung der Wände verhindert?	Der Kollaps der Röhrenzellen, in denen bei kräftiger Transpiration Unterdruck herrscht. (Seite 137)
366 Inwiefern ist die Evolution der Wasserleitbahnen ein schönes Beispiel für zunehmende strukturelle und funktionelle Spezialisierung?	(Seiten 137, 138)
367 Bei welchen Pflanzen finden sich die hinsichtlich ihrer Förderleistung höchstentwickelten Gefäße?	(Seite 138)
368 Was ist ein «Leitbündel»?	Unter einem Leitbündel versteht man die Zusammenfassung des Leitgewebes in Wurzeln, Sproßachsen und Blättern. (Seite 138)
369 Geben Sie eine Übersicht über die verschiedenen Leitbündeltypen und ihr charakteristisches Vorkommen.	Konzentrisches Leitbündel mit Innenxylem: Farne, konzentrisches Leitbündel mit Außenxylem: Rhizome und Stengel von Monokotyledonen, collaterales Leitbündel: häufig bei Schachtelhalmen, Gymnospermen und Angiospermen, radiales Leitbündel: Wurzel. (Seite 138, Abb. 1-164)
370 Machen Sie sich Lage und Art der Zellen und Gewebe der collateralen Leitbündel der Abb. 1-165 klar. Orientieren Sie nach dem Blockbild die Lage der einzelnen Teile in Beziehung zur Sproßachse.	(Seite 139)
371 Wodurch unterscheiden sich die beiden collateralen Leitbündel der Abb. 1-165 A und 1-165 B?	Durch Besitz bzw. Fehlen eines faszikulären Cambiums. (Seite 139)

372 Überlegen Sie sich die Lage der Phloem- bzw. Xylemprimanen im ausdifferenzierten collateralen Leitbündel.

(Seite 140)

E. Drüsenzellen und -gewebe

373 Wie kann man Sekretion und Exkretion definieren?

Sekrete sind Ausscheidungen, die dem Erzeuger von Nutzen sind, Exkrete würden schaden, wenn sie nicht entfernt werden könnten. (Seite 140)

374 Wo kann man bei Pflanzen von echter «Exkretion» sprechen?

Beispielsweise bei Pflanzen salzreicher Standorte (aktive Abscheidung überschüssigen Salzes) oder bei der Bildung von Oxalatzellen (Speicherung von Ca-Oxalatkristallen in der Vakuole). (Seite 140)

375 Nennen Sie einige wichtige Funktionen der pflanzlichen Sekrete.

Schutz der Pflanze von Fraßfeinden, Anlockung von Bestäubern (Nektarien). (Seite 140)

376 Überlegen Sie sich die cytologischen Besonderheiten einer Drüsenzelle.

(Seite 140, Abb. 1-166)

377 Nennen Sie einige wichtige Drüsenfunktionen bei Pflanzen (mit Beispielen).

Milchröhren, ungegliedert (polyenergide Riesenzellen), z.B. Gummibaum,
Milchröhren gegliedert (Syncytien), z.B. Schöllkraut, Schlaf-Mohn, liguliflore Asteraceen,
Harzgänge (schizogene Intercellularräume von Drüsenepithel umgeben), z.B. bei Nadelhölzern,
Ölbehälter (schizogen bzw. lysigen), bei Johanniskraut bzw. Citrus-Früchten,
Drüsenemergenzen, bei vielen Blättern, Sonderfunktionen beim Sonnentau u.a.
(Seiten 141, 142, Abb. 1-167 bis 1-170)

Vierter Abschnitt
Morphologie und Anatomie der Sproßpflanzen

I. Einleitung

378 Denken Sie über das Prinzip der Vielzelligkeit bei Organismen nach, vor allem in Hinblick auf ihren Systemcharakter.

(Seiten 143, 144)

379 Wodurch unterscheidet sich grundsätzlich das Blastem als überzelliger Funktionsverbund des vielzelligen Vegetationskörpers von Coenobien?

Durch den ganzheitlichen Systemcharakter: Nur das richtige Zusammenspiel aller seiner Zellen und zwischenzelligen Signale macht den vielzelligen Organismus aus. (Seite 144)

380 Inwiefern geht die typologische Methode der Morphologie über die bloße Beschreibung hinaus?

(Seite 144)

381 Was ist die tiefere Ursache der Möglichkeit, Morphotypen zu definieren?

Daß sich überhaupt Morphotypen definieren lassen, ist Ausdruck hierarchischer phyletischer Entwicklungen und beruht damit letztlich auf der Evolution der Organismen.
(Seite 146)

382 Versuchen Sie die Begriffe Homologie, Analogie und Konvergenz einwandfrei zu definieren.

(Seiten 146, 147)

383 Prägen Sie sich für diese Begriffe Beispiele aus dem Tier- und Pflanzenreich ein.

(Seiten 146, 147)

384 Was versteht man in der Pflanzenmorphologie unter Metamorphosen?

Durch Anpassung an besondere Funktionen bedingte Abwandlungen von Organen. (Seiten 147, 148, Abb. 1-175 bis 1-177)

385 Welches sind wichtige Homologiekriterien?

Kriterium der Lage: Ein Organ ist dann einem anderen homolog, wenn es in vergleichbare Strukturgefüge gleich eingeordnet ist, also dieselbe relative Lage einnimmt.
Kriterium der Stetigkeit: Verknüpfung unähnlicher Gestalten durch Zwischenformen.
(Seiten 147, 148, Abb. 1-176)

386 Überlegen Sie, warum in diesem Zusammenhang die Untersuchung früher Entwicklungsstadien so wichtig für den Nachweis von Homologie ist.

(Seiten 147, 148)

387 Was versteht man unter Konvergenzen?

Anlagemäßig verschiedene (nicht homologe) Organe werden durch Anpassung an gleiche Funktionen ähnlich. (Seite 148)

388 Was sind Parallelismen?

Phyletisch unabhängiges Zustandekommen ähnlicher Umgestaltungen homologer (!) Strukturen in verschiedenen systematischen Gruppen. (Seite 148)

389 Was ist die Gemeinsamkeit aller Kormophyten?

Die stets gleiche gegenseitige Zuordnung der drei Grundorgane Sproßachse, Blatt und Wurzel. (Seite 148)

390 Inwiefern lassen sich auch die Blütenpflanzen («trotz Blüte») diesem Morphotypus zuordnen?

(Seite 148)

391 Wie können Sie kurz «Symmetrie» definieren?

Als Symmetrie wird die gesetzmäßige Wiederholung gleicher oder ähnlicher Strukturelemente bezeichnet. (Seite 149)

392 Nennen Sie die drei Grundformen der Symmetrie.

Metamerie: Verschiebungssymmetrie,
Radiärsymmetrie: Drehsymmetrie,
Bilateralsymmetrie: Spiegelsymmetrie, oft mit Dorsiventralität gekoppelt (Blüten!).
(Seiten 149, 150, Abb. 1-178 bis 1-179)

393 Überlegen Sie den Grund für die Variationen bei der Ausbildung organischer symmetrischer Strukturen.

(Seiten 150, 151)

394 Inwiefern ist Antisymmetrie bzw. Komplementärsymmetrie in der Biologie wichtig? Beispiele?

(Seiten 151, 153)

395 Warum sind unsymmetrische Organismen viel seltener als symmetrische?

Symmetrie wird offenbar von der Selektion begünstigt: Symmetrie bedeutet (auch) Wiederholung; hierfür ist weniger Information notwendig als für Entwicklung und Funktionieren unsymmetrischer Systeme. (Seite 153)

II. Organisation des Kormus: Überblick

396 Definieren Sie kurz den Begriff «Kormus».

Der Kormus als bewurzelter Sproß baut sich aus den drei Grundorganen Achse, Blatt und Wurzel auf. Die Grundorgane sind nicht miteinander homologisierbar und üben verschiedene Basisfunktionen aus. (Seite 153)

397 Welchen Aufbau zeigt der typische Embryo einer Samenpflanze?

Keimwurzel (Radicula), Hypocotyl, Cotyledonen, Epicotyl, Plumula. (Seite 153, Abb. 1-184)

398 Verfolgen Sie anhand Abb. 1-184 die weitere Entwicklung zum typischen Keimling und prägen Sie sich die einschlägigen Begriffe ein.

(Seite 153)

399 Was bedeutet «phyllomkonjunkte Verzweigung»?

Unter phyllomkonjunkter Verzweigung versteht man die Bildung von Achselknospen (Axillärknospen) in den Achseln der Blätter. Die axilläre Verzweigung ist ein wichtiges Grundprinzip v.a. der Angiospermen. (Seite 153)

400 Was sind Adventivsprosse bzw. Adventivwurzeln?

Abweichend vom axillären Verzweigungsmodus können unter besonderen Umständen an fast beliebiger Stelle an jedem Grundorgan neue Wurzel- oder Sproßvegetationspunkte entstehen und sich somit Adventivsprosse bzw. Adventivwurzeln entwickeln. (Seite 153)

401 Orientieren Sie sich über die bei vielen Kormophyten typische Blattfolge vom Cotyledo bis zum Laubblatt.

(Seite 154)

402 Überlegen Sie sich die Möglichkeiten des Wachstums der Kormophyten. Inwiefern ist das Pflanzenwachstum «offen»? Wann spricht man vom «sekundären Zustand»?

(Seite 154)

III. Die Sproßachse

A. Äußerer Bau

403 Was versteht man unter Nodien und Internodien?

Nodien sind die Insertionsstellen von Blättern an der Sproßachse, als Internodien werden die Achsenabschnitte zwischen den Blättern bezeichnet. (Seite 154)

404 Worauf beruht das Wachstum der Internodialbereiche?

Auf Zellstreckung und/oder durch die Tätigkeit von Interkalarmeristemen. (Seite 154)

405 Welche Art von Sprossen entsteht durch Internodienstreckung bzw. Internodienstauchung?

Internodienstreckung: Sproßausläufer (Stolonen), z.B. Erdbeere, kriechender Hahnenfuß,
Internodienstauchung: Kurzsprosse, z.B. Nadelbüschel der Lärche und bei Kiefern, Fruchtholz bei Obstbäumen, manche Blütenstände, Blattrosetten, Zwiebeln.
(Seiten 154, 155, Abb. 1-185, 1-186)

406 Versuchen Sie anhand Abb. 1-187 die morphologische Herkunft der Kartoffelknolle zu verstehen. Welche Beweise gibt es für ihre Sproßnatur?

(Seite 156)

407 Nennen Sie die drei Grundformen der Blattstellung.

Wirtelige Blattstellung, zweizeilige (distiche) Blattstellung, schraubige (disperse) Blattstellung. (Seiten 155–160, Abb. 1-188 bis 1-192)

408 Üben Sie Blattstellungsdiagramme der genannten drei wichtigsten Grundformen der Blattstellung.

(Seite 157, Abb. 1-188)

409 Was besagt die Äquidistanzregel und die Alternanzregel? Wo gelten beide Regeln?

Äquidistanzregel: Die Winkel zwischen den Blattansatzstellen sind an einem Knoten stets gleich (äquidistant),
Alternanzregel: Blattanlagen aufeinanderfolgender Blätter stehen «auf Lücke».
Beide Regeln gelten bei wirteliger Blattstellung. (Seite 156)

410 Was sind Orthostichen?

Geradzeilen, Verbindungslinien senkrecht übereinanderstehender Blätter, infolge der Alternanzregel ist die Zahl der Orthostichen doppelt so groß wie die Zahl der Blätter an einem Knoten. (Seite 156)

411 Wie viele Blätter zeigt ein Knoten und wie viele Orthostichen gibt es bei wirteliger Blattstellung, Dekussation (kreuzgegenständige Stellung der Blätter), Distichie (zweizeilig) und Dispersion (schraubig)?

Wirtelige Blattstellung: mehr als 2 Blätter pro Knoten, doppelte Anzahl an Orthostichen,
Dekussation: 2 Blätter pro Knoten, 4 Orthostichen,
Distichie: 1 Blatt pro Knoten, 2 Orthostichen,
Dispersion: 1 Blatt pro Knoten, keine Orthostichen.
(Seiten 156, 157, Abb. 1-188 bis 1-192)

412 Überlegen Sie die Blattstellungsmöglichkeiten beim Efeu.

(Seite 158)

413 Inwiefern kann man bei schraubiger Blattstellung auch von «Spirale» sprechen?

Die Blattansatzstellen bei disperser oder schraubiger Blattstellung bilden – an aufeinanderfolgenden Nodi betrachtet – eine Schraubenlinie, die bei Internodienstauchung (z.B. Blattrosetten, Blütenstände von Korbblütlern) als Spirale erscheint («Grundspirale»). (Seite 158, Abb. 1-191, 1-192)

414 Orientieren Sie sich über die lange Zeit in der Blattstellungslehre eine Rolle spielende Schimper-Braunsche Hauptreihe.

(Seiten 158, 159)

415 Stellen Sie dieser Auffassung die neueren Überlegungen zur Musterbildung («hexagonale Dichtestlage der Blattanlagen am Vegetationskegel») entgegen.

(Seiten 159, 160, Abb. 1-193)

416 Welche beiden häufigen Blattstellungen lassen sich durch «Schiefstellung» dieses Musters erreichen?	Die häufigen Stellungen 2/5 oder 3/8 der klassischen Blattstellungslehre. (Seite 160, Abb. 1-193)
417 Orientieren Sie sich über die Hemmfeld-Theorie der Musterbildung.	(Seite 160)
418 Was versteht man unter Plastochron?	Als Plastochron wird das Zeitintervall zwischen der Entstehung aufeinanderfolgender Blattprimordien bezeichnet. (Seite 160)
419 Was sind Rhizome? Nennen Sie Beispiele.	Rhizome sind unterirdische Sproßachsen, die vorwiegend horizontal wachsen. Beispiele: Einbeere, Salmomonssiegel. (Seite 160, 161, Abb. 1-194)
420 Überlegen Sie, welche Rolle Rhizome bei der vegetativen Vermehrung spielen. Was bedeutet der Begriff Polykormon?	(Seite 160)
421 Überlegen Sie anhand Abb. 1-195 den Zusammenhang der einzelnen Lebensformen mit der «Überlebensstrategie» in Wechselklimaten.	(Seiten 161, 162)
422 Nennen Sie die wichtigsten Lebensformen und geben Sie einzelne Stichworte zu ihren charakteristischen Eigenschaften.	Phanerophyten: Bäume und Sträucher, Sproßknospen «überwintern» nicht nur oberhalb des Bodens, sondern über der schützenden Schneedecke: Apikalmeristeme frostresistent, Chamaephyten: Halb- und Zwergsträucher, Erneuerungsknospen knapp über dem Boden, Frostschutz durch Schneedecke, Kryptophyten = Geophyten, mit unterirdischen Achsenorganen, Erneuerungsknospen im Boden, z.B. Rhizomgeophyten, Zwiebelgeophyten, Therophyten überwintern als Samen (Annuelle, Bienne). (Seiten 162, 163)
423 An welchen Standorten ist die Strategie der annuellen Therophyten besonders erfolgreich und warum?	(Seiten 162, 163)
424 Was versteht man unter axillärer Verzweigung?	Bei der für die Samenpflanzen typischen axillären Verzweigung wachsen Seitentriebe aus den Achseln von Blättern. Die betreffenden Blätter werden als Trag- oder Deckblätter (vegetativer Bereich) oder Hochblätter (in Blütenständen) bezeichnet. (Seite 163)
425 Was bedeutet orthotropes und plagiotropes Wachstum?	Orthotrop: aufrechtes Wachstum, plagiotrop: schräges bzw. waagerechtes (horizontales) Wachstum. (Seite 163)
426 Definieren Sie monopodiales und sympodiales System.	Monopodiales System: beherrschende orthotrope Hauptachse (Stamm), terminale Endknospe weiterwachsend, Äste und Zweige plagiotrop, untergeordnet, Vorkommen: viele Nadelhölzer, sympodiales System: Seitenachse stärker gefördert, häufige Verkümmerung der Terminalknospe bzw. Ende mit einer Blüte, Fortsetzung des Achsensystems durch die Triebe der Seitenknospen, Vorkommen: Stämme und Äste vieler Laubbäume. (Seiten 163, 164, Abb. 1-199)
427 Orientieren Sie sich über die wichtigsten sympodialen Systeme: Monochasium, Dichasium und Pleiochasium.	(Seiten 163, 164, Abb. 1-199, 1-200)

428 Machen Sie sich am Beispiel der Weinrebe den Aufbau eines sympodialen, monochasialen Systems klar. Weshalb wachsen in den Achseln der Endblätter trotzdem weitere Seitentriebe?	(Seite 163, 164, Abb. 1-200, 1-198)
429 Womit hängt es zusammen, daß es oft viele Jahre dauert, bis Holzgewächse wie Bäume oder Sträucher blühen?	(Seite 164)
430 Nach welchen Kriterien lassen sich die Blütenstände (Infloreszenzen) gliedern?	Nach dem Grad der Verzweigung (einfach, zusammengesetzt), nach der Art der Verzweigung (racemös monopodial, zymös sympodial), nach dem Abschluß der Achsen durch Blüten (offen, geschlossen). (Seiten 164, 165, Abb. 1-201)
431 Orientieren Sie sich anhand Abb. 1-201 über die wichtigsten Blütenstände.	(Seite 165)
432 Was meinen die Begriffe polytel und monotel?	Polytel: offener Blütenstand, monotel: geschlossener Blütenstand. (Seiten 165, 166, Abb. 1-202)
433 Welcher wichtige Unterschied in der Wuchsform bestimmt den Habitus von Bäumen und Sträuchern?	Bäume: Akrotonie: Die Terminalknospen und die ihnen nächststehenden oberen bzw. äußeren Seitenknospen sind am stärksten gefördert, jährlicher Zuwachs überwiegend in den peripheren Bereichen der Krone. (Seiten 166, 167, Abb. 1-204) Sträucher: Basitonie: Die an der Basis von Trieben stehenden Knospen bzw. Seitentriebe werden stärker gefördert als die weiter oben sitzenden, basale Innovationszone. (Seite 166, Abb. 1-203)
434 Wie kommt der unterschiedliche Habitus der Nadelbäume und Laubbäume zustande?	(Seite 166)
435 Versuchen Sie, anhand Abb. 1-204 sich auch über eine Akrotonie bei sympodialen Systemen Klarheit zu verschaffen.	(Seite 167)
436 Orientieren Sie sich anhand Abb. 1-205 über scheinbare Abweichungen von der axillären Verzweigung.	(Seiten 166, 167)
437 Was ist dichotome Verzweigung? Nennen Sie ein Beispiel.	Die dichotome Verzweigung beruht auf einer Teilung des Scheitelmeristems und führt zu Dichokladien. Dichotomie ist vorherrschend bei Bärlappen. (Seite 168)
438 Nennen Sie (mit Beispielen) die wichtigsten Typen von Speicherachsen.	Knollen: verdickte Einzelorgane ohne Beteiligung der Hauptwurzel, z.B. Hypocotylknollen (Radieschen), epicotyle Sproßknollen (Kohlrabi), Rüben: Hauptwurzel an der Speicherfunktion beteiligt (Zuckerrübe, Möhre). (Seite 168, Abb. 1-207)
439 Was sind Platykladien? In welcher Form können Sie auftreten?	Platykladien sind blattähnliche Flachsprosse, sie entsprechen entweder Kurzsprossen (Phyllokladien) oder Langsprossen (Kladodien). (Seiten 164, 168, 169, Abb. 1-208, Abb. 1-173)
440 Betrachten Sie anhand von Abb. 1-209 das Phänomen der Stammsukkulenz als Beispiel für phyletischen Parallelismus.	(Seite 169)
441 Inwiefern sind bei Kakteen die Längsrippen der Säulen- und Kugelformen für die thermische Regulation wichtig?	(Seite 169)
442 Wie unterscheiden sich Stacheln von Dornen?	Stacheln sind Emergenzen (Rose), Dornen sind metamorphisierte Organe, z.B. die Sproßdornen (Kurztriebe) der Schlehe. (Seiten 169, 170, Abb. 1-210)

443 Orientieren Sie sich anhand der Tabelle 1-7 über die verschiedenen Typen von Kletterpflanzen und die morphologische Vielfalt der Halteorgane.	(Seite 169)
444 Was sind Haustorien?	Haustorien sind Saugorgane, mit denen parasitische Sproßpflanzen Anschluß an die Leitbahnen von Wirtspflanzen finden. (Seiten 169–171, Abb. 1-212)
445 Denken Sie über die strukturellen Grundlagen von Wurzel-, Sproß- und Holoparasiten nach.	(Seiten 170, 171, Abb. 1-211)

B. Anatomie der Sproßachse im primären Zustand

446 Wiederholen Sie die Begriffe Initialenzone, Determinationszone und Differenzierungszone im Bereich der jungen Sproßachse.	(Seite 121)
447 Wo tritt in der Ontogenese zuerst das Procambium auf?	In der Differenzierungszone gliedert sich das Flankenmeristem, das seinerseits das zentrale Markmeristem umfaßt, in Procambium und Rindenmeristem. (Seite 171, 172, Abb. 1-213)
448 Wie können Sie das Procambium definieren?	Unter Procambium versteht man Stränge prosenchymatischer Zellen, die zu Leitbündeln ausdifferenziert werden. (Seite 171, Abb. 1-213)
449 Überlegen Sie den Anschluß der Blattanlagen an die zukünftigen Leitbündel des Stammes.	(Seite 171, Abb. 1-213A)
450 In welcher Weise ist in der Determinationszone die künftige Gewebegliederung der Achse festgelegt?	Das außenliegende Dermatogen liefert die Epidermis, das Rindenmeristem die primäre Rinde, das Procambium das Leitgewebe, das Markmeristem das Mark des Sprosses. (Seite 171)
451 Wo bilden sich die ersten Phloem- und Xylemelemente?	In der Streckungszone bilden sich aus dem Procambium Protophloem- und Protoxylem-Elemente. (Seite 171)
452 Verdeutlichen Sie sich anhand Abb. 1-214 die wichtigsten Gewebeteile einer Dikotyledonen-Sproßachse und vergleichen Sie damit den abweichenden Bau einer Monokotyledonenachse.	(Seiten 172, 173, Abb. 1-215)
453 Was ist mit dem Begriff «Stele» gemeint?	Als Stele wird die Gesamtheit der Leitbündel in Achsenorganen und Wurzeln bezeichnet. (Seite 172)
454 Orientieren Sie sich anhand Abb. 1-216 über die wichtigsten Stelentypen.	(Seite 173)
455 Beschäftigen Sie sich vor allem mit der Eustele und überlegen Sie sich die These ihrer Herleitung aus einem einzigen konzentrischen Leitbündel.	(Seiten 172, 173, 174, Abb. 1-214)
456 Was wird als primäres Dickenwachstum bezeichnet?	Dickenwachstum der Sproßspitze durch Zellvermehrung und postembryonale Zellvergrößerung. (Seite 174)
457 Schildern Sie das primäre Dickenwachstum von Palmen.	Durch einen lange Zeit aktiven Meristemmantel entsteht eine Scheitelgrube, die mehrere dm Durchmesser erreichen kann. Beim anschließenden Längenwachstum bleibt dieser als Stammdurchmesser erhalten. (Seite 174)
458 Wo spielt auch bei Dikotyledonen das primäre Dickenwachstum eine Rolle?	Bei Kakteen (cortikale Form) oder bei Speicherknollen wie Kartoffel, Kohlrabi (medulläre Form). (Seite 174)

C. Sproßachsen im sekundären Zustand

459 Überlegen Sie sich die funktionelle Bedeutung des sekundären Dickenwachstums.	(Seite 174)
460 Wie läßt sich das Sproßcambium im voll entwickelten Zustand kennzeichnen?	Als hohlzylindrische Stammzellschicht, die nur eine Zellage dick ist. (Seite 174)
461 Verfolgen Sie anhand Abb. 1-218 den Verlauf der Sproßachsendifferenzierung von der Embryonalzone bis zur Zone des sekundären Dickenwachstums und achten Sie auf die Verteilung der einzelnen Gewebe.	(Seite 175)
462 Wie sehen die Stammzellen des Cambiums (Cambiuminitialen) aus?	Es sind langgestreckte, an beiden Enden zugespitzte, jedoch flache Zellen mit großen Vakuolen. Sie können beträchtliche Länge erreichen (bei Nadelhölzern bis 5 mm!). (Seiten 174, 175, 176, Abb. 1-219)
463 Beschreiben Sie die Teilungsaktivität des Cambiums.	Die Cambiuminitialen geben in radialer Richtung nach innen und nach außen Zellen ab, so daß radiale Zellreihen entstehen, die für alle Gewebe aus Cambialtätigkeit charakteristisch sind. (Seite 175, 176, Abb. 1-219)
464 Was bedeuten die Bezeichnungen «Holz» und «Bast»?	Als «Holz» oder sekundäres Xylem wird die Gesamtheit der vom Cambium nach innen abgegebenen Zellen bezeichnet, als «Bast» oder sekundäres Phloem die Gesamtheit der nach außen abgegebenen Zellen. (Seite 175)
465 Was ist Dilatationswachstum?	Umfangserweiterung des Cambiummantels und Wachstum aller außerhalb liegenden Gewebe durch Zellvermehrung in tangentialer Richtung. (Seiten 175, 176)
466 Schildern Sie die zwei wichtigsten Möglichkeiten der Bildung eines geschlossenen Cambiummantels für das sekundäre Dickenwachstum.	1. Erweiterung des faszikulären Leitbündelcambiums durch ein interfaszikuläres Cambium (Koniferen, *Aristolochia*). 2. Differenzierung eines geschlossenen Ringes aus dem Procambiumring (bei vielen Bäumen der Dikotyledonen). (Seiten 176, 177, Abb. 1-221)
467 Was bedeutet die Bildung des interfaszikulären Cambiums bezüglich des Differenzierungszustandes der Zellen?	Die Bildung des interfaszikulären Cambiums ist mit einer Reembryonalisierung bereits ausdifferenzierter Parenchymzellen in den Markstrahlen verbunden (sekundäres Meristem). (Seite 176, Abb. 1-220)
468 Welche Sonderform der Tätigkeit des interfaszikulären Cambiums finden Sie bei Lianen?	Die sekundär entstehenden Cambiumzellen werden zu Markstrahlinitialen, sie liefern weiterhin parenchymatisches Grundgewebe, die Leitbündel bleiben auch sekundär getrennt (*Aristolochia*-Typ). (Seite 176, Abb. 1-221A)
469 Inwiefern hängt diese Sonderform des sekundären Aufbaus der Sproßachse mit den besonderen Erfordernissen der Lianen-Sproßachsen zusammen?	(Seite 176)
470 Wie lassen sich nach diesen Überlegungen die Typen des sekundären Dickenwachstums kennzeichnen?	1. *Aristolochia*-Typ, Interfaszikularcambium bildet Parenchym (= Markstrahlparenchym), 2. *Ricinus*-Typ, Interfaszikularcambium bildet Holz und Bast (viele krautige Dikotyledonen, ähnlich auch die Coniferen), 3. *Tilia*-Typ, primär angelegter geschlossener Cambiumring bildet Holz und Bast. (Seiten 176, 177, Abb. 1-221)
471 Wie entstehen Holz- und Baststrahlen?	Bei den Typen 2 und 3 werden begrenzt Fusiforminitialen in Markstrahlinitialen umgewandelt. So entstehen blind beginnende und endende Holz- und Baststrahlen. (Seite 177, 180, 181, Abb. 1-226)

472 Vergleichen Sie das sekundäre Dickenwachstum der baumförmigen Liliengewächse mit den entsprechenden Vorgängen bei den Dikotyledonen.

(Seite 177, Abb. 1-222)

473 Welche wichtigsten Funktionen erfüllt das (sekundäre) Holz?

Festigung, Wasser- und Nährsalztransport, Speicherung von Assimilaten. (Seite 177)

474 Nennen Sie die zellulären Elemente des Holzes und ordnen Sie sie den jeweiligen Funktionssystemen zu.

Tracheiden: Festigungs- und Hydrosystem,
Tracheenglieder: Hydrosystem,
Holzfasern: Festigungssystem, als lebende Zellen auch Speichersystem,
Holzparenchym: Speichersystem, Transport organischer Verbindungen. (Seiten 177, 178, Abb. 1-223)

475 Beschriften Sie das nebenstehende Blockdiagramm eines Nadelholzes. Charakterisieren Sie das Holz der Gymnospermen. (Seiten 178, 179, 181, Abb. 1-224, 1-226)

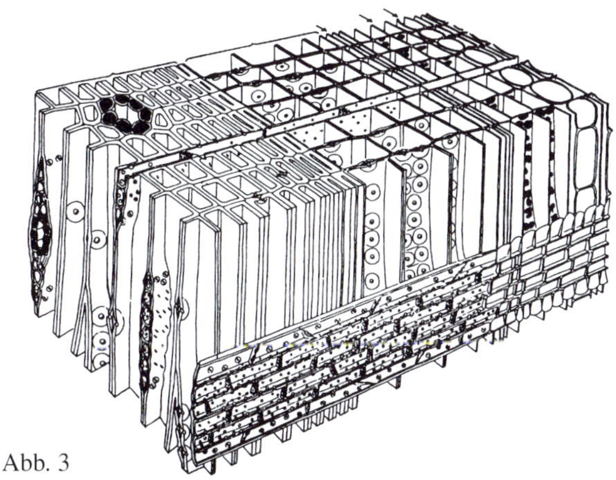

Abb. 3

476 Welche Funktion hat das Harz der Harzkanäle?

Bildung aseptischer Wundverschlüsse bei Verletzungen. (Seite 178)

477 Wodurch unterscheidet sich grundsätzlich das Holz der Laubgehölze von dem der Nadelgehölze?

Das Holz der Laubgehölze ist viel komplizierter gebaut als das der Nadelgehölze. Durch die Beteiligung der Holzfasern und Tracheen kommt es bei den Laubgehölzen zu mehr oder minder deutlicher Funktionsteilung zwischen Hydrosystem und Festigungssystem. (Seite 179)

478 Wie entstehen Jahresringe?

Im Frühjahr werden weitlumige Tracheiden und Tracheen gebildet (Frühholz), allmählich immer engere (Spätholz). Die letzten in einer Vegetationsperiode gebildeten Elemente sind besonders dickwandig, dadurch kommt eine deutliche Jahresring-Grenze zustande.
(Seiten 178, 179, 180, 181, Abb. 1-224, Abb. 1-225)

479 Überlegen Sie sich die stammesgeschichtliche Entwicklung der Gymnospermen und der Angiospermen unter Berücksichtigung ihres Holzaufbaus.

(Seite 179)

480 Inwiefern ist die Ausbildung eines Gefäßnetzes beim Dikotyledonenholz funktionell von Bedeutung?

(Seite 179)

481 Was versteht man unter zerstreutporigen und ringporigen Hölzern? Nennen Sie Beispiele.

Zerstreutporig: Gefäße gleicher Weite und Holzfasern über den ganzen Jahreszuwachs verteilt (Buche, Ahorn),
ringporig: weite Gefäße im Frühholz, englumige Gefäße und Holzfasern im Spätholz (Eiche, Ulme). (Seiten 179, 180, 181, Abb. 1-225)

482 Überlegen Sie sich die Rolle des Kontaktparenchyms als «Drüsenzellen» bei Holzgewächsen verschiedener Klimagebiete und beim «Start» in die neue Vegetationsperiode.	(Seite 179)
483 Wann und warum herrscht in den Gefäßen Überdruck?	(Seite 179)
484 Verdeutlichen Sie sich die Methode der Dendrochronologie zur absoluten Altersbestimmung. Was versteht man unter «Überbrückungs-Dendrochronologie»?	(Seiten 181, 182, Abb. 1-227)
485 Welche bisherigen Höchstalter konnten an lebenden Pflanzen bis heute durch Jahresringzählungen gemessen werden?	Beim Mammutbaum 3500 Jahre, bei der Kiefernart *Pinus longaeva* über 4800 Jahre. (Seite 179)
486 Inwiefern kann ein «Jahresringkalender» auch als «Klimakalender» interpretiert werden?	(Seite 179)
487 Was versteht man unter Kernholz und Splintholz?	Kernholz: tote, zentrale, mit Gerb- und Farbstoffen u.a. imprägnierte Teile des Stammes, Gefäße teilweise durch Thyllen verstopft. (Seite 182, Abb. 1-228) Splintholz: lebende, äußere Teile des Stammes, teils mit Speicherfunktion (Speichersplint), teils mit Leitfunktion (Leitsplint). (Seite 182)
488 Inwiefern sind Bäume mit schmalem Leitsplint besonders gefährdet?	(Seite 182)
489 Orientieren Sie sich über die besonders wertvollen Kernhölzer.	(Seite 182)
490 Welche Funktion hat der Bast?	Ferntransport von Assimilaten, Speicherung von Assimilaten, Festigung, mechanischer Schutz. (Seite 182)
491 Nennen Sie die wichtigsten Gewebeteile des Bastes und ordnen Sie diese den genannten Funktionen zu.	Siebelemente (Siebzelle bzw. Siebröhrenglieder): Ferntransport der Assimilate, Baststrahlen: Assimilatspeicherung, Bastfasern: Festigungs- und Schutzfunktion. (Seiten 182, 183, Abb. 1-129)
492 Orientieren Sie sich anhand Abb. 1-229 über die Zusammensetzung des Bastes und überlegen Sie die Begriffe Weichbast und Hartbast strukturell und funktionell.	(Seite 183)
493 Was ist Leitbast, was Speicherbast?	Leitbast: jeweils jüngste Bastlage, die der Assimilatleitung dient, Speicherbast: ältere Bastlage, oft mit Parenchymzelleninflation. (Seite 183)
494 Welche Folge hat das sekundäre Dickenwachstum für die Gewebe außerhalb des Cambiummantels?	(Seite 183)
495 Benennen Sie sekundäres und tertiäres Abschlußgewebe.	Sekundäres Abschlußgewebe: Kork, tertiäres Abschlußgewebe: Borke. (Seite 183)
496 Überlegen Sie die verschiedenen Ergebnisse im äußeren Stammbereich durch die Tätigkeit von Oberflächenperiderm und Innenperiderm.	(Seite 183)
497 Was versteht man unter Borke?	Durch nacheinander tätige Innenperiderme entstandene Gewebekomplexe aus totem Gewebe, das mit vielen dünnen periklinen Korklagen durchzogen ist. (Seiten 184–186, Abb. 1-230, 1-231)

498 Orientieren Sie sich über die vielfältigen wichtigen Funktionen der Borke. Bei welchen Bäumen kann es insbesondere zu «Sonnenrindenbrand» kommen?	(Seite 184)
499 Überlegen Sie Zustandekommen und Verbreitung von Ringel-, Schuppen- und Streifenborke.	(Seite 186, Abb. 1-231)
500 Auf welche Weise vermag eine Holzpflanze «Wunden» zu verschließen?	Durch Bildung eines Kallusgewebes und Überwallung der Wunde. (Seite 186)

IV. Blattorgane: Gestalten und Metamorphosen

501 Welches sind die grundlegenden Funktionen des Organtyps Phyllom?	Photosynthese und Transpiration. (Seite 186)

A. Das Laubblatt

502 Beschreiben Sie die morphologische Längsgliederung eines typischen Laubblattes.	Unterblatt mit Blattgrund und Nebenblättern (Stipeln), Oberblatt mit Blattstiel (Petiolus) und Blattspreite (Lamina). (Seite 186, Abb. 1-132)
503 Was versteht man unter einer Blattscheide?	Die Ausbildung des Unterblattes zu einem röhrenförmigen Organ, oft bei Gräsern als zusätzliche Stützorgane des Halms. (Seite 186)
504 Wie interpretieren Sie in diesem Zusammenhang den «Scheinstamm» der Banane?	(Seite 186)
505 Orientieren Sie sich anhand Abb. 1-233 über «Sproßberindung durch Blattbasen».	(Seite 187)
506 Informieren Sie sich anhand Abb. 1-234 über Nebenblätter.	(Seiten 186, 187)
507 Vergleichen Sie Phyllodien mit Phyllokladien.	(Seiten 187, 188, Abb. 1-235, vgl. Frage 439)
508 Denken Sie über die Entstehung der Fiederblätter nach.	(Seite 188)
509 Welche Begriffe spielen bezüglich der Symmetrie des Laubblattes eine Rolle?	Das typische Blatt ist bilateralsymmetrisch, meist auch dorsiventral mit abaxialer Unterseite. (Seite 188)
510 Wodurch wird schneller Stofftransport im Blatt gewährleistet?	Durch einen exzessiven Ausbau von Leitbahnen («Nerven»); z.B. umfaßt die Gesamtlänge der Leitbündel eines Buchenblattes rund 30 m. (Seiten 188, 189, Abb. 1-236, 1-237)
511 Für welche Pflanzen ist Netz-, Streifen- und Gabeladerung charakteristisch?	Netzaderung: Dikotyledonen, die meisten Farne, Streifen-(Parallel-)aderung: Monokotyledonen, Gabeladerung: einige Farne, Ginkgo. (Seiten 188, 189, Abb. 1-236, 1-237)
512 Wie und wo entstehen Blattanlagen?	Blattanlagen (Blattprimordien) entstehen am Vegetationskegel exogen als seitliche Höcker, und zwar durch Meristemaufteilung. (Seite 189)
513 Unterscheiden Sie akroplastes und basiplastes Wachstum beim Blatt.	Akroplastes Wachstum: Spitzenregion der Blätter wächst noch weiter, wenn die Zellen an der Blattbasis bereits ausdifferenziert sind (so bei den meisten Farnen), basiplastes Wachstum: die Aktivität des Randmeristems erlischt zuerst an der Spitze, zuletzt an der Spreitenbasis (Angiospermen). (Seiten 189, 190)

514 Wie entsteht der Blattstiel?	Durch interkalares Wachstum, d.h. durch ein Meristem, das zwischen bereits ausdifferenzierten Bereichen aktiv wird. (Seite 190)
515 Wie interpretieren Sie in diesem Zusammenhang das Wachstum zahlreicher Monokotyledonen-Blätter?	(Seite 190)
516 Definieren Sie die Begriffe bifacial, äquifacial und unifacial.	Bifacial: Ober- und Unterseite verschieden, Normalfall bei Blättern, äquifacial: beide Seiten deutlich ausgebildet, aber gleich beschaffen (z.B. Nadelblätter u.a. Blätter von Pflanzen sehr sonniger Standorte, z.B. Sedum), unifacial: durch starkes Wachstum der Blattunterseite verschwindet schließlich die Blattoberseite (Blattstiele, Blattspreiten von Binsen, Schnittlauch). (Seite 190, Abb. 1-238)
517 Überlegen Sie sich das Zustandekommen von Schildblättern und Schlauchblättern.	(Seiten 190, 198, Abb. 1-239, Abb. 1-252)
518 Was versteht man unter Gamophyllie?	(Seite 190)
519 Schildern Sie die Gewebefolge im Querschnitt eines bifacialen Laubblattes.	Obere Epidermis mit Cuticula (evtl. Stomata), chlorophyllreiches Palisadenparenchym, interzellularenreiches Schwammparenchym, untere Epidermis mit Cuticula und Stomata. (Seiten 190–192, Abb. 1-240)
520 Vergleichen Sie anhand der Abb. 1-240 und 1-241 die Querschnitte eines bifacialen und eines äquifacialen Blattes.	(Seite 191)
521 Überlegen Sie die wichtigsten Funktionen der einzelnen Gewebe des Laubblattes.	(Seite 190, 191)
522 Welche Funktionen haben die Bündelscheiden und die Transferzellen?	Stofftransport zwischen Bündel und Mesophyll. (Seite 192)
523 Überlegen Sie sich die strukturellen Grundlagen der Photosynthese bei C4-Pflanzen.	(Seite 192)
524 Verfolgen Sie anhand des Schemas S. 192 die Aufeinanderfolge der Blatt-Typen bei einer typischen Angiosperme.	(Seiten 192, 193)
525 Wodurch kommt die Differenzierung von sogenannten «vereinfachten» Blättern wie Niederblättern, Hochblättern usw. zustande?	Oft durch Hemmung des Oberblattes und Förderung des Unterblattes. (Seite 193, Abb. 1-242)
526 Überlegen Sie die hypo- und epigäische Keimung bei den verschiedenen Arten der Gattung *Phaseolus*.	(Seite 193)
527 Was versteht man unter Anisophyllie und Heterophyllie?	Anisophyllie: Blätter eines Knotens bzw. in unmittelbarer Nachbarschaft unterscheiden sich in der Größe (*Acer, Selaginella*), Heterophyllie: in Abhängigkeit von äußeren oder inneren Bedingungen werden verschieden geformte Blätter mit verschiedener Funktion gebildet (*Ranunculus aquatilis*). (Seite 193, Abb. 1-243, 1-244).
528 In welchen Familien der Blütenpflanzen ist Blattsukkulenz häufig?	Bei den Crassulaceen (*Sedum*), den Mesembryanthemaceen (*Lithops*) und bei manchen Liliaceen (*Aloe*). (Seite 194, Abb. 1-246)

529 Welches sind die wesentlichen Merkmale xeromorpher Blätter?

Xeromorphe Blätter sind im allgemeinen klein, derb-lederig und saftarm (Hartlaubgewächse), mit eingesenkten Stomata, stark verdickten Cuticeln, oft mit dichter Behaarung, sie sind häufig äquifacial. (Seite 195, 196, Abb. 1-247)

530 Überlegen Sie den Zusammenhang zwischen der Anatomie der Nadelblätter unserer Nadelgehölze mit den Phänomenen der starken Erwärmung und der sogen. Frosttrocknis.

(Seite 196)

531 Wie können Blätter vor Überhitzung geschützt werden?

U.a. durch Profilstellung der Blätter (Beispiel: «schattenlose» Wälder australischer Eucalyptusbäume). (Seite 196)

532 Wie unterscheiden sich Epiphyten von Parasiten?

(Seite 197)

533 Welches ist das wichtigste physiologische Problem, das die Epiphyten zu bewältigen haben?

Die Beschaffung von Wasser und Nährsalzen. (Seite 197)

534 Nennen Sie einige besondere Anpassungen an die epiphytische Lebensweise. Beispiele!

Luftwurzeln mit Velamen radicum, Einrichtungen zum Sammeln von Humus und Wasser (Vogelnestfarn, Geweihfarn, *Dischidia*, Orchideen); Absorptionshaare und «Zisternen» (Bromelien), Sukkulenz (epiphytische Cacteen). (Seiten 196, 197, 198, Abb. 1-249, Abb. 1-250)

535 Überlegen Sie sich die Heterophyllie des Hirschgeweihfarns im Zusammenhang mit der Lebensweise des Epiphytismus.

(Seite 197)

536 Auf welchen Substraten kommen vor allem Insektivoren vor? Welche ernährungsphysiologische Bedeutung hat die Insektivorie?

Vorkommen: auf nährstoffarmen, insbesondere N-armen Substraten (z.B. Hochmoore); zusätzliche organische Stickstoffquelle. (Seiten 198, 199)

537 Nennen Sie einige Insektivoren und ihre besonderen Einrichtungen.

Drosera: Blätter mit sekretausscheidenden Emergenzen,
Utricularia: Schlauchblätter als «Schluckfallen»;
Dionaea: Klappfalle, zusammenklappbare Blattspreitenhälften,
Nepenthes: kannenförmige Schlauchblätter als Gleitfallen.
(Seiten 197, 198, 199, Abb. 1-251, 1-252, 1-253)

538 Versuchen Sie den Mechanismus der «Schluckfalle» des Wasserschlauches (*Utricularia*) zu verstehen. Wie wird die «Falle gespannt»?

(Seiten 198, 199, Abb. 1-253)

V. Wurzeln

539 Welche wichtigsten Funktionen hat die Wurzel zu erfüllen?

Verankerung der Pflanze im Boden, Aufnahme von Wasser und mineralischen Nährstoffen. (Seite 199)

540 Schildern Sie Entstehung, Struktur und Funktion der Wurzelhaare.

Entstehung: Durch Auswachsen von Rhizodermiszellen,
Struktur: einzellig, mit Spitzenwachstum, in der Wurzelhaarzone wachsender Wurzeln, mm- bis cm-lang,
Funktion: Aufnahme von Wasser und Nährsalzen, wenige Tage funktionstüchtig.
(Seite 199, Abb. 1-254)

541 Welches ist der tiefere Sinn der Bildung von Wurzelhaaren?

Die gewaltige Vergrößerung der resorbierenden Oberfläche der Wurzeln. (Seite 199)

542 Definieren Sie Allorrhizie und Homorrhizie. Nennen Sie Beispiele für das Vorkommen.

Allorrhizie: System aus Haupt- und Seitenwurzeln (heterogenes Wurzelsystem, viele Dikotyledonen),
Homorrhizie: einheitliches (homogenes) Wurzelsystem aus morphologisch gleichrangigen Wurzeln (Monokotyledonen, sekundär; Farne, primär).
(Seiten 200, 201, Abb. 1-255)

543 Beschriften Sie die Abb. 4 (typischer Wurzelquerschnitt) und überlegen Sie sich die Funktion der einzelnen Gewebe (Seiten 201, 202, Abb. 1-256).

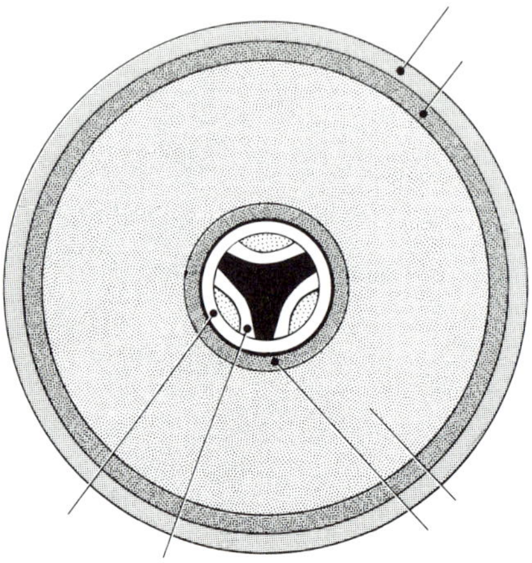

Abb. 4

544 Worauf weist die zentrale Lage der Festigungs- und Leitelemente in biomechanischer Hinsicht?

(Seite 201)

545 Was versteht man unter di-, tri-, tetrarcher und polyarcher Wurzel?

Wurzel mit 2, 3, 4, vielen Xylem- und Phloemsträngen. (Seite 201, Abb. 1-257)

546 Prägen Sie sich anhand Abb. 1-257 die Gewebe des Zentralzylinders ein und beachten Sie die Struktur der Endodermis mit den Durchlaßzellen. Inwiefern hängt die Anordnung der Gewebe mit der Differenzierungsrichtung von außen nach innen zusammen?

(Seite 201)

547 Beschreiben Sie die Längsgliederung der primären Wurzel.

Calyptra, subapikaler Vegetationspunkt, Wachstumszone, Streckungszone, Wurzelhaarzone. (Seite 202)

548 Wie werden bei Samenpflanzen Seitenwurzeln gebildet?

Die Seitenwurzeln werden endogen angelegt (Seitenwurzelanlage im Pericambium), das Rindengewebe wird durchbrochen. (Seite 202, Abb. 1-258)

549 Warum stehen die Seitenwurzeln oft in auffälligen Längsreihen (Rhizostichen)?

(Seiten 202, 203, Abb. 1-259)

550 Versuchen Sie, sich anhand Abb. 1-260 den Verlauf des sekundären Dickenwachstums der Wurzel klar zu machen.

(Seite 203)

551 Warum ist eine Wurzel nach sekundärem Dickenwachstum oft schwer von einer entsprechenden Sproßachse zu unterscheiden?

Die im primären Zustand sternförmige typische «Wurzelform» des Cambiummantels um das Xylem rundet sich ab und wird ringförmig. (Seite 203, Abb. 1-260D)

552 Nennen Sie verschiedene Wurzeltypen mit abweichender Grundfunktion.

Haftwurzeln bei Kletterpflanzen
(Seite 204, Abb. 1-261),
Stelzwurzeln bei Mangrovepflanzen
(Seite 204, Abb. 1-262),
Zugwurzeln, z.B. beim Aronstab
(Seiten 204, 205, Abb. 1-263),
Luftwurzeln, z.B. bei Orchideen
(Seiten 196, 204, 205, Abb. 1-249),
Speicherwurzeln, z.B. bei Orchideen, Dahlien,
(Seite 205, Abb. 1-264).

553 Machen Sie sich den Unterschied zwischen Holzrüben und Bastrüben klar.

(Seite 206, Abb. 1-265)

554 Was sind Hemiparasiten und Holoparasiten? Nennen Sie Beispiele.

Hemiparasiten assimilieren selbst CO_2, Wasser und Nährsalze werden vom Wirt bezogen (Mistel, Rachenblütler wie Augentrost, Klappertopf u.a.); die fast chlorophyllfreien Holoparasiten beziehen vom Wirt auch Assimilate (Schuppenwurz, *Orobanche*-Arten, *Cuscuta*). (Seite 206)

555 Was versteht man unter Mykorrhiza?

Als Mykorrhiza wird eine Symbiose von höheren Pflanzen mit dem Hyphengeflecht von Bodenpilzen bezeichnet. Die Pilze liefern Wasser und Nährsalze. (Seite 206)

556 Inwiefern kann auch hier die Stufe des Parasitismus erreicht werden?

(Seite 206)

Fünfter Abschnitt — Gestaltungsprinzipien bei Thallophyten

I. Übersicht

Frage	Antwort
557 Überlegen Sie die Zusammenhänge zwischen Differenzierungsgrad, Organisationshöhe und evolutivem Zustand der verschiedenen Gruppen der Pflanzen.	(Seite 207)
558 Inwiefern sind die Begriffe «primitiv» und «fortgeschritten» unzutreffende Bezeichnungen für «selektive Fitness» der entsprechenden Organismen?	(Seite 207)
559 Was versteht man unter homoiohydrischen und poikilohydrischen Pflanzen?	Homoiohydrisch: mit stabilisiertem Wasserhaushalt (Sproßpflanzen), poikilohydrisch: wegen des Fehlens oder unzureichender Ausbildung verdunstungshemmender Abschlußgewebe mit instabilem Wasserhaushalt (Moose, Pilze, Algen). (Seite 207)
560 Inwiefern spielt diese Eigenschaft für die ökologische Evolution der betreffenden Gruppen eine wesentliche Rolle?	(Seite 207)
561 Nennen Sie verschiedene «strukturelle Vorstufen» von Geweben aus dem Bereich der Einzeller.	Coenobien (manche Algen), Aggregationsverbände (zelluläre Schleimpilze), Zellkolonien (*Volvox*). (Seiten 207, 208, Abb. 1-266 bis 1-268)
562 Was ist ein Plasmodium?	Von einem Plasmodium spricht man bei vielkernigen, nackten Plasmamassen von Schleimpilzen. (Seite 208)
563 Überlegen Sie Bedeutung und Zusammenhang der Begriffe Vielzelligkeit, Differenzierung, Spezialisierung.	(Seite 209)
564 Was heißt «physiologischer Tod» und warum ist er zwangsläufig an die Existenz des Vielzellers gebunden?	(Seite 209)
565 Denken Sie über die Definition Protophyten und Thallophyten nach.	(Seite 209)

II. Organisation des Thallus bei Algen und Pilzen

Frage	Antwort
566 Warum ist die Entwicklung von «Großzellern» eine evolutive Sackgasse?	(Seite 209)
567 Was versteht man unter siphonaler Organisationsstufe?	Die Bildung vielkerniger Riesenzellen (Coenoblasten) bei Grünalgen, Xanthophyceen und bei Pilzen. (Seite 209)
568 Weshalb hat bezüglich der Differenzierung auch die siphonale Organisation ihre Grenzen?	Eine weitergehende Differenzierung durch Modulation von Genaktivitäten ist in vielkernigen Zellen kaum möglich. (Seite 209)

569 Was versteht man unter einem Haplonema?

Als Haplonema wird ein Fadenthallus bezeichnet, eine eindimensionale Aneinanderreihung einkerniger Zellen. (Seite 210, Abb. 1-269A)

570 Schildern Sie die weitere Differenzierung des Haplonema bei der Grünalge *Ulothrix*.

Haplonema erhält eine Polarität (Rhizoidende und Scheitel), dies wird weiter betont durch apikales Scheitelzellwachstum des Fadens. (Seite 210, Abb. 1-269B)

571 Versuchen Sie anhand Abb. 1-269 D-G und 1-270 die Entstehung eines komplexen Fadenthallus-Systems sowie eines flächigen Thallus nachzuvollziehen. Achten Sie vor allem auf die Bedeutung inäqualer Zellteilungen.

(Seite 210)

572 Durch welche Bildungsvorgänge nehmen die Thalli der Rotalgen eine Sonderstellung ein?

Der Zellanordnung bei den Thalli der Rotalgen liegt der Organisationstyp des Fadenthallus zugrunde. Es werden jedoch gewebeartige Fadensysteme gebildet, die von echten Geweben oft nur schwer zu unterscheiden sind.
(Seiten 210, 211, Abb. 1-271 bis 1-273)

573 Was versteht man unter Plektenchymen und Pseudoparenchymen?

Plektenchyme: eng ineinander verflochtene Fadensysteme, Pseudoparenchyme: durch Verwachsung und Verklebung zu einem dichten Scheingewebe verbundene Zellfäden, im mikroskopischen Schnitt gewebeähnlich. (Seiten 210, 211, Abb. 1-272, 1-273)

574 Wie kann man solche «Gewebe» dennoch von echten Geweben unterscheiden?

Bei Plektenchymen und Pseudoparenchymen sind jeweils nur die zum selben Fadensystem gehörenden Zellen durch tüpfelähnliche Strukturen miteinander verbunden. (Seite 211)

575 Überlegen Sie, warum man bei *Chara* (Armleuchteralgen) und bei Braunalgen von echten Gewebethalli sprechen kann.

(Seiten 211, 212, Abb. 1-274)

576 Beachten Sie die bemerkenswerte Konvergenz zwischen den Trompetenzellen der Braunalgen-Kauloide und den Siebröhrengliedern der Angiospermen.

(Seiten 211, 212, Abb. 1-275)

577 Was versteht man unter Hyphen?

Bei niederen Pilzen ungegliederte, bei Asco- und Basidiomyceten septierte, zellig gegliederte Fäden, die häufig verzweigt sind. (Seite 213)

578 Achten Sie auf die Verdichtung der Hyphen und auf Sonderbildungen bei den Fruchtkörpern von Pilzen.

(Seite 213, Abb. 1-276 B)

III. Organisationsformen bei Leber- und Laubmoosen

579 Nennen Sie einige Punkte, die den Lebensraum der Moose auf Standorte in überwiegend feuchter Umgebung einschränken.

Rhizoide nur wenige mm in den Boden eindringend (keine echten Wurzeln!), eingeschränkte Fähigkeit zur Wasserleitung in den oberirdischen Organen, Spermatozoidenbefruchtung. (Seite 213)

580 Inwiefern liegt bei gabelig verzweigten Lebermoosen keine echte Dichotomie vor?

Bei Lebermoosen beruhen gabelige Verzweigungen nicht auf einer äqualen Teilung der Scheitelzelle selbst, sondern auf der Umwandlung einer von der ursprünglichen Scheitelzelle abgegliederten Zelle in eine neue zweite Scheitelzelle. (Seite 213, Abb. 1-277)

581 Überlegen Sie anhand Abb. 1-278 Übereinstimmungen und Unterschiede des Laubmoosstämmchens mit einer Kormophytenachse.

(Seiten 213, 214)

582 Versuchen Sie am Beispiel der Laubmoos-Entwicklung die Aufeinanderfolge der verschiedenen Organisationsstufen der Thallophyten zu verstehen.

(Seite 214)

ZWEITER TEIL
PHYSIOLOGIE

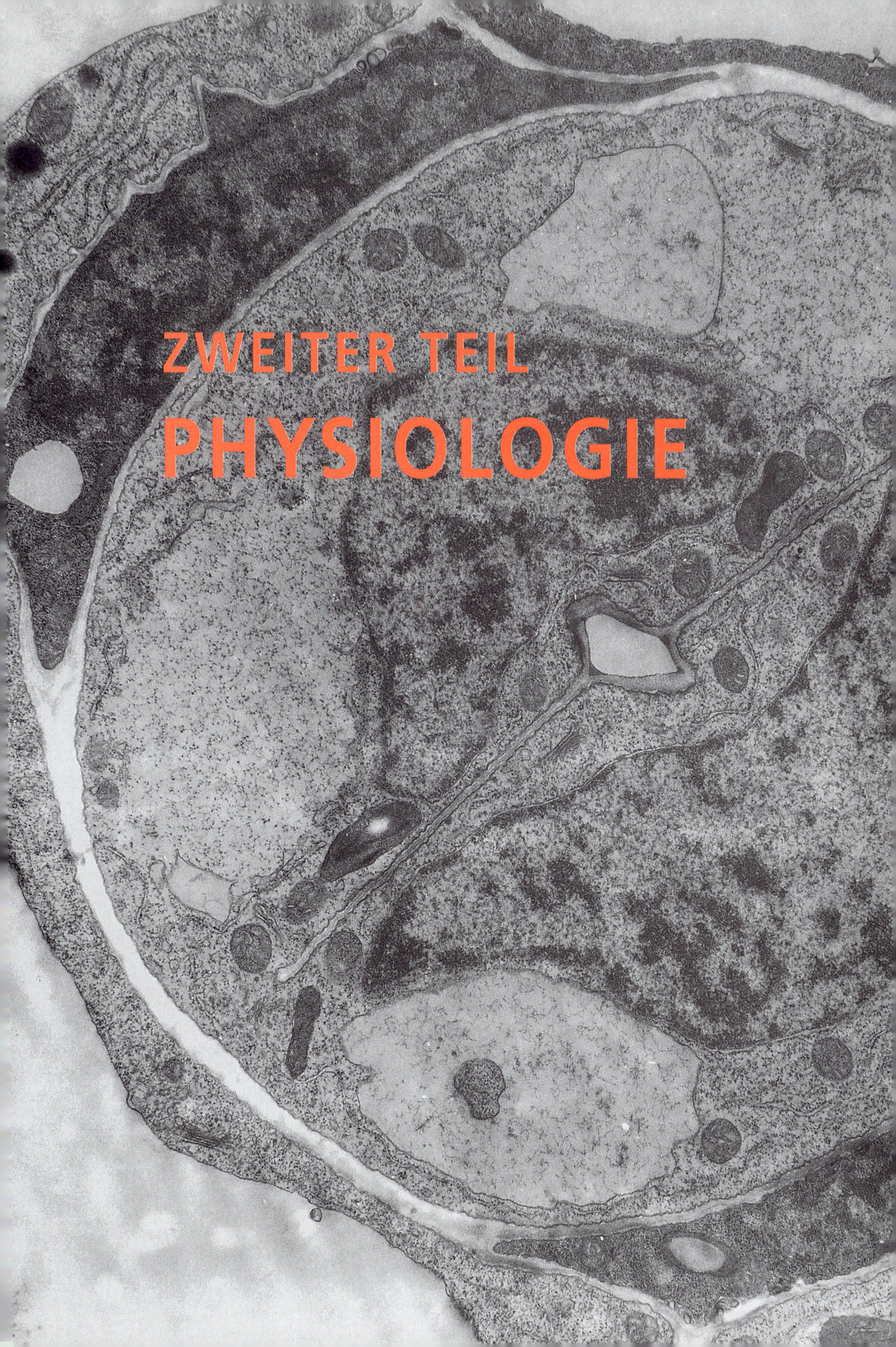

1 In welche Teilbereiche kann man die Pflanzenphysiologie untergliedern?

a) Stoff- und Energiewechsel,
b) Formwechsel,
c) Bewegungen. (Seite 217)

2 Womit beschäftigen sich diese Teilbereiche im wesentlichen?

a) Mit den chemischen und physikalischen Vorgängen in den Organismen;
b) mit den Erscheinungen des Wachstums, der Entwicklung und der Fortpflanzung;
c) mit den Orts- und Lageveränderungen ganzer Pflanzen oder einzelner ihrer Organe. (Seite 217)

Erster Abschnitt – Physiologie des Stoff- und Energiewechsels

I. Energetik des Stoffwechsels

3 Nennen Sie die wesentlichen Aussagen des ersten und zweiten Hauptsatzes der Thermodynamik.

(Seiten 218, 219)

4 Die lebende Zelle kann nicht mit einer Wärmekraftmaschine verglichen werden. Nennen Sie Gründe hierfür.

(Seite 219)

5 Was versteht man unter
a) Entropie,
b) «freier Enthalpie»?

a) Grad der «Unordnung» oder Grad der Zufallsverteilung,
b) denjenigen Anteil an der Gesamtenthalpie eines Systems, der unter isothermen Bedingungen Arbeit zu leistenr vermag. (Seite 219)

6 ΔG ist die Änderung der freien Enthalpie des Systems. Das Vorzeichen von ΔG kann negativ oder positiv sein. Welche Aussagen sind darin enthalten?

(Seite 219)

7 Was versteht man unter einer energetischen Kopplung?

Verknüpfung einer endergonischen Reaktion mit einer stärkeren exergonischen Reaktion. (Seite 220)

8 Definieren Sie den Begriff Katalysator. Welche Unterschiede bestehen zwischen den Katalysatoren der Technik und den Biokatalysatoren?

(Seiten 221, 222)

9 Nennen Sie allgemeine Eigenschaften von Enzymen.

(Seiten 222, 223)

10 Welche Enzymklassen kann man unterscheiden? Beschreiben Sie den Typ der katalysierten Reaktion.

(Seite 222)

11 Was sind Isoenzyme; welche biologische Bedeutung schreibt man ihnen zu?

Verschiedene Formen eines Enzyms; sind wichtig für die Regulation verzweigter Biosyntheseketten. (Seiten 223, 224)

12 Erläutern Sie die Begriffe:
a) Co-Faktor,
b) Co-Enzym,
c) prosthetische Gruppe,
d) Holoenzym,
e) Apoenzym.

a) Faktor, der bei der Enzymreaktion beteiligt ist,
b) organischer Co-Faktor,
c) fest an das Enzym gebundenes Co-Enzym,
d) der gesamte Enzym-Co-Faktor-Verband,
e) der enzymatisch inaktive Proteinanteil komplexer Enzyme. (Seiten 224, 225)

13 Nennen Sie einige Metallionen, die als Co-Faktoren fungieren.

Mg^{2+}, Mn^{2+}, Zn^{2+}, $Fe^{2+,3+}$, Cu^{2+}, K^{+}. (Seite 224)

14 Was besagt die Michaelis-Konstante?

Sie gibt diejenige Substratkonzentration an, bei der die aktiven Zentren der Hälfte der vorhandenen Enzymmoleküle besetzt sind. Sie ist ein Maß der Affinität eines Enzyms zum Substrat. (Seite 225)

15 Durch welche Parameter wird die Aktivität eines Enzyms beeinflußt?

Temperatur, pH-Wert, Redoxpotential und Ionengehalt des Mediums. (Seiten 225, 226)

16 Was ist ein Multienzymkomplex? Nennen Sie Beispiele.

Die Zusammenfassung von Enzymen zu einem Verband. Enzyme des Elektronentransports bei der Atmung und bei der Photosynthese. (Seite 226)

17 Die lebende Zelle ist thermodynamisch gesehen ein offenes System. Was versteht man darunter?

(Seiten 226, 227)

II. Bereitstellung der Energie

A. Autotrophie

18 Vergleichen Sie Autotrophie mit Heterotrophie.

(Seite 227)

19 Vergleichen Sie photoautotrophe mit chemoautotrophen Organismen.

Die Photoautotrophen decken ihren gesamten Energiebedarf aus der Sonnenstrahlung. Die Chemoautotrophen (hier finden sich ausschließlich Prokaryoten) decken ihren Energiebedarf durch die Oxidation anorganischer Verbindungen. (Seiten 227, 228)

20 In welchem Spektralbereich spielen sich Vorgänge der Photobiologie ab?

Im Bereich des sichtbaren Lichtes mit Wellenlängen zwischen 380 und 700 nm. (Seite 228)

21 Weswegen ist das Vorhandensein einer Ozonschicht in der höheren Atmosphäre bedeutsam?

Die biologisch gefährlichen Wellenlängen $\lambda < 290$ nm werden praktisch vollständig zurückgehalten. (Seite 228)

22 Charakterisieren Sie die chemische Natur des Chlorophylls.

(Seite 229)

23 Die Absorptionsspektren der Chlorophylle scheinen für die Tauglichkeit eines Photosynthesepigments nicht ideal. Erläutern Sie dies.

(Seite 229)

24 Nennen Sie zwei spezifische Eigenschaften der Chlorophylle.

a) Durch die große Zahl konjugierter Doppelbindungen wird relativ wenig Energie benötigt, um ein π-Elektron auf ein höheres Niveau zu heben.
b) Sie haben die Fähigkeit, absorbierte Strahlungsenergie auf andere Moleküle zu übertragen sowie von anderen Molekülen die durch Strahlung vermittelte Anregungsenergie zu übernehmen. (Seite 230)

25 Welche Funktion erfüllt das Chlorophyll b?

Es überträgt seine Anregungsenergie auf Chlorophyll a und verengt die sogenannte Grünlücke in dessen Absorption. (Seite 230)

26 Nennen Sie einen Grund, der zeigt, weswegen Chlorophyll b für die Photosynthese nicht unbedingt erforderlich ist.

Einer Reihe von photoautotrophen Algen fehlt Chlorophyll b. (Seite 231)

27 Vergleichen Sie Chlorophyll a mit den «Bakterienchlorophyllen».

(Seite 231)

28 Was sind Carotinoide chemisch gesehen?

Entweder reine Kohlenwasserstoffe (Carotine) oder sauerstoffhaltige Derivate dieser Kohlenwasserstoffe (Xanthophylle). (Seite 231)

29 Nennen Sie einige wichtige Carotinoide.

α-Carotin, β-Carotin, γ-Carotin, Lycopin, Lutein, Fucoxanthin. (Seite 232)

30 Welche Funktionen werden den Carotinoiden im Photosyntheseapparat zugeschrieben?

a) Übertragung von Anregungsenergie auf das Chlorophyll a (hauptsächlich wohl bei Braunalgen und Diatomeen),
b) Schutzfunktion gegenüber dem Chlorophyll (z.B. gegen den Angriff molekularen Sauerstoffs). (Seite 232)

31 Was sind Phycobiliproteide?

Proteine, an denen der Farbstoff Phycocyanobilin (blau) bzw. Phycoerythrobilin (rot) kovalent gebunden ist.

a) Vorkommen,

a) In wechselnden Mengenverhältnissen bei Cyanobakterien, Rotalgen und Cryptophyta;

b) Bedeutung.

b) decken mit ihrer Absorption einen Teil des Spektrums ab, der vom Chlorophyll nur schwach absorbiert wird. (Seite 232)

32 Was versteht man unter chromatischer Adaption?

Modifikative Veränderung der Phycobilinausstattung bei Cyanobakterien und Rotalgen, wenn diese in verschiedenfarbigem Licht angezogen werden. Es werden bevorzugt Farbstoffe ausgebildet, die das Anzuchtlicht maximal absorbieren. Das Phänomen scheint unter natürlichen Verhältnissen eine ökologische Bedeutung zu haben. (Seiten 232, 233)

33 Was besagt das Wirkungsspektrum der Photosynthese?

Die Effektivität der Lichtnutzung in den verschiedenen Spektralbereichen des Lichts. (Seite 233)

34 Die Strahlung im Infrarotbereich macht etwa die Hälfte der auf dem Erdboden auftretenden Sonnenenergie aus. Warum wird diese Strahlung dennoch nicht photochemisch verwertet?

(Seite 233)

35 Formulieren Sie die Photosynthesegleichung von
a) Höheren Pflanzen,
b) H_2S-verarbeitenden Bakterien.

a) $n H_2O + nCO_2 \xrightarrow{h \cdot \upsilon} (CH_2O)_n + nO_2$;
b) $2 H_2S + CO_2 \xrightarrow{h \cdot \upsilon} (CH_2O) + H_2O\ 2S$. (Seiten 233, 234)

36 Woher stammt der bei der Photosynthese freiwerdende Sauerstoff?

Aus dem Wasser. (Seite 235)

37 In welche beiden großen Teilprozesse kann man die Photosynthese formal einteilen?

Lichtreaktion, Dunkelreaktion. (Seite 235)

38 Was versteht man unter der «Hill-Reaktion»?

Die O_2-Freisetzung belichteter Blattextrakte in Gegenwart künstlicher Elektronenakzeptoren. (Seite 235)

39 Welche Substanz ist der natürliche Endakzeptor des photosynthetischen Elektronentransports bei Algen und Höheren Pflanzen?

$NADP^+$. (Seite 236)

40 Was versteht man unter Quantenausbeute der Photosynthese?

Den Quotienten zwischen Mol O_2 produziert und Zahl der Einstein absorbiert. (Seite 236)

41 Was versteht man unter dem «Emerson-Effekt»? Wie ist er zu erklären?

Die Steigerung der Photosyntheseintensität bei gleichzeitiger Einstrahlung längerwelligen (z.B. 700 nm) und kürzerwelligen (z.B. 650 nm) Lichts. Der Emerson-Effekt ist ein Hinweis auf das Zusammenwirken zweier Lichtreaktionen. (Seite 236)

42 Skizzieren Sie in groben Zügen den Aufbau und die Zusammensetzung der Thylakoidmembranen.

(Abb. 2-20, Seite 237)

43 Skizzieren Sie in groben Zügen das Modell des linearen und des zyklischen Elektronentransports bei der Photosynthese der grünen Pflanzen.

(Abb. 2-23, Seite 239)

44 Nennen Sie Bestandteile der photosynthetischen Elektronentransportkette bei Pflanzen.

(Tab. 2-8, Seite 240)

45 Was sind Ferredoxine?

Niedermolekulare, rötlichbraun gefärbte Eisenproteine. Sie fungieren als Elektronenüberträger. (Seite 241)

46 Nennen Sie Bestandteile des Photosystems II.

Antennenkomplex, eigentliches Reaktionszentrum und der Sauerstoff-freisetzende Komplex. (Seite 241)

47 Plastochinon kommt in den Chloroplasten in großen Mengen vor. Schildern Sie dessen Bedeutung.

(Seite 241)

48 Charakterisieren Sie das Plastocyanin.

Wasserlösliches Protein, das an der Innenseite der Thylakoidmembran lokalisiert ist. In seinem Redoxzentrum ist ein Kupferion kooperativ an einen Cystein-, einen Methionin- und zwei Histidinreste gebunden. (Seite 242)

49 Welche Atome bzw. Ionen spielen bei der Wasserspaltung eine Rolle?

Mangan, Chlorid, Calcium-Ionen. (Seite 243)

50 Was versteht man unter dem «pseudocyclischen Elektronentransport»?

Übertragung der aus dem Photosystem I freigesetzten Elektronen auf O_2. Das Produkt ist H_2O. (Seite 243)

51 Nennen Sie einige Reaktionen des Sauerstoffs im aktiven Chloroplasten.

Abb. 2-28 A, Seite 243.

52 Nennen Sie einige schädliche Wirkungen von Sauerstoffabkömmlingen in der Zelle. Welche Schutzmaßnahmen sind in der Zelle vorhanden?

(Seite 244)

53 Welche Hypothesen versuchen den Mechanismus der Photophosphorylierung zu erklären? Erläutern Sie das Wesentliche dieser Hypothesen.

(Seite 244)

54 Schildern Sie in groben Zügen die Energieumwandlung bei der bakteriellen Photosynthese.

(Seite 245)

55 Welche Vorstellungen hat man über die Evolution des Photosyntheseapparates?

Ein heterotropher Prokaryot erwirbt zunächst Photosystem I. Später kam die Fähigkeit zum nichtcyclischen Elektronentransport aus Substanzen mit relativ negativem Redoxpotential (z.B. H_2S) auf NAD^+ hinzu. Erst die Ergänzung durch das Photosystem II machte Wasser als Reduktionsmittel verwertbar. (Seite 246)

56 Schildern Sie in groben Zügen die Photophosphorylierung bei dem nichtphotosynthetisierenden Bakterium *Halobacterium halobium*.

(Abb. 2-32, Seite 248)

57 Skizzieren Sie die Carboxylierungsphase bei der photosynthetischen CO_2-Verarbeitung.	(Abb. 2-34, Seite 248)
58 Charakterisieren Sie das Enzym Ribulose-1,5-bisphosphat-Carboxylase.	Stellt bis zu 50 % der Gesamtproteine eines Blattextrakts; hat ein Molekulargewicht um 500.000; besteht aus zwei sich in ihrem Molekulargewicht unterscheidenden Untereinheiten (die schwerere Untereinheit wird durch die DNA der Plastiden, die leichtere durch die DNA des Zellkerns codiert). (Seite 249)
59 Die Michaelis-Konstante der RubP-Carboxylase für CO_2 ist in vitro 450 µM. Die CO_2-Konzentration in der Atmosphäre ist aber nur 0,03 Vol %, was einer Gleichgewichtskonzentration von 10 µM in wäßriger Lösung entspricht. Diese Konzentration ist demnach viel zu niedrig, um das Enzym optimal arbeiten zu lassen. Welche Erklärung gibt es für dieses Phänomen?	(Seite 249)
60 Schildern Sie in groben Zügen die Umsetzungen des Calvin-Zyklus.	(Abb. 2-36, Seite 250)
61 Welche Bedeutung kommt dem Calvin-Zyklus in der Photosynthese zu?	Er stellt die regenerierende Phase dar. Die Bilanz der Assimilation von 6 CO_2-Molekülen ist die Bildung von einem Molekül Hexose und die Regeneration von 6 C_5-Molekülen. (Seite 251)
62 Beim Einbau eines CO_2 im Calvin-Zyklus werden 2 NADPH + $2H^+$ und 3 ATP verbraucht. Nennen Sie die Reaktionen des Verbrauchs.	(Seite 251)
63 Skizzieren Sie in groben Zügen die Verarbeitung der Photosynthese-Primärprodukte.	(Seiten 251, 252)
64 Saccharose ist die wichtigste Transportform der Kohlenhydrate in den Assimilatleitbahnen. Formulieren Sie die Synthese dieses Zuckers.	(Seiten 252, 253)
65 Stärke ist ein wichtiges Reservekohlenhydrat. Formulieren Sie dessen Synthese.	(Seite 253)
66 Wodurch unterscheiden sich a) Amylose, b) Amylopektin, c) Glykogen?	Durch den Grad der Verzweigung. (Seite 254)
67 Schildern Sie in groben Zügen den «C_4-Typ» der Photosynthese. Nennen Sie Fixierungsprodukte und ein spezifisches Enzym.	(Seite 254)
68 Die C_4-Pflanzen sind durch eine charakteristische Blattanatomie ausgezeichnet. Skizzieren Sie diese.	(Abb. 2-42, Seite 255)
69 Wie unterscheiden sich Mesophyll- und Bündelscheiden-Chloroplasten in ihrer Feinstruktur?	Mesophyll-Chloroplasten fehlt die Stärke; sie besitzen gut ausgebildete anastomosierende Tubuli am Rand. Bündelscheiden-Chloroplasten haben in der Regel keine Grana. (Seite 255)
70 Welchen Vorteil haben «C_4-Pflanzen» gegenüber «normalen» Pflanzen?	Die geringe O_2-Produktion in den Leitbündelscheiden und die hohe CO_2-Konzentration unterdrücken die Photorespiration; C_4-Pflanzen haben daher in der Lichtphase geringere Substanzverluste und dadurch eine größere Ökonomie in der Assimilatverwertung. (Seite 257)

71 Nennen Sie einige Verwandtschaftskreise, in denen Arten des «C_4-Typs» der Photosynthese gehäuft auftreten.

Poaceae, Amaranthaceae und Chenopodiaceae. (Seite 257)

72 Wie kann man eine «C_4-Pflanze» identifizieren?

(Seite 258)

73 Was versteht man unter «CAM-Pflanzen»?

Pflanzen, die in der Nacht organische Säuren bilden und bei Tag das CO_2 und die Reduktionsäquivalente wieder freisetzen und im Calvin-Zyklus verwerten («Crassulacean acid metabolism»). (Seite 258)

74 Nennen Sie den wesentlichen Unterschied zwischen «CAM-Pflanzen» und «C_4-Pflanzen»?

Bei den «CAM-Pflanzen» ist die CO_2-Vorfixierung durch die PEP-Carboxylase und die endgültige CO_2-Fixierung durch die RudP-Carboxylase nicht räumlich (Mesophyll/Leitbündelscheide), sondern zeitlich getrennt. (Seite 258)

75 Welchen ökologischen Vorteil haben «CAM-Pflanzen» gegenüber «normalen» Pflanzen?

«CAM-Pflanzen» zeichnen sich durch eine extreme Wasserökonomie aus. Sie sind deshalb auf trockenen Standorten konkurrenzfähig. (Seite 258)

76 Welche Zellstrukturen müssen vorhanden sein, damit eine Pflanze CAM durchführen kann?

In derselben Zelle müssen Chloroplasten und große Vakuolen vorhanden sein. Es muß demnach nicht notwendigerweise eine Sukkulenz ausgebildet sein. (Seiten 258, 259)

77 Schildern Sie in groben Zügen den Ablauf der Photorespiration; nennen Sie die daran beteiligten Zellorganellen.

(Abb. 2-47, Seite 259)

78 Welche prinzipiellen Unterschiede bestehen zwischen der Photorespiration und der normalen Respiration?

Im Gegensatz zur normalen Respiration liefert die Photorespiration keine verwertbare Energie, sondern verbraucht solche. (Seite 259)

79 Welche Bedeutung könnte der Photorespiration zukommen?

Die Photorespiration könnte den Photosyntheseapparat vor photooxidativer Schädigung bewahren. (Seite 260)

80 Als natürliche Elektronenakzeptoren für den linearen Elektronenfluß können außer $NADP^+$ und O_2 auch andere Verbindungen dienen. Nennen Sie diese. Bei welchen Stoffwechselwegen sind diese von Bedeutung?

(Seite 260)

81 Nennen Sie Faktoren, von denen die Photosynthese abhängig ist.

(Seiten 260, 261)

82 Was versteht man unter der Lichtsättigung der Photosynthese?

Diejenige Lichtintensität, bei deren Überschreitung keine Steigerung der Photosynthese mehr erreicht werden kann. (Seite 261)

83 Was versteht man unter dem Lichtkompensationspunkt der Photosynthese?

Diejenige Lichtintensität, bei der die O_2-Produktion (oder der CO_2-Verbrauch) der Photosynthese gerade die O_2-Aufnahme (oder die CO_2-Produktion) der Atmung kompensiert. (Seite 261)

84 Der Xanthophyll-Zyklus dient als «Puffer» für überschüssige Lichteinstrahlung. Schildern Sie diesen Zyklus.

(Abb. 2-50, Seite 261)

85 Wie hoch ist die natürliche CO_2-Konzentration in der Atmosphäre?

Zwischen 0,03 und 0,04 Vol%. (Seite 263)

86 Durch welche Gegebenheiten wird der CO_2-Gehalt der Atmosphäre gesteigert?

Vor allem durch anthropogene Emissionen (Verbrennung von fossilen Kohlenstoffreserven). (Seite 263)

87 Weswegen wird bei geschlossenen Stomata die Photosynthese wesentlich, die Atmung dagegen kaum gehemmt?

Der CO_2-Konzentrationsgradient zwischen der Außenluft und den photosynthetisierenden Chloroplasten ist sehr flach, die Diffusionsrate durch die Kutikula und die Epidermis ist deswegen bei geschlossenen Stomata nahezu Null. Der steile Konzentrationsgradient zwischen der Außenluft (ca. 20 Vol %) und den atmenden Mitochondrien (nahe 0 %) treibt das O_2 auch bei geschlossenen Stomata durch Kutikula und Epidermis. (Seite 264)

88 Welche Widerstände hat das CO_2 auf seinem Weg zu den Chloroplasten bei Höheren Pflanzen zu überwinden?

Grenzschichtwiderstand, kutikulärer Widerstand, stomatärer Widerstand, Mesophyllwiderstand. (Seite 264)

89 Was besagt die Van't Hoffsche Reaktionsgeschwindigkeit-Temperatur-Regel?

Die Reaktionsgeschwindigkeit verdoppelt sich (näherungsweise) bei einer Temperaturerhöhung um 10 ° C. (Seite 265)

90 Was versteht man unter den drei Kardinalpunkten der Temperaturkurve der Netto-Photosynthese?

Minimum, Optimum und Maximum der Netto-Photosynthese in Abhängigkeit von der Temperatur. (Seite 265)

91 Schildern Sie in groben Zügen die Unterschiede zwischen chemoautotrophen und photoautotrophen Organismen.

(Seite 266)

92 Arten der Bakteriengattungen *Nitrosomonas* und *Nitrobacter* sind eng vergesellschaftet. Nennen Sie die physiologische Grundlage dieser Vergesellschaftung.

Arten der Gattung *Nitrosomonas* wandeln NH_3 in Nitrit, solche der Gattung *Nitrobacter* Nitrit in Nitrat um (vgl. Formeln Seite 288). *Nitrosomonas* liefert das Substrat für *Nitrobacter*; *Nitrobacter* entfernt das für *Nitrosomonas* giftige Nitrit. (Seite 266)

93 Schwefelbakterien, Eisen- und Mangan-Bakterien oxidieren ihre Substrate. Formulieren Sie Reaktionsgleichungen.

(Seite 266)

PHYSIOLOGIE

B. Heterotrophie

94 Schildern Sie wesentliche Charakteristika von
a) heterotrophen,
b) autotrophen Organismen.
In welcher Beziehung stehen die beiden Organismengruppen zueinander?

(Seite 267)

95 Welches sind die Hauptwege der Dissimilation?

a) aerobe Dissimilation oder Atmung;
b) anaerobe Dissimilation oder Gärung oder Fermentation. (Seite 267)

96 Welches sind die Substrate für die Gärung?

In der Regel Hexosen, meist Glucose. Spezialisten (manche Bakterien) können auch Pentosen, Aminosäuren oder Fettsäuren vergären. (Seite 267)

97 Definieren Sie
a) obligate,
b) fakultative Anaerobier.

a) Organismen, die Sauerstoff gar nicht verwerten können,
b) Organismen, die nur bei Sauerstoffmangel ihre Energie durch Gärung gewinnen. (Seite 667)

98 Schildern Sie in groben Zügen die Reaktionsfolge der Gärung (allgemein).

(Abb. 2-55, Seite 268)

99 Was versteht man unter Substratkettenphosphorylierung?

Die beiden ATP-Bildungsreaktionen beim Abbau der Glucose zum Pyruvat. (Seite 268)

100 Nennen Sie einige Gärungen und die dabei entstehenden Endprodukte.

Alkoholische Gärung (Ethylalkohol), Milchsäure-, Propionsäure-, Ameisensäure-, Buttersäure-, Bernsteinsäuregärung. (Seite 270)

101 Die Umwandlung von Methanol in Essigsäure wird traditionellerweise als Essigsäuregärung bezeichnet. Weswegen ist dies unkorrekt?	Es wird Sauerstoff benötigt. (Seite 270)
102 Charakterisieren Sie in groben Zügen den Prozeß der Atmung. Nennen Sie die zelluläre Lokalisation dieses Prozesses (bei Eukaryoten).	(Seite 270)
103 Formulieren Sie die Bildung des Acetyl-S-CoA aus Pyruvat.	Pyruvat + NAD^+ + CoA-SH → Acetyl-S-CoA + NADH + H^+ + CO_2. (Seite 270)
104 Die Umsetzung des Pyruvats beim oxidativen Abbau erfolgt in drei Stufen. Nennen Sie diese.	a) Bildung von Acetyl-CoA, b) Citrat-Zyklus, c) Elektronentransport in der Atmungskette. (Seite 270)
105 Formulieren Sie die Gesamtreaktion des Citrat-Zyklus.	$CH_3COOH + 2\ H_2O \rightarrow 2\ CO_2 + 8\ [H]$. (Seite 270)
106 Was versteht man unter der Atmungskette?	Die Anordnung von Redoxsubstanzen abgestuften Potentials. (Seite 271)
107 Nennen Sie einige Glieder der Atmungskette.	Tab. 2-14, Seite 272.
108 Vergleichen Sie in groben Zügen die Atmung mit der Gärung.	(Seiten 268-272)
109 Die chemiosmotische Hypothese erklärt den Mechanismus der ATP-Bildung in den Mitochondrien. Schildern Sie diese Hypothese.	(Seiten 272, 273)
110 Schildern Sie in groben Zügen den Abbau der Stärke. Nennen Sie die daran beteiligten Enzyme.	(Seite 274)
111 Nennen Sie wirtschaftlich wichtige Fettlieferanten.	Kokospalme, Olivenstrauch, Erdnuß, Soja, Sonnenblume. (Seite 275)
112 Der Abbau der Fettsäuren erfolgt bei Pflanzen hauptsächlich in den Mitochondrien und den Glyoxisomen. Schildern Sie in groben Zügen diesen als β-Oxidation bezeichneten Abbauweg.	(Abb. 2-62, Seite 275)
113 Fettsäuren können in der Pflanzenzelle in Kohlenhydrate umgewandelt werden. Schildern Sie die ablaufenden Umsetzungen; nennen Sie die daran beteiligten Zellorganellen.	(Abb. 2-64, Seite 276)
114 Nennen Sie wichtige Speicherproteine.	Prolamine, Gluteline, Globuline, Albumine. (Seite 277)
115 Welche Enzyme sind bei der hydrolytischen Spaltung der Proteine beteiligt?	Exo- und Endopeptidasen. (Seite 277)
116 Was versteht man unter Transaminierung?	Die Übertragung der $-NH_3^+$-Gruppe von α-Aminosäuren auf α-Oxosäuren. (Seite 277)
117 Nennen Sie ein gemeinsames Merkmal aller Transaminasen.	Haben Pyridoxalphosphat als Co-Enzym. (Seite 277)
118 Was sind Lectine? Welche Bedeutung haben sie?	Proteine oder Glykoproteide, die spezifisch an bestimmte Zuckerreste gebunden werden. Sie spielen wahrscheinlich bei Erkennungsprozessen auf zellulärer Ebene eine Rolle (z.B. Bindung von Rhizobien an Wurzelhaare bestimmter Leguminosen). (Seite 278)

119 Was sind Proteinase-Inhibitoren? Welche Funktion schreibt man ihnen zu?	Niedermolekulare Proteine in den Speicherorganen vieler Pflanzen. Sie hemmen Proteinasen tierischer oder bakterieller Herkunft. Sie spielen wahrscheinlich bei der Abwehr räuberischer Insekten und infektiöser Mikroorganismen eine Rolle. (Seite 278)
120 Was versteht man unter dem respiratorischen Quotienten (RQ)? Worüber gibt diese Größe Auskunft?	Das Volumenverhältnis von erzeugtem CO_2 zu verbrauchtem O_2. Man kann (mit Vorbehalt) auf die Natur des Atmungssubstrates schließen. (Seite 278)
121 Fett-veratmende Pflanzenteile haben einen RQ-Wert < 1. Wie ist das zu erklären?	(Seite 278)
122 Skizzieren Sie den Ablauf der Gluconeogenese.	(Abb. 2-67, Seite 279)
123 Was sind anaplerotische Reaktionen?	«Auffüllreaktionen», die dafür sorgen, daß bei Entnahme von Substanzen aus einem Zyklus dieser nicht zum Erliegen kommt. (Seite 279)
124 Welche Bedeutung hat der oxidative Pentosephosphatzyklus?	Bildung von NADPH + H^+, Bereitstellung von spezifischen Zuckerphosphaten. (Seiten 279, 280)
125 Der oxidative Pentosephosphatzyklus unterscheidet sich vom reduktiven Pentosephosphatzyklus hinsichtlich der Enzymausstattung. Erläutern Sie dies.	Dem reduktiven Pentosephosphatcyclus fehlen die Enzyme Glucose-6-Phosphat-Dehydrogenase, 6-Phospho-Gluconat-Dehydrogenase und die Transaldolase. (Seite 280)
126 Die Atmung der Pflanzen ist von Außenfaktoren abhängig. Nennen Sie einige.	Temperatur, Wasserversorgung, Licht. (Seiten 281, 282)
127 Manche Pflanzenteile produzieren durch Atmung Wärme. Welcher biologische Sinn könnte diesem Phänomen zukommen?	(Seite 281)
128 Was versteht man unter Biolumineszenz? Welche Organismen zeigen dieses Phänomen? Auf welche Reaktion ist das Phänomen zurüchzuführen?	(Seite 282)

PHYSIOLOGIE

III. Regulationen im Zellstoffwechsel

129 Skizzieren Sie die wesentlichen Größen eines Regelkreises.	(Abb. 2-71, Seite 283)
130 Wodurch unterscheidet sich eine Regelung von einer Steuerung?	Bei einer Regelung wird ein Zustand konstant gehalten, bei einer Steuerung nicht. (Seite 283)
131 Auf welchen Ebenen findet eine Regulation im Zellstoffwechsel statt?	Regulation der Enzymsynthese, Regulation der Enzymaktivität, Metaboliten-Regulation, Regulation durch Umwandlung inaktiver Vorstufen, Regulation über Multienzymkomplexe. (Seiten 283-299)
132 Was versteht man unter	
a) Cistron,	a) Abschnitt auf dem DNA-Strang, der einer Proteinmolekülsorte entspricht;
b) Strukturgen?	b) Abschnitt auf dem DNA-Strang, der die Information zur Bildung eines Enzymmoleküls trägt. (Seiten 283, 284)
133 Nennen Sie gentechnische Methoden, mit denen Genome analysiert werden.	U. a. Restriktions-Endonucleasen, Polymerase-Chain-Reaktion, Sequenzermittlung. (Seite 284)
134 Welche Größenordnungen (in Basenpaaren) weisen Genome auf?	Von ca. 0,5 Millionen (Prokaryoten) bis ca. 3 Milliarden Basenpaaren (Mensch). (Seite 284)

135 Was ist Transkription? Durch welche Enzyme wird sie katalysiert?	Die Übertragung der im DNA-Strang enthaltenen Information auf eine einsträngige RNA-Kette (mRNA); durch DNA-abhängige RNA-Polymerasen. (Seite 385)
136 Der Transkriptionsapparat von Prokaryoten unterscheidet sich in wesentlichen Punkten von dem der Eukaryoten. Nennen Sie diese.	(Abb. 2-74, Seiten 285, 286)
137 Was versteht man unter	
a) Introns,	a) Nicht-informative Zwischensequenzen von Genen;
b) Exons?	b) die verbleibenden informativen Stücke einer RNA, aus der durch spezielle Schneideenzyme «überflüssige» Sequenzen herausgeschnitten werden. (Seite 286)
138 Was ist eine inverse Transkription?	Informationsübergang von der RNA zur DNA; ist bei Infektion tierischer Zellen mit bestimmten RNA-Tumorviren gefunden worden. (Seite 287)
139 Was versteht man unter dem Triplettcode?	Die definierte Anordnung von drei Nukleotiden in der Nukleinsäure, die eine Aminosäure im Protein codiert. (Seite 287)
140 Was besagt der Begriff «degenerierter Code»?	Eine Aminosäure ist durch mehrere Tripletts festgelegt. (Seite 287)
141 Definieren Sie die Begriffe	
a) Codon,	a) Nukleotidtriplett in der mRNA;
b) Codogen,	b) d-Nukleotidtriplett in der DNA, an dem das Codon im Prozeß der Transkription abgeprägt wird;
c) Anticodon.	c) das den Codon komplementäre Triplett, mit dem eine tRNA den richtigen Platz an der Matritze findet. (Abb. 2-76, Seite 288)
142 Was versteht man unter Translation?	Die Synthese eines spezifischen Proteins anhand der in der Codon-Reihenfolge eines mRNA-Moleküls enthaltenen Informationen. (Seite 289)
143 Welche Komponenten sind für den Ablauf der Translation notwendig?	Ribosomen, mRNA, Aminosäuren, tRNA, Amino-acyl-tRNA-Synthetasen, ATP, Mg^{2+}, Enzyme der Peptidbindung. (Seite 289)
144 Welche Aufgabe erfüllen die tRNA-Moleküle?	Sie haben die Aufgabe, sich mit der ihnen zugehörigen Aminosäure zu verbinden und diese an das entsprechende Codon der mRNA heranzubringen. (Seite 289)
145 Wieviele tRNA-Sorten gibt es?	Für jede der 20 proteinogenen Aminosäuren mindestens eine. (Seite 289)
146 Bei der Entstehung des Lebens soll die RNA zeitlich vor der DNA oder den Proteinen entstanden sein. Nennen Sie Indizien, die für diese Vorstellung sprechen.	(Seite 290)
147 Schildern Sie in groben Zügen die einzelnen Phasen der Synthese einer Polypeptidkette aus den an tRNA gebundenen Aminoacylresten.	a) Start- (Initiations-)Phase, b) Elongationsphase, c) End- (Terminations-)Phase. (Seiten 290, 291)
148 Die sog. antisense-RNA blockiert spezifisch die Synthese von Proteinen. Wie kommt dieses Phänomen zustande?	(Seite 292)
149 Skizzieren Sie das Modell für die Genregulation von Jacob und Monod.	(Abb. 2-83, Seite 293)
150 Was versteht man unter einem Operon?	Den gesamten Komplex von Stuktur-, Promotor- und Operatorgenen. (Seite 293)

151 Welche biologischen Vorteile bietet eine Regulation der Enzymsynthese (sowohl positive als auch negative Kontrolle)?

Eine Kontrolle ist insofern ökonomisch, als Enzyme nur dann gebildet werden, wenn Substrate vorhanden sind, und ihre Bildung gestoppt wird, wenn genug Produkt vorhanden ist. (Seite 294)

152 Wie wird bei Höheren Pflanzen der Proteinabbau reguliert?

Abzubauende Proteine werden z.B. durch Ubiquitin «markiert». Proteinasen erkennen den Ubiquitin-Protein-Komplex und bauen das Trägerprotein, nicht aber das Ubiquitin ab. Man vermutet, daß es noch andere Wege für die Kennzeichnung von abzubauenden Proteinen gibt. (Seiten 294, 295)

153 Bei der Regulation der Enzymaktivität unterscheidet man isosterische und allosterische Effektoren. Erläutern Sie dies anhand von Beispielen.

(Seiten 295, 296)

154 Nennen Sie ein Charakteristikum der allosterisch regulierbaren Enzyme.

Es handelt sich stets um zusammengesetzte Enzyme aus Monomeren, die allosterische Zentren besitzen. (Abb. 2-87, Seite 296)

155 Was versteht man unter einer feedback-Hemmung?

Das Produkt einer Stoffwechselkette blockiert ein in der Reaktionsfolge weiter zurückliegendes Enzym. (Seiten 316, 317)

156 Was versteht man unter stöchiometrischer Regulation?

Die Regulation von Enzym-Reaktionen durch Konzentrationsänderungen von Substraten oder Co-Substraten ohne Änderung der Menge oder der Aktivität des Enzyms. Beispiel: Abbau des Pyruvats durch den Pyruvat-Dehydrogenase-Komplex oder durch die Pyruvat-Decarboxylase. (Seiten 296, 297)

157 Welche Bedeutung haben Multienzymkomplexe?

Durch die Zusammenfassung mehrerer Enzyme in einem Komplex wird ein schnelles, geordnetes Verarbeiten einer Substanz in mehreren aufeinanderfolgenden Schritten gewährleistet. (Seite 297)

158 Die Intensität der Gärungen und der Atmung wird besonders fein geregelt. Welche Effektoren spielen bei dieser Regelung eine wichtige Rolle?

Vor allem Glieder des Adenylsäuresystems (ATP, AMP) und anorganisches Phophat (P_i). (Seite 298)

IV. Die Nährstoffe und ihr Umsatz in der Pflanze

A. Die allgemeine stoffliche Zusammensetzung des Pflanzenkörpers

159 Nennen Sie größenordnungsmäßig den Wassergehalt von Pflanzen.

Durchschnittlich 85 – 90 %. (Seite 299)

160 Nennen Sie die Elemente, die in organischen Verbindungen der Pflanze vorkommen.

C, O, H, N, S, P. (Seite 299)

161 Welche Elemente dominieren in der Pflanzenasche?

K, Na, Ca und P. (Seite 299)

162 Was versteht man unter «Akkumulatorpflanzen»? Nennen Sie ein Beispiel.

Pflanzen, die bestimmte Elemente anreichern. *Astragalus*-Arten reichern Selen an. (Seite 300)

163 Was versteht man unter «Indikatorpflanzen»? Nennen Sie Beispiele.

Pflanzen, deren Aschezusammensetzung die des Standorts widerspiegelt. Das Galmei-Veilchen wächst nur auf zinkhaltigen Böden. Eine bestimmte Flechtengesellschaft wächst nur auf schwermetallhaltigem Untergrund. (Seite 300)

B. Der Wasserhaushalt

164 Auf welche Weise nimmt die Pflanze das Wasser auf?

a) Quellung,
b) Osmose. (Seite 300)

165 Welches ist die treibende Kraft der Wasseraufnahme?

Das Gefälle im chemischen Potential des Wassers. (Seite 300)

166 Was versteht man unter Quellung?

Die Flüssigkeits- oder Dampfaufnahme eines makromolekularen Systems unter Volumenvergrößerung. Es ist ein rein physikalischer Prozeß. (Seite 301)

167 Weswegen haben mehrwertige Kationen auf Proteine eine entquellende Wirkung?

Proteine sind bei physiologischen pH-Werten überwiegend negativ geladen. Kationen entladen die Proteine, wodurch deren Wasserbindungsfähigkeit herabgesetzt wird. (Seite 301)

168 Spielt eine Entquellung des Protoplasten im Leben der Pflanze überhaupt eine Rolle?

(Seite 301)

169 Durch welche Teilkomponenten wird das Gesamtwasserpotential in einem komplexen System bestimmt?

Durch Quellungs- und Kapillarkräfte, durch den hydrostatischen Druck und durch gelöste, osmotisch aktive Stoffe. (Seite 301)

170 Definieren Sie den Zustand einer Zelle, bei dem sie kein Wasser mehr aufnimmt.

Wasser wird nicht mehr aufgenommen, wenn der Gegendruck der Zellwand dem potentiellen Quellungsdruck entspricht. (Seite 302)

171 Definieren Sie den Begriff Osmose.

Osmose ist eine Diffusion durch eine semipermeable (oder eine selektiv permeable) Membran, d.h. eine Membran, die für das Lösungsmittel (Wasser) gut, für die gelösten Substanzen aber nicht durchlässig ist. (Seite 302)

172 Erläutern Sie anhand der Skizze der Pfefferschen Zelle die wesentlichen Vorgänge bei der Osmose.

(Abb. 2-92, Seite 302)

173 Welche Konzentration weisen die in der Vakuole gelösten Substanzen auf?

Meist zwischen 0,2 und 0,8 M. (Seite 302)

174 Auf welche Weise kann man den potentiellen osmotischen Druck des Zellsaftes ermitteln?

a) Durch Messung der Gefrierpunktserniedrigung;
b) durch Grenzplasmolyse. (Seite 302)

175 Beschreiben Sie den Zusammenhang zwischen Saugspannung, potentiellem osmotischen Druck und Turgordruck.

(Seite 303)

176 Was versteht man unter einer
a) hypertonischen,
b) hypotonischen Lösung?

Potentieller osmotischer Druck der Außenlösung ist
a) größer,
b) kleiner als die Saugspannung der Zelle. (Seite 304)

177 Nennen Sie Pflanzengruppen, die Wasserdampf aus feuchter Luft aufnehmen und damit Nettophotosynthese betreiben können.

Manche Algen, Flechten und Moose. (Seite 305)

178 Wie hoch ist der durch die geöffneten Stomata der Höheren Pflanzen aufgenommene Anteil an flüssigem Wasser?

(Seite 305)

179 Was versteht man unter der Wasserkapazität des Bodens?

Das Fassungsvermögen eines Bodens für Haftwasser (g H_2O pro 100 ml Bodenvolumen). (Seite 306)

180 Der Widerstand für die Wasseraufnahme in der Wurzel ist relativ gering. Nennen Sie Gründe.

(Seite 307)

181 Hat die Wurzel dem Boden lokal viel Wasser entzogen, erfolgt eine Wassernachleitung aus benachbarten Bodenregionen nur sehr langsam. Wie begegnet die Wurzel dieser Schwierigkeit?	Sie wächst dem Wasser entgegen. (Seite 307)
182 Wann kommt es zu einem Welken der Pflanze?	a) Wenn das Wurzelsystem kein oder nicht mehr ausreichend Wasser aufnehmen kann; b) wenn die Pflanze wegen Umkehr des Wasserpotentialgefälles an den Boden Wasser verliert. (Seite 307)
183 In welcher Form gibt die Pflanze Wasser nach außen ab?	Als Wasserdampf (Transpiration) oder in flüssiger Form (Guttation). (Seite 307)
184 Welche Kraft treibt die Transpiration?	Das niedrige Wasserpotential der nicht wasserdampfgesättigten Luft. (Seite 307)
185 Wie hoch ist der Energieaufwand (in Mol ATP), den die Pflanze zur Aufrechterhaltung der Transpiration leisten muß?	(Seite 307)
186 Wie kann man die Wasserbilanz einer Pflanze ermitteln?	Durch Kombination von Wägung und Potetometermessung. (Seite 308)
187 Nennen Sie Strukturen und Einrichtungen, die die Wasserdampfabgabe bei Pflanzen verhindern bzw. einschränken.	Lückenlose Kutikula, Cutineinlagerung in die Epidermisaußenwände, Deckmantel toter Haare, Versenkung der Spaltöffnungen in windgeschützte Räume. (Seiten 308, 309)
188 Bei welcher Pflanzengruppe tritt im System zum ersten Mal eine Kutikula auf?	Bei den Moosen. (Seite 308)
189 Ein lückenloser Abschluß der Pflanzenorgane mit Cutin oder Suberin würde sehr effektiv den Wasserdampfaustritt und damit ein Vertrocknen der Pflanzen verhindern. Warum haben die Landpflanzen dennoch diesen Weg nicht beschritten?	(Seite 309)
190 Was versteht man unter Evaporation?	Die Verdunstung einer freien Wasseroberfläche. (Seite 309)
191 Stomata und Lenticellen sind Porensysteme, die dem Gasaustausch dienen. Nennen Sie den wichtigsten Unterschied zwischen den beiden Systemen.	Stomata sind regulierbar, Lenticellen nicht. (Seite 309)
192 Wie ist der Transpirationskoeffizient definiert; was besagt dieser?	Menge an transpiriertem Wasser in ml, wenn 1 g Trockensubstanz synthetisiert wird. Er ist ein Maß für die Wasserökonomie einer Pflanzenart oder eines Photosynthesetyps. (Seite 310)
193 Welche wichtigen Funktionen erfüllt die Transpiration?	Sie ist die Triebkraft für den Wassertransport; sie hat eine Kühlwirkung, die eine Überhitzung der Pflanze bei Sonneneinstrahlung verhindern kann. (Seite 310)
194 Bei welchen äußeren Bedingungen kommt es zu einer Guttation?	Pflanzen guttieren zu Zeiten hoher relativer Luftfeuchtigkeit. (Seite 310)
195 Wie unterscheiden sich passive von aktiven Hydathoden? Nennen Sie Pflanzen, bei denen sie vorkommen.	Die Triebkraft für die Wasserabscheidung passiver Hydathoden (z.B. bei Gräsern) ist der Wurzeldruck. Bei aktiven Hydathoden (z.B. *Tropaeolum*, *Saxifraga*) liegen «Wasserdrüsen» vor, die unabhängig vom Wurzeldruck arbeiten. (Seite 310)
196 Die Wasserleitungszellen müssen im funktionsfähigen Zustand tot sein. Erklären Sie dies.	(Seite 311)
197 Wie kann man experimentell die Strömungsgeschwindigkeit des Xyleminhalts ermitteln?	Mit der thermoelektrischen Methode. (Abb. 2-101, Seite 311)

PHYSIOLOGIE

198 Ordnen Sie folgende Pflanzentypen nach der Geschwindigkeit des Transpirationsstroms: Ringporige Laubhölzer, Lianen, zerstreutporige Laubhölzer.

Lianen;
Ringporige Laubhölzer;
Zerstreutporige Laubhölzer.
(Tab. 2-23, Seite 311)

199 Wie hoch sind in etwa die Druckgradienten in den Stämmen von Bäumen?

Zwischen 0,15 und 0,2 bar · m^{-1}. (Seite 312)

200 Wie kann man den negativen Druck (Sog) in Pflanzenteilen messen?

In einer Druckkammer wird der Überdruck ermittelt, der nötig ist, um in abgeschnittenen Pflanzenteilen die Menisci der beim Abschneiden durch den herrschenden Sog in das Innere der Wasserleitungsbahnen gezogenen Wasserfäden gerade wieder an der Schnittfläche erscheinen zu lassen. (Abb. 2-104, Seite 313)

201 Wie stellt man sich das Zustandekommen des Wurzeldrucks vor?

Der Wassereintritt in die Leitbahnen wird wahrscheinlich durch Abscheidung von osmotisch wirksamen Substanzen der die Leitbahnen umgebenden Zellen verursacht. Das Wasser folgt diesen Substanzen entlang einem Wasserpotentialgradienten osmotisch. (Seiten 313, 314)

202 Nennen Sie einige Substanzen, die im Blutungssaft nachgewiesen werden.

Zucker, Aminosäuren, Vitamine, Enzyme, organische Säuren. (Seite 314)

203 Welches Ereignis ist für die Unterbrechung des Transpirationsstromes unter natürlichen Gegebenheiten bedeutungsvoll:
a) Überwindung der Kohäsion in den gespannten Wasserfäden,
b) Gasembolien in den Leitungsbahnen?

b) Gasembolien. (Seite 314)

204 Weswegen treiben ringporige Bäume im Frühjahr später aus als zerstreutporige?

Bei den ringporigen Bäumen muß vor dem Austreiben das ganze Wasserleitungssystem erst neu aufgebaut werden, da die großen Tracheen in der Regel nur während einer Vegetationsperiode funktionsfähig sind. (Seite 315)

205 Der Besitz von Hoftüpfeln mit Tori (neben anderen Baueigentümlichkeiten) befähigt die Gymnospermen, kalte Regionen zu besiedeln. Schildern Sie die Funktion der Hoftüpfel.

(Seite 315)

206 Was versteht man unter der Wasserbilanz einer Pflanze?

Die Differenz zwischen Wasseraufnahme und Transpiration. (Seite 316)

207 Was versteht man unter
a) hydrostabilen,
b) hydrolabilen Pflanzen?

a) Solche, die ihre Wasserbilanz im Tagesgang weitgehend ausgeglichen halten;
b) solche, die große Schwankungen in der Wasserbilanz aufweisen. (Seite 316)

208 Nennen Sie einige Möglichkeiten, die eine Pflanze hat, eine Austrockung zu vermeiden.

(Seite 316)

209 Nennen Sie einige austrocknungsfähige Pflanzen.

Viele Thallophyten, z.B. viele Bakterien, Algen, Flechten, manche Pilzmycelien und verschiedene Moose. Einige Farne (z.B. der Milzfarn, *Ceterach officinarum*) und einige Angiospermen (z.B. *Myrothamnus flabellifolia*). (Seite 316)

210 Welche Besonderheiten weisen überflutungstolerante Pflanzen auf?

Das Wurzelsystem wird über die Interzellularen vom Sproß her mit Sauerstoff versorgt; bei Sauerstoffmangel werden Äpfelsäure oder andere organische Säuren gebildet (intolerante Arten bilden das giftig wirkende Ethanol); Ausbildung von Atemwurzeln. (Seite 317)

C. Die Mineralstoffe

211 Nennen Sie
a) die Makronährelemente,
b) die Mikronährelemente.

a) C, O, H, N, S, P, K, Ca, Mg, Fe;
b) Mn, B, Zn, Cu, Mo, Cl. (Seite 317)

212 Welche Elemente werden als
a) Anionen,
b) Kationen aufgenommen?

a) N, S, P, Cl, B, Mo;
b) K, Mg, Ca, Fe, Mn, Zn, Cu. (Seite 318)

213 Was versteht man unter
a) acidophilen,
b) acidophil-basitoleranten,
c) basiphil-acidotoleranten Arten?
Nennen Sie je ein Beispiel.

a) Pflanzen, die nur im sauren Bereich gedeihen (z.B. manche Torfmoose);
b) Pflanzen, die optimal im sauren Bereich wachsen, jedoch schwach alkalische Böden tolerieren (z.B. Besenheide);
c) Pflanzen, die optimal im alkalischen Bereich wachsen, jedoch schwach saure Böden tolerieren (z.B. Huflattich). (Seite 319)

214 Ein Großteil der Ionen im Boden ist adsorptiv an Tonmineralien gebunden. Auf welche Weise setzt die Pflanze die Ionen frei?

Durch Austauschabsorption. Als Austauschionen liefert die Wurzel hauptsächlich H^+ und HCO_3^-. (Seite 319)

215 Was sind
a) Phytochelatine,
b) Metallothioneine?
Welche Bedeutung haben sie?

a) Schwermetallkomplexierende Peptide von der Struktur (g-Glutaminsäure-Cystein) n-Glycin (n = 2 bis 12);
b) cysteinreiche, niedermolekulare Proteine, die ebenfalls Schwermetalle binden.
Beide Gruppen von komplexierenden Verbindungen können Schwermetallionen dem Stoffwechsel entziehen bzw. zuführen. (Seite 319)

216 Was versteht man unter passiver Aufnahme von Substanzen durch die Wurzel?

Eine Diffusion von Ionen in die Zellwände der Wurzelhaare und der Wurzelrindenzellen ohne Zuhilfenahme von Stoffwechselenergie. (Seite 319)

217 Was versteht man unter dem «freien Raum» der Wurzel?

Den Apoplasten der Wurzel (Zellwände der Wurzelhaare und der Wurzelrindenzellen), in den die Ionen durch Diffusion oder mit dem strömenden Wasser zunächst gelangen. (Seite 320)

218 Was ist der Donnan-Freiraum?

Derjenige Teil des Apoplasten, der festgelegte Ladungen (z.B. dissoziierte Carboxylgruppen) enthält und frei bewegliche Kationen aus der Umgebung anzieht. (Seite 320)

219 Was versteht man unter
a) Intrameation,
b) Permeation?

a) Eintritt von Substanzen vom Apoplasten in das Cytoplasma;
b) Transport vom Apoplasten in die Vakuole. (Seite 320)

220 Was versteht man unter einem Translokator (= Carrier)?

In die Membran integriertes Protein, das am passiven wie am aktiven Transport beteiligt ist. (Seite 320)

221 Was versteht man unter einem aktiven Transport?

Einen Transport von Teilchen unter energetischer Kopplung mit einer exergonischen Reaktion, an der das zu transportierende Teilchen nicht selbst beteiligt ist. (Seite 321)

222 Innerhalb des aktiven Transports unterscheidet man zwischen
a) primär-aktivem,
b) sekundär-aktivem Transport.
Erläutern Sie dies.

a) Beim primär-aktiven Transport sind stets membrangebundene, hochmolekulare Transport-ATPasen beteiligt;
b) beim sekundär-aktiven Transport wird der durch aktiven Protonentransport erzeugte elektrochemische Potentialgradient über eine Membran als treibende Kraft für den Transport anderer Substanzen benutzt. (Seite 321)

223 Schildern Sie in groben Zügen die «Patch-Clamp»-Technik.

(Abb. 2-113, Seite 322)

224 Worin liegt die Bedeutung der «Patch-Clamp»-Technik?

Mit dieser Methode können Ionenkanäle untersucht werden. Mit ihrer Hilfe können elektrische Ströme mit Amplituden von weniger als einem Picoampere von Ionenkanälen in Membranen gemessen werden. (Seite 322)

225 Welche Ionenkanäle wurden bei Pflanzen nachgewiesen?

Ionenkanäle für K^+, Cl^- und Ca^{2+}. (Seite 322)

226 Was versteht man unter einer Endocytose?

Substanzaufnahme durch Einstülpung des Plasmalemmas, Ablösung der gebildeten Blasen und Transport in das Zellinnere. (Seite 322)

227 Nennen Sie die wichtigsten Charakteristika der Stoffaufnahme in den Symplasten.

a) Anreicherung,
b) Auswahlvermögen,
c) mangelndes Ausschlußvermögen. (Seite 322)

228 Skizzieren Sie den Weg der Mineralstoffe von den Wurzelhaaren bis zu den Gefäßen.

(Abb. 2-116, Seite 323)

229 Aus dem Ca/K-Verhältnis in der Asche eines Organs kann man Rückschlüsse auf eine überwiegende Phloem- bzw. Xylemversorgung ziehen. Erläutern Sie dies.

Das Ca/K-Verhältnis ist umso niedriger, je mehr das Organ vom Phloem versorgt wurde, da das Ca im Phloem praktisch immobil ist. (Seite 324)

230 Nennen Sie
a) unspezifische,
b) spezifische Funktionen der mineralischen Nährelemente.

a) Beitrag zum potentiellen osmotischen Potential der Zelle; Aufrechterhaltung der Elektroneutralität,
b) Wirkung auf die Plasmahydratation. (Seite 324)

231 Was versteht man unter Ionenantagonismus? Nennen Sie ein Beispiel.

Kationen wirken auf Proteine dehydratisierend. Zweiwertige Kationen dehydratisieren stärker als einwertige. Wird ein absorbiertes Ca^{2+} gegen K^+ ausgetauscht, läßt die dehydratisierende Wirkung nach. Obwohl K^+ auf ein ionenfreies Protein dehydratisierend wirkt, fördert es also die Hydratation eines Ca^{2+}-ionenhaltigen Proteins. (Seite 324)

232 Nennen Sie eine Funktion bzw. Bedeutung der folgenden Elemente im Stoffwechsel der Zelle:
a) N,
b) P,
c) S,
d) K,
e) Mg,
f) Ca,
g) Fe,
h) Mn,
i) B,
j) Zn,
k) Cu,

a) Bestandteil von Aminosäuren, Proteinen, Nukleinsäuren, Coenzymen;
b) Bestandteil wichtiger Strukturkomponenten, wirkt mit beim Energiehaushalt der Zelle;
c) Bestandteil schwefelhaltiger Aminosäuren, ferner Biotin, Coenzym A, Sulfolipide, Eisenproteine;
d) Cofaktor von Enzymreaktionen;
e) Cofaktor vor allem bei Enzymreaktionen, bei denen ATP beteiligt ist;
f) Aufrechterhaltung der Struktur und Funktion aller Zellmembranen;
g) wichtige Rolle bei der Chlorophyllbiosynthese;
h) Cofaktor vieler Enzyme, z. B. solcher des Citratzyklus, ist bei der photosynthetischen Sauerstoffentwicklung beteiligt;
i) Wirkungsmechanismus des Elements weitgehend unklar. Bormangel bewirkt das Absterben der Meristeme, z. B. bei Futter- und Zuckerrüben;
j) Bestandteil von mehr als 70 Enzymen, zum anderen Cofaktor weiterer Enzyme;
k) Bestandteil verschiedener Enzyme (z. B. Cytochromoxidase) und Redoxsubstanzen (Plastocyanin);

l) Mo,

l) Bestandteil von Enzymen der N_2-Fixierung und der Nitratreduktion;

m) Cl,

m) scheint bei der photosynthetischen Sauerstoffentwicklung eine Rolle zu spielen. Bei bestimmten Pflanzen (z.B. der Küchenzwiebel) ist es an der Osmoregulation der Stomata beteiligt;

n) Co,

n) Bestandteil des Vitamin B_{12};

o) Na,

o) ist nur für wenige Höhere Pflanzen als notwendiges Element nachgewiesen worden;

p) Si,

p) ist für Diatomeen (Kieselsäurepanzer), für die kieselsäurereichen Schachtelhalme und wahrscheinlich auch für die Poaceen essentiell;

q) Se,

q) soll für Selen-Indikatorpflanzen in Spuren lebensnotwendig sein, ebenso für manche Bakterien;

r) Ni.

r) Bestandteil der Urease bei Höheren Pflanzen, wird auch von einigen Bakterien benötigt. (Seiten 324-327)

233 Halophyten sind Pflanzen, die an den hohen Salzgehalt ihrer Standorte angepaßt sind. Nennen Sie die (drei) Möglichkeiten dieser Anpassung.

a) Sie akkumulieren die Ionen (z.B. Na^+ und Cl^-) und kompensieren so die hohe Bodensaugspannung;
b) sie scheiden Salze durch Drüsen oder durch den Abwurf von Pflanzenteilen ab;
c) sie wirken zu hohen Salzkonzentrationen im Zellsaft dadurch entgegen, daß sie größere Mengen Wasser speichern. (Seite 228)

234 Was besagt das von Liebig entdeckte «Gesetz des Minimums»?

Derjenige Faktor ist wachstumsbegrenzend, der in der relativ kleinsten Menge vorliegt. (Seite 328)

235 Von welchem Nutzen ist eine Kalkung des Bodens?

Regelt den pH-Wert des Bodens, erhält die Krümelstruktur des Bodens. (Seite 328)

PHYSIOLOGIE

D. Stoffwechsel der Kohlenhydrate

236 Welche Bedeutung haben Nukleosiddiphosphat-Zucker im Zellstoffwechsel?

Sie dienen als Bausteine für die Synthese von Polysacchariden oder Polyuronaten. (Abb. 2-118, Seiten 328, 329)

237 Nennen Sie einige galactosehaltige Zucker. Skizzieren Sie deren Biosynthese.

Raffinose, Stachyose, Verbascose. Das Galactinol (myo-Inositol-Galactosid) ist ein wichtiger Galactosedonator. (Abb. 2-119, Seite 329)

E. Stickstoff-Metabolismus

238 Skizzieren Sie die Reaktionsfolge der assimilatorischen Nitratreduktion und nennen Sie die daran beteiligten Enzyme.

Nitrat wird in zwei enzymkatalysierten Schritten (Nitratreduktase, Nitritreduktase) über Nitrit zu NH_4^+ reduziert. (Seite 329)

239 In welchen Kompartimenten der
a) Chloroplasten-führenden pflanzlichen,
b) tierischen Zelle
sind die einzelnen Schritte der Nitratreduktion lokalisiert?

a) Nitratreduktase im Cytoplasma, Nitritreduktase in den Chloroplasten;
b) nirgends, da tierische Zellen kein Nitrat reduzieren können. (Seiten 329, 330)

240 Nennen Sie einige Organismen, die molekularen Stickstoff reduzieren können.

Nur Prokaryoten: Obligat aerobe (z.B. *Azotobacter*-Arten), fakultativ anaerobe (z.B. *Klebsiella pneumoniae*), einige photoautotrophe Bakterien (z.B. *Rhodospirillum rubrum*), verbreitet bei freilebenden und symbiontischen Cyanobakterien. (Seiten 330, 331)

241 Formulieren Sie die Nitrogenase-Reaktion; charakterisieren Sie diesen Enzymkomplex.	$N_2 + 8H^+ + 8e^- + 16\,ATP \rightarrow 2\,NH_3 + H_2 + 16\,ADP + 16\,P_i$. Die Nitrogenase besteht aus einem Eisenprotein und aus einem Molybdän-Eisen-Protein. Nur das komplette Enzym ist aktiv. Neben N_2 reduziert das System z.B. auch N_3^-, H^+ und Azetylen. Durch O_2 wird die Nitrogenase schnell irreversibel inaktiviert. (Seite 331)
242 Warum sind unter den heterocystenhaltigen Cyanophyceen sehr viele und sehr leistungsfähige N_2-fixierende Arten anzutreffen?	(Seite 331)
243 In der Nitrogenase-Reaktion und im Zuge der Nitratreduktion wird NH_4^+ gebildet. In welcher Reaktion wird dieses für die Zelle toxische Produkt weiterverarbeitet?	NH_4^+ wird durch die Glutamin-Synthetase in Anwesenheit von ATP, Mg^{2+} und Glutamat zu Glutamin umgewandelt. (Seiten 332, 333)
244 Aspartat und Glutamat sind wichtige Ausgangsverbindungen für die Synthese verschiedener Aminosäuren. Nennen Sie einige dieser Aminosäuren.	Asparagin, Threonin, Cystein, Isoleucin, Methionin, Glutamin, Prolin, Lysin. (Abb. 2-123, Seite 333)
245 Skizzieren Sie die Biosynthese der aromatischen Aminosäuren.	Die Reaktionsfolge geht von Erythrose-4-phosphat und von Phosphoenolpyruvat aus. (Abb. 2-124, Seite 334)
246 Nennen Sie einige Stickstofftransport- und -speichersubstanzen.	Z.B. Glutaminsäure und Asparaginsäure und deren Amide, Serin, Citrullin, Canavanin, Allantoin und Allantoinsäure, Ammoniumsalze. (Seite 335)
247 In welcher Form entstehen die Basen der Nukleinsäuren?	Purine und Pyrimidine entstehen nicht in freier Form, sondern als Mononukleotide. (Seite 335)
248 Welche Aufgabe erfüllt die Tetrahydrofolsäure bei der Biosynthese der Nukleinsäuren?	Fungiert als C_1-Gruppen-Übertragungssystem und liefert zwei Ringkohlenstoffatome. (Seite 336)
249 Nennen Sie einige wichtige pflanzliche Verbindungen, die zu den Tetrapyrrolen gehören.	Phycobilinogene, Phytochrom, Chlorophylle, Cytochrome, Katalase, Leghämoglobin, Vitamin B_{12}. (Seite 338)
250 Von welchen Verbindungen geht die Synthese der Tetrapyrrole aus?	Glycin und Succinyl-CoA. (Seite 338)
251 Nennen Sie ein wichtiges Enzym in der Biosynthese der Tetrapyrrole. Das Enzym ist in pflanzlichen wie in tierischen Zellen sehr empfindlich gegen Bleiionen. Die Aktivitätsminderung des Enzyms gilt als Test für die Bleibelastung beim Menschen.	δ-Aminolävulinsäure-Dehydratase (katalysiert die Zusammenlagerung zweier Moleküle δ-Aminolävulinsäure zu Porphobilinogen. (Seite 338)
252 Skizzieren Sie die Stickstoff-Kreisläufe in der Natur.	Abb. 2-130, Seite 339.

F. Schwefel-Stoffwechsel

253 Schwefel wird praktisch ausschließlich als Sulfation aus dem Medium aufgenommen. Dieses muß zunächst zu Sulfid reduziert werden. Welche Organismengruppen sind dazu befähigt?	Nur Bakterien, Pilze und grüne Pflanzen. (Seite 339)
254 Formulieren Sie die Reduktion des Sulfats.	Die Reduktion verläuft, wie die des Nitrats, in zwei Schritten: $SO_4^{2-} \xrightarrow{2e} SO_3^{2-} \xrightarrow{6e} S^{2-}$. (Seite 339)
255 In welchem Kompartiment der grünen Pflanzenzelle erfolgt die Sulfatreduktion?	Überwiegend in den Chloroplasten. (Seite 339)

256 Schildern Sie die Bildung des «aktiven Sulfats».	Sulfat reagiert mit ATP zum Adenosinphosphosulfat (APS), das zum Phosphoadenosinphosphosulfat (PAPS) phosphoryliert wird. (Abb. 2-131, Seite 339)
257 Skizzieren Sie den Kreislauf des Schwefels in der Natur.	(Abb. 2-132, Seite 340)
258 Was versteht man unter	
a) dissimilatorischer,	a) Sulfat dient unter anaeroben Bedingungen als Endakzeptor einer ATP-liefernden Elektronentransportkette, wobei H_2S gebildet wird (ist die Hauptquelle des Faulschlamm-H_2S);
b) assimilatorischer Sulfatreduktion?	b) Einbau des reduzierten Schwefels in organische Verbindungen. (Seite 340)

G. Stoffwechsel der Lipide

259 Bei allen Biosynthesewegen der Lipide wird Acetyl-CoA als Grundbaustein verwendet. Nennen Sie die Bildungsmöglichkeiten von Acetyl-CoA in verschiedenen Zellkompartimenten.	(Abb. 2-133, Seite 340)
260 Schildern Sie in groben Zügen die Biosynthese der Fettsäuren.	(Seiten 341, 342)
261 In welchen Zellkompartimenten findet der Aufbau der Fettsäuren statt?	Im grünen Blatt in den Chloroplasten, in nicht-grünen Teilen (z.B. reifende Samen) in Proplastiden. (Seite 341)
262 Nennen Sie Beispiele für Neutralfette und Strukturlipide.	Neutralfette: Di- und Triglyceride; Strukturlipide: Phosphatide, Sulfolipide, Glykolipide. (Seite 342)
263 Was sind Isoprenoide?	Pflanzliche Inhaltsstoffe, die sich formal vom Isopren ableiten. (Seite 343)
264 Welche Verbindung wird als «aktives Isopren» bezeichnet? Wie entsteht sie?	Isopentenylpyrophosphat (IPP); Ausgangssubstanz ist Acetoacetyl-CoA, das mit einem Acetyl-CoA reagiert und zu IPP umgewandelt wird. (Seite 343)
265 Aus wievielen C-Atomen bestehen die folgenden Isoprenoide:	
a) Monoterpene,	a) C_{10},
b) Sesquiterpene,	b) C_{15},
c) Diterpene,	c) C_{20},
d) Triterpene,	d) C_{30},
e) Tetraterpene?	e) C_{40}. (Seiten 343, 344)
266 Nennen Sie wichtige Polyterpene.	Kautschuk, Guttapercha. (Seite 345)

H. Biosynthesen einiger typischer sekundärer Pflanzenstoffe

267 Was versteht man unter «sekundären Pflanzenstoffen»? Welche Funktionen erfüllen sie in der Pflanze?	Stellen chemisch sehr verschiedene Verbindungen dar, die für den Grundstoffwechsel der Pflanzenzelle nicht notwendig sind. Sie haben vielfältige ökologische Aufgaben, z.B. fungieren sie als Lockstoffe, Fraßhemmer, Gifte, allelopathische Substanzen. (Seite 345)
268 Aus welcher Aminosäure entstehen die Bausteine des Lignins? Welches wichtige Enzym ist an der Umsetzung dieser Aminosäuren beteiligt?	Phenylalanin; Phenylalaninammonium-Lyase. (Seite 345)
269 Nennen Sie die Bausteine des Lignins.	Coniferylalkohol, Sinapylalkohol, p-Cumarylalkohol. (Seiten 345, 346)

270 Schildern Sie die Umsetzungen am Ort der Ligninbiosynthese.

Die Ligninbausteine werden in Form ihrer (nicht spontan polymerisierenden) β-Glucoside Glucocumarylalkohol, Coniferin und Syringin transportiert. An den Syntheseorten werden die Alkohole durch eine β-Glucosidase in der Zellwand freigesetzt und enzymatisch (durch H_2O_2 und eine Peroxidase) zu Radikalen dehydriert. Diese werden zu dem dreidimensional polymerisierenden Lignin zusammengeschlossen. (Seite 346)

271 Wodurch ist das Lignin von
a) Gymnospermen,
b) Dikotylen,
c) Monokotylen charakterisiert?

a) Hohe Anteile an Coniferylalkohol;
b) Coniferyl- und Sinapylalkohol in etwa gleichen Mengen;
c) größere Anteile an p-Cumarylalkohol. (Seite 346)

272 Was ist eine wichtige Kenngröße für die Herkunft eines Lignins?

Der Gehalt an Methoxygruppen. (Seite 346)

273 Salicylsäure ist eine der wichtigsten Phenolcarbonsäuren. Welche Funktion hat diese Substanz bei Pflanzen?

Sie spielt unter anderem eine Rolle bei der Widerstandsfähigkeit gegenüber Pathogenen. (Seite 347)

274 Wodurch sind Gerbstoffe gekennzeichnet?

Sie können Eiweiße fällen. (Seite 348)

275 Welche Funktion schreibt man den Gerbstoffen in der Pflanze zu?

Schutz gegen Schädlinge oder Tierfraß. (Seite 348)

276 Was versteht man unter Phytoalexinen? Welche Funktion kommt ihnen zu?

Niedermolekulare phenolische Verbindungen, die von der Pflanze erst bei Verletzungen oder bei Infektionen durch pathogene Organismen gebildet werden. Sie wirken unspezifisch gegen das Wachstum von Mikroorganismen. (Seite 348)

277 Was sind Elicitoren?

Substanzen, die von pathogenen Organismen gebildet werden und die Phytoalexinbildung des Wirts auslösen. (Seite 349)

278 Formulieren Sie das Grundgerüst des Flavans.

(Abb. 2-146, Seite 350)

279 Nennen Sie die Möglichkeiten der Biosynthese aromatischer Ringe in der Pflanzenzelle.

a) Shikimatweg,
b) Acetat-Mevalonatweg,
c) Dehydrierung zyklischer Terpene zu aromatischen Systemen. (Seiten 350, 351)

V. Assimilattransport in der Pflanze

280 Man kann drei Arten des Stofftransports unterscheiden:
a) Kurzstreckentransport,
b) Mittelstreckentransport,
c) Langstreckentransport.
Charakterisieren Sie kurz die einzelnen Transportarten.

a) Die Antriebsmechanismen beim Kurzstreckentransport sind einerseits Gefälle im chemischen bzw. elektrochemischen Potential, zum anderen Carriermechanismen, die mit Stoffwechselenergie betrieben werden;
b) beim Mittelstreckentransport muß man unterscheiden zwischen apoplasmatischem, symplasmatischem und gemischt sym- und apoplasmatischem Transport. Der Markstrahltransport ist ein Beispiel für einen Mittelstreckentransport;
c) der Langstreckentransport (z.B. der der Assimilate) überbrückt weite Strecken in relativ kurzer Zeit. Es sind eigene Leitbahnen (z.B. Siebröhren) entwickelt worden. Zumeist sind Zucker die wichtigsten Transportsubstanzen. (Seiten 351, 352)

281 Nennen Sie einige Verbindungen, die man im Siebröhrensaft nachweisen kann.

Zucker, Aminosäuren, andere Stickstoffverbindungen, Nucleinsäuren und ihre Bausteine, hohe Konzentrationen von ATP, Vitamine, Enzyme, Wuchs- und Hemmstoffe und organische Komponenten. (Seite 352)

282 Nennen Sie größenordnungsmäßig die Wandergeschwindigkeit der Assimilate im Phloem.

0,5-1 m/Std., sie übersteigt somit weit die Leistungsfähigkeit einer Diffusion. (Seite 352)

283 Welche Funktion schreibt man den Geleitzellen der Siebröhren zu?

Kontrolle des Ein- und Austritts von Substanzen in die Siebröhren, möglicherweise auch Steuerung des Stoffwechsels der Siebröhren. (Seite 352)

284 Erläutern Sie das Wesentliche der sogenannten «Druckstromtheorie» der Assimilatleitung.

(Abb. 2-149, Seite 353)

285 Welche Voraussetzungen müssen erfüllt sein, wenn in den Siebröhren ein Druckstrom erfolgen soll?

a) Der Plasmabelag der Siebröhren muß «Pumpen» besitzen, die die gelösten Substanzen hinein und hinaus verfrachten können;
b) die Siebröhren müssen in longitudinaler Richtung für eine strömende Lösung passierbar sein;
c) es muß ein Turgorgradient zwischen source und sink bestehen. (Seite 353)

VI. Transport von Proteinen, RNA Molekülen und Ribonukleoproteinen durch Kernporen und Membranen

286 Welche Kriterien sprechen dafür, daß der Transport größerer Moleküle durch Kernporen und Membranen aktiv ist?

Der Transport ist energieabhängig, signalgesteuert und zeigt Sättigungscharakteristik. (Seiten 353, 354)

VII. Stoffausscheidungen der Pflanzen

287 Definieren Sie
a) Exkrete,
b) Sekrete.
Nennen Sie jeweils Beispiele.

a) Stoffwechselschlacken oder Ballaststoffe, die im Stoffwechsel nicht mehr gebraucht werden, z. B. NaCl, $Ca(OH)_2$ (bei submersen Pflanzen);
b) Substanzen, die außerhalb der Zelle bestimmte Funktionen erfüllen, z. B. Gamone, Anlock- und Verköstigungsstoffe für bestäubende Tiere, Enzyme bei carnivoren Pflanzen. (Seite 354)

288 Was versteht man unter intrazellulärer Exkretausscheidung?

Die Stoffe verlassen den Protoplasten, nicht aber die Zelle. Die Ausscheidung erfolgt z. B. in Ölbehälter oder in die Vakuole. (Seiten 354, 355)

289 Wie unterscheiden sich
a) granulokrine,
b) ekkrine,
c) holokrine Ausscheidung?

a) Das Sekret oder Exkret wandert in eine Membran eingehüllt an die Zelloberfläche und wird dort durch Öffnung der umhüllenden Membran nach außen entlassen;
b) die Substanz wird nicht durch ein Membranvesikel transportiert, sondern tritt direkt durch das Plasmalemma nach außen;
c) die Substanz wird durch Auflösung der Zellen (lysigen) frei. (Seite 355)

VIII. Besonderheiten der heterotrophen Ernährung

290 Was versteht man unter
a) mixotropher,
b) auxotropher Ernährungsweise?

a) Den Bedarf eines photosynthetisierenden Organismus an einzelnen organischen Stoffen;
b) den Bedarf heterotropher Organismen an organischen Stoffen. (Seite 356)

291 Wodurch unterscheiden sich Saprophyten von Parasiten?

Saprophyten entnehmen ihre organische Nahrung toten Substraten, Parasiten profitieren von lebenden Organismen. (Seiten 356, 357)

292 Wodurch ist ein
a) obligater,
b) fakultativer Parasit charakterisiert?

a) Ist stets auf lebende Organismen angewiesen;
b) kann sich entweder saprophytisch oder parasitisch ernähren. (Seite 356)

293 Welche Erkrankungen an Pflanzen sind häufiger:
a) Bakteriosen,
b) Mykosen?

b) Mykosen. (Seite 357)

294 Wodurch wird eine Pflanze bei Bakteriosen und Mykosen geschädigt?

Stoffentzug, Gewebezerstörung, Toxine. (Seite 357)

295 Abgepflückte Wachtelweizen-Arten (*Melampyrum*) welken sehr rasch. Erklären Sie das Phänomen.

(Seite 357)

296 Nennen Sie einige parasitische Angiospermen, die stets obligate Parasiten sind.

Lathraea, *Orobanche*, *Cuscuta*. (Seite 357)

297 Wie kann man (ohne technische Hilfsmittel) einen Holoparasiten von einem Hemiparasiten unterscheiden?

(Seite 357)

298 Definieren Sie den Begriff Symbiose.

Symbiose ist das enge Zusammenleben zweier artverschiedener Organismen, die beide wenigstens zeitweise einen Nutzen daraus ziehen. (Seite 357)

299 Nennen Sie einige Symbiosen.

Flechten, Knöllchenbakterien mit Leguminosen, Actinomyceten-Symbiosen, Mykorrhiza. (Seite 358)

300 Die Knöllchenbakterien sind die wichtigsten N_2-fixierenden Symbionten vor allem bei Leguminosen. Schildern Sie in groben Zügen die Entstehung der Wurzelknöllchen.

(Seite 358)

301 Nennen Sie Angiospermen, die mit Actinomyceten der Gattung *Frankia* eine Symbiose eingehen.

Es gibt mehr als 140 Arten aus 8 Familien. (Tab. 2-31, Seite 360)

302 Was versteht man unter Mykorrhiza?

Eine Symbiose von Wurzeln und Pilzen im Bereich der Rhizosphäre. (Seite 360)

303 Nennen Sie verschiedene Mykorrhiza-Typen. Wo kommen diese hauptsächlich vor?

a) Vesikulär-arbuskuläre (VA-) Mykorrhiza (am weitesten verbreitet);
b) Ektomykorrhiza (bei vielen unserer Waldbäume);
c) Ekto-endomykorrhiza (bei Vertretern der Gattungen *Picea* und *Pinus*);
d) Endomykorrhiza (bei fast allen Orchideen).
(Seiten 360-362)

304 Welchen Nutzen ziehen die Bäume aus der Mykorrhiza?

a) Verbesserte Mineralsalzversorgung;
b) verstärkte Stickstoff- und Phosphor-Anlieferung durch den Humusaufschluß der Pilze;
c) Wirkstoffversorgung. (Seite 361)

305 Nennen Sie einige Orchideen, die auch im ausgewachsenen Zustand auf die Versorgung durch Pilze angewiesen sind.

Nestwurz, Korallenwurz, Widderbart. (Seite 362)

306 Nennen Sie einige tierfangende Pflanzengattungen (Carnivore).

Utricularia, *Drosera*, *Nepenthes*, *Sarracenia*. (Seite 362)

307 Welchen Nutzen haben Carnivore vom Tierfang?

Vor allem wohl hinsichtlich der N- und P-Versorgung. (Seite 362)

Zweiter Abschnitt

Physiologie des Formwechsels (Entwicklungsphysiologie)

308 Wie unterscheiden sich
a) Wachstum,
b) Differenzierung?

a) Irreversible Substanz- oder Volumenzunahme;
b) qualitative Veränderung der Form bzw. der Funktion. (Seite 363)

309 Weswegen ist eine getrennte Betrachtung von Wachstum und Differenzierung nicht mehr sinnvoll?

(Seite 363)

I. Regulation von Wachstum und Differenzierung

A. Intrazelluläre Regulation von Wachstum und Differenzierung

310 Was versteht man unter differentieller Genaktivierung?

Die Annahme, daß die Zelle je nach endogenen und exogenen Bedingungen verschiedene Teile ihrer genetischen Gesamtinformation abruft, also ein bestimmtes Genmuster zur Transkription freigibt. (Seite 363)

311 Welche Aktivitätszustände der Gene kann man unterscheiden?

a) aktive Gene,
b) inaktive Gene,
c) aktivierbare Gene,
d) inaktivierbare Gene. (Seite 364)

312 An der siphonalen Grünalgengattung *Acetabularia* wurden bereits vor der Entdeckung der mRNA die Wirkungen des Zellkerns auf die Formbildung erkannt. Schildern Sie einige wesentliche Experimente und deren Ergebnisse.

(Seite 364)

313 Was versteht man unter gekoppelter Genaktivierung bzw. -inaktivierung?

Eine differentielle Aktivierung bzw. Inaktivierung ganzer Gruppen von Genen im Laufe der Ontogenese komplexer Ereignisse (z.B. bei der Induktion der Blütenbildung). (Seiten 364, 365)

314 Bei der Differenzierung von meristematischen Zellen in solche mit spezifischer Funktion spielen «Homeoboxen» eine Rolle. Was versteht man darunter?

Es sind kurze DNA-Abschnitte, die z.B. beim Mais darüber entscheiden, welche Zellen sich zu Blättern oder Sproßachsen entwickeln. (Seite 366)

B. Interzelluläre Regulation von Wachstum und Differenzierung: Phytohormone

315 Definieren Sie den Begriff Hormon.

Ein chemischer Botenstoff, der in geringen Konzentrationen wirksam ist und bei dem Produktions- und Wirkort (meist) auseinander liegen. (Seite 366)

316 Nennen Sie einige Kriterien, worin sich pflanzliche von tierischen Hormonen unterscheiden.

Phytohormone werden im Gegensatz zu tierischen Hormonen auch am Bildungsort wirksam; Phytohormone sind wenig organ- und wirkungsspezifisch. (Seite 366)

317 Was versteht man unter Signalketten?	Die Reaktionsfolge zwischen der Perzeption von Reizen (Signalen) und deren Beantwortung durch die Pflanze oder eines ihrer Organe. (Seiten 366, 367)
318 Welchem anorganischen Botenstoff kommt in Pflanzen besondere Bedeutung zu?	Ca^{2+}. (Seite 368)
319 Was versteht man unter Auxinen?	Natürlich vorkommende und synthetisch hergestellte organische Wirkstoffe, die in niedrigen Konzentrationen (< 10^{-6} M) das Streckungswachstum von Sprossen fördern. (Seite 368)
320 Nennen Sie den verbreitetsten und wichtigsten natürlichen Vertreter der Auxine. Geben Sie die chemische Formel an.	β-Indolylessigsäure. (Seiten 368, 369, Abb. 2-166)
321 Welches sind die Hauptbildungsstätten der β-Indolylessigsäure in Höheren Pflanzen?	Embryonale Gewebe, photosynthetisierende Organe, Speichergewebe. (Seite 368)
322 Koleoptilstücke erwiesen sich als brauchbare Objekte für das Studium des IAA-Transports. Schildern Sie einige wesentliche experimentelle Befunde.	(Abb. 2-170, Seite 371)
323 IAA fördert das Längenwachstum des Sprosses, hemmt dagegen das der Wurzel. Welche Erklärung hat man für dieses Phänomen?	Die im Sproß endogen vorhandene IAA-Konzentration liegt weit unter der Optimalkonzentration, die in der Wurzel liegt nur sehr wenig darunter oder sogar darüber. (Seite 371)
324 Nennen Sie einige IAA-Wirkungen auf die Pflanze.	IAA stimuliert das Streckungswachstum, die Zellteilung, die Bildung von Adventiv- und Seitenwurzeln, spielt eine Rolle bei der Apikaldominanz und beim Blatt- und Fruchtfall. (Seite 371)
325 Auxine werden in großem Umfang in der Landwirtschaft und der Gärtnerei eingesetzt. Warum verwendet man hier nicht IAA, sondern synthetische Verbindungen ähnlicher Wirkung?	Synthetische Verbindungen sind meist billiger und werden zudem durch die IAA-Oxidase oder andere pflanzeneigene Enzyme nicht oder nicht so schnell wie IAA abgebaut und wirken deshalb nachhaltiger. (Seite 372)
326 Was sind Gibberelline?	Phytohormone, die einen Gibbanring im Molekül besitzen und in speziellen Biotests aktiv sind (z.B. Aufhebung des Zwergwuchses). (Seite 372)
327 Nennen Sie das in Höheren Pflanzen häufig nachgewiesene und besonders aktive Gibberellin.	Gibberellinsäure (GA_3). (Seite 372)
328 In welchen Teilen einer Höheren Pflanze werden Gibberelline hauptsächlich gebildet?	Vor allem in wachsenden Geweben, z.B. in Sproß- und Wurzelmeristemen, in unreifen Samen und Früchten und in jungen Blättern. (Seite 372)
329 Schildern Sie in groben Zügen den Gibberellintransport.	Ist in parenchymatischen Geweben meist unpolar, in manchen Wurzeln auch polar (von der Spitze zur Basis). Er ist energiebedürftig. Die Geschwindigkeit beträgt 5-30 mm/Std. Gibberelline können im Phloem transportiert werden; sie können auch im Xylem wandern. (Seiten 372, 373)
330 Skizzieren Sie die Biosynthese der Gibberellinsäure.	(Abb. 2-173, Seite 373)
331 Nennen Sie einige Wirkungen der Gibberelline.	Haben z.B. fördernden Einfluß auf das Streckungswachstum, die Cambiumaktivität und die Parthenokarpie-Auslösung bei Tomaten und Äpfeln. (Seite 373)

332 Der meist studierte spezifische Gibberellineffekt ist die Induktion des Abbaus der Reservestoffe in Getreidekörnern. Schildern Sie grob den Ablauf des Geschehens.	Gibberelline induzieren die Synthese von Speicherstoff-mobilisierenden Enzymen in der Aleuronschicht. Diese stärke- und eiweiß-mobilisierenden Enzyme werden in das aus abgestorbenen Zellen bestehende Endosperm abgesondert. Die entstehenden Hydrolyseprodukte werden dann vom Scutellum dem wachsenden Keimling zugeführt. (Seite 374)
333 Gibberellinsäure kann häufig die Wirkung von Außenfaktoren ersetzen. Nennen Sie Beispiele.	GA_3 ersetzt z. B. den Effekt von niederen Temperaturen oder von Licht auf die Samenkeimung. (Seite 374)
334 Gibberelline und Auxine wirken bei manchen Pflanzen unterschiedlich auf die Blütenbildung. Nennen Sie ein Beispiel, das auch für die Praxis von Bedeutung ist.	Auxin fördert bei der Gurke die Bildung von weiblichen Blüten und damit den Fruchtansatz. Gibberellin fördert dagegen die Bildung der männlichen Blüten. Ähnlich wie Auxine wirken auch Inhibitoren der Gibberellinbiosynthese, die man in der Praxis zur Förderung des Fruchtansatzes verwendet. (Seite 375)
335 Was sind Cytokinine?	Substanzen, die die Zellteilung fördern. Sie enthalten Adenin, an dessen Aminogruppe in der Position 6 eine unpolare Seitenkette sitzt. (Abb. 2-179, Seite 376)
336 Kinetin hat eine starke Cytokininwirkung. In welchen Teilen der Pflanze kommt es vor?	Kinetin kommt in der Natur nicht vor. Die Verbindung ist ein Abkömmling des Desoxy-Adenosins und entsteht beim Autoklavieren von DNA. (Seite 376)
337 Cytokinine können als Bestandteile biologisch wichtiger Makromoleküle vorkommen. Welche sind das?	Gewisse tRNA-Moleküle. Häufig handelt es sich um 2iP. Das Cytokinin ist in den tRNA-Molekülen, in denen es auftritt, unmittelbar dem Anticodon benachbart. Es beeinflußt die Konformation der Anticodon-Schleife und ist offenbar für eine ungestörte Translation notwendig. (Seite 376)
338 Nennen Sie einige Wirkungen der Cytokinine.	Z. B. Förderung der Zellteilung, Steigerung der DNA-, RNA- und Proteinsynthese, Hemmung des Chlorophyllabbaues. (Seite 377)
339 Der Tabakmarkkallus-Test ist der wichtigste Biotest zum Cytokininnachweis. Worauf beruht der Test? Schildern Sie in groben Zügen den Test.	Beruht auf der Förderung der Zellteilung. Auf definierten Nährböden (die u. a. IAA enthalten) ist die Gewichtszunahme steril gezogener Kallusgewebe proportional der Cytokininkonzentration. (Seite 377)
340 Was ist Abscisinsäure (ABA) chemisch gesehen?	Ein Sesquiterpenoid (bestehend aus 15 C-Atomen). (Seite 378)
341 Skizzieren Sie den Hauptweg der ABA-Synthese in der Pflanze.	ABA wird überwiegend aus Mevalonsäure über Isopentenylpyrophosphat synthetisiert. (Seite 378)
342 Welche Substanz scheint bei Niederen Pflanzen die ABA zu vertreten?	Lunularsäure. (Abb. 2-182 B, Seite 378)
343 In welchen Teilen der Höheren Pflanzen kommt ABA vor?	In Knospen, Blättern, Knollen, Samen und Früchten. (Seite 378)
344 Nennen Sie einige Wirkungen der ABA.	Z. B. Auslösung von Ruhezuständen (Samen- und Knospenruhe), Förderung des Fruchtfalls, Beschleunigung des Alterns. (Seite 379)
345 Nennen Sie äußere Faktoren, die in den Blättern der Pflanze zu einer schnellen Erhöhung der ABA-Konzentration führen. Welche physiologischen Folgen hat diese Erhöhung?	Einsetzender Wassermangel, Salzstreß, osmotischer Streß. Die Folgen sind u. a. der Schluß der Stomata und damit die Drosselung der Transpiration. (Seite 379)
346 Wodurch unterscheidet sich Ethylen von allen anderen Wachstumsregulatoren?	Ist eine sehr einfache, gasförmige Verbindung; es kann seine Wirkung nicht nur in der Pflanze ausüben, in der es entsteht, sondern auch in einer benachbarten Pflanze. Es wirkt auch als Botenstoff (= Pheromon). (Seite 379)
347 Schildern Sie in groben Zügen die Biosynthese des Ethylens.	(Abb. 2-183, Seite 380)

348 Nennen Sie einige Ethylenwirkungen.

Hemmung des Längenwachstums der Sproßachsen bei Landpflanzen (bei Wasserpflanzen wirkt es fördernd); Beschleunigung der Seneszenz; Förderung der Fruchtreifung. (Seite 380)

349 Welche Organe produzieren besonders viel Ethylen?

Früchte während einer bestimmten Reifungsphase (Klimakterium). (Seite 380)

350 Weswegen ist es unzweckmäßig, spätreifende und frühreifende Äpfel im selben Raum zu lagern?

(Seite 380)

351 Nennen Sie einige weitere natürlich vorkommende fördernde und hemmende Substanzen.

Traumatinsäure, Asparagusinsäure, Batatasin III, N-dimethyltryptophan, Brassinolid, 3α-Androstenol, Laetisarinsäure, Jasmonsäure und Derivate. (Abb. 2-184, Seite 381 und Abb. 2-185, Seite 382)

352 In neuerer Zeit gewinnen synthetische Wachstumsregulatoren zunehmend an Bedeutung. Nennen Sie einige landwirtschaftlich wichtige Anwendungsbeispiele.

Förderung der Stecklingsbewurzelung vor allem durch Indolbuttersäure; Unkrautbekämpfung; Treibhemmung bei Zwiebeln; Induktion der Blüten- und damit der Fruchtbildung; Verhinderung des vorzeitigen Fruchtfalls u.s.w. (Seiten 382, 383)

353 Nennen Sie einige synthetische Wachstumsregulatoren.

(Abb. 2-186, Seite 383)

C. Die Wirkung äußerer Faktoren auf Wachstum und Entwicklung

354 Definieren Sie die Begriffe

a) Automorphose,

b) Heteromorphose.

a) Gestaltwerdung eines Organismus, die von den ererbten Anlagen endogen genetisch gesteuert ist;

b) die durch Außenfaktoren exogen induzierte und durch differentielle Genaktivierung gesteuerte Gestaltwerdung. (Seite 383)

355 Das pflanzliche Wachstum wird in vielfältiger Weise von der Temperatur beeinflußt. Nennen Sie die sog. Kardinalpunkte der Temperaturentwicklung.

Minimum, Optimum, Maximum. (Seite 384)

356 Was versteht man unter Thermoperiodismus?

Das Angepaßtsein von Pflanzen an den Temperaturwechsel zwischen Tag und Nacht. Diese Pflanzen entwickeln sich nur bei einem solchen regelmäßigen Wechsel optimal. (Seite 384)

357 Weswegen wirkt Eisbildung im Gewebe ähnlich wie Austrocknung?

(Seite 385)

358 Wie kann man auf züchterischem Weg Pflanzen resistenter gegen tiefe Temperaturen machen?

Durch Erhöhung des Anteils ungesättigter Fettsäuren. Der Transfer des Gens für das Enzym Glycerin-3-phosphat-Acetyltransferase (ist zuständig für die Synthese ungesättigter Fettsäuren) aus Spinat oder *Arabidopsis* auf Tabak erhöht dessen Kälteresistenz. (Seite 385)

359 Nennen Sie Beispiele für Beeinflussung der Entwicklung durch extreme Temperaturen.

(Seiten 386, 387)

360 Beim Roggen unterscheidet man Sommervarietäten von Wintervarietäten. Charakterisieren Sie diese.

Sommervarietäten gelangen im Frühjahr zur Aussaat und kommen im Sommer zur Reife; Wintervarietäten werden im Herbst ausgesät (sie benötigen zunächst eine Kälteperiode und dann lange Tage) und reifen im darauffolgenden Sommer. Wintervarietäten sind in der Regel ertragreicher. (Seite 387)

361 Wie bezeichnet man die durch das Licht induzierte Formveränderung bei Pflanzen oder Pflanzenteilen?	Photomorphosen. (Seite 388)
362 Beschreiben Sie einige sichtbare Unterschiede zweier genetisch gleicher Pflanzen, wobei die eine im Licht, die andere im Dunkeln angezogen wurde.	Im Gegensatz zum Lichtkeimling sind beim Dunkelkeimling zu beobachten: Internodien und Blattstiele sehr lang; Blattspreiten rudimentär; Ausbildung der Festigungselemente und Leitbündel unterbleibt weitgehend; meist keine Pigmentsynthese. (Seite 388)
363 Welchen ökologischen Nutzen haben Vergeilungsphänomene?	Die Pflanze verwendet im Dunkeln alle verfügbaren Baustoffe, um die Assimilationsorgane an das Licht zu bringen. (Seite 388)
364 Wodurch sind	
a) Photodifferenzierung,	a) Irreversible lichtinduzierte Änderungen, die auf eine Regulation der Genaktivität zurückzuführen sind;
b) Photomodulation charakterisiert?	b) sind reversibel, haben andere Ursachen, z.B. Membraneffekte. (Seite 389)
365 Die Photomorphosen werden bei grünen Pflanzen durch das Phytochrom-System gesteuert. Charakterisieren Sie dieses System.	(Seiten 389, 390)
366 Nennen Sie einige Photomorphosen, die durch das Phytochrom-System gesteuert werden.	(Tab. 2-32, Seite 390)
367 Vom Phytochrom gibt es mindestens zwei Typen: Typ I und Typ II. Beschreiben Sie diese. Bei der Erforschung dieser Typen haben Mutanten von *Arabidopsis* eine wichtige Rolle gespielt. Erläutern Sie dies.	(Seite 391)
368 Das Phytochrom wird als sog. «intrazelluläres Auge» betrachtet. Erläutern Sie dies.	Phytochrom registriert die Lichtintensität, die spektrale Verteilung und u.U. auch die Schwingungsrichtung linear polarisierten Lichts räumlich und zeitlich. (Seite 391)
369 Welche Vorstellung hat man über die primären Angriffspunkte des biologisch aktiven Phytochroms?	Seine Wirkungen könnten über differenzielle Genaktivierung erklärt werden. Genauer untersucht ist z.B. die Anthocyansynthese, wobei durch Hellrot-Bestrahlung die Bildung der Schlüsselenzyme (Phenylalanin-Ammonium-Lyase und Zimtsäure-4-Hydroxylase) eingeleitet wird. (Seite 392)
370 Nennen Sie einige Beispiele für den Einfluß des Lichtes auf Polarität und Dorsiventralität.	Bei *Marchantia* bestimmt das Licht, welche Seite des Thallus Oberseite und welche Unterseite wird; bei vielen Farnprothallien werden nur auf der dem Licht abgewandten Seite Geschlechtsorgane ausgebildet; bei vielen Bäumen bestimmt die Lichteinfallsrichtung den Verzweigungshabitus. (Seite 392)
371 Die Schwerkraft kann wie das Licht morphogenetische Wirkungen hervorbringen. Wie nennt man diese? Nennen Sie Beispiele.	Gravimorphosen; die Dorsiventralität mancher Organe wird durch die Schwerkraft mitbestimmt, z.B. Dorsiventralität von Zweigen und Blüten. (Seite 393)
372 Nennen Sie Beispiele für	
a) Xeromorphosen,	a) Verdickung der Kutikula, Verkleinerung der Zahl der Spaltöffnungen pro Flächeneinheit, stärkere Ausbildung der Gefäße und Festigungselemente;
b) Hydromorphosen,	b) Verlängerung der Blattstiele, Vergrößerung der Blattfläche, Reduzierung der Behaarung;
c) Trophomorphosen.	c) Einfluß von Licht, Wasser und Nährstoffen auf die Entwicklung (bei Höheren Pflanzen z.B. in dichter Gesellschaft). (Seite 393)

373 Was versteht man unter allelopathischen Beziehungen?	Wechselwirkungen zwischen benachbarten Pflanzen, z. B. durch Bildung antibiotisch wirkender Stoffe oder von Drüsensekreten. (Seite 393)

D. Biologische Rhythmen und biologische Zeitmessung

374 Rhythmische Phänomene bei Organismen sind oft an periodische Schwankungen von Umweltbedingungen angepaßt. Nennen Sie solche Rhythmen.	Tagesrhythmik, Gezeitenrhythmik, Lunarrhythmik, Jahresrhythmik. (Seite 394)
375 Nennen Sie Beispiele für tagesrhythmische Phänomene bei Pflanzen.	(Tab. 2-34, Seite 394)
376 Nennen Sie einige Merkmale, die für tagesrhythmische Phänomene charakteristisch sind.	a) Sie laufen unter konstanten Außenbedingungen meist noch wochenlang weiter; b) die Periodenlänge dieser unter konstanten Bedingungen weiterlaufenden Rhythmen liegt nicht immer genau bei 24 Stunden; c) sie können durch ein einziges Signal in Gang gesetzt werden; d) sie können durch überlagernde äußere Schwingungen verstellt werden; e) sie sind vom oxidativen Stoffwechsel abhängig. (Seiten 395, 396)
377 Was versteht man unter der «physiologischen Uhr»?	Einen endogenen Oszillator (vermutlich eine Reaktionssequenz), der mit konstanter Geschwindigkeit zwischen zwei Extremzuständen hin und her schwingt. (Seite 396)
378 Bei *Acetabularia* (eine siphonale Grünalge) hat man Versuche über die intrazelluläre Lokalisation der physiologischen Uhr angestellt. Schildern Sie die wichtigsten Ergebnisse.	(Seite 396)
379 Was sind	
a) Langtagpflanzen,	a) Pflanzen, die nur dann zur Blüte kommen bzw. mit anderen charakteristischen Morphosen reagieren, wenn die Beleuchtungsdauer eine artspezifisch festgesetzte Minimaldauer überschreitet;
b) Kurztagpflanzen,	b) … nicht überschreitet;
c) tagneutrale Pflanzen? Nennen Sie Beispiele.	c) Pflanzen, die nicht oder nur wenig auf die tägliche Beleuchtungsdauer ansprechen. (Seite 397, Tab. 2-35)
380 *Kalanchoe daigremontianum* ist eine sogenannte Langkurztagpflanze. In welcher Jahreszeit blüht sie?	(Seite 398)
381 Erläutern Sie den Begriff «Florigen».	Florigen ist der Blühstimulus in Form eines chemischen Signals (möglicherweise eine Steroidverbindung), das vom perzipierenden Blatt zum Vegetationskegel transportiert wird. (Seiten 398, 399)
382 Experimente haben gezeigt, daß man besser von Lang- und Kurznachtpflanzen als von Lang- und Kurztagpflanzen sprechen sollte. Schildern Sie diese Experimente.	(Seite 399)
383 Nennen Sie experimentelle Befunde, die für eine Beteiligung der physiologischen Uhr bei der Induktion der Blütenbildung sprechen.	Versuche mit Störlichtgaben zu verschiedenen Zeiten der Dunkelperiode zeigen, daß sowohl Kurz- als auch Langtagpflanzen periodisch wiederkehrende Phasen besonderer Lichtempfindlichkeit aufweisen. (Seiten 399, 400)

II. Wachstum

384 Beim pflanzlichen Zellwachstum unterscheidet man ein Plasmawachstum und ein Streckungswachstum. Schildern Sie die wesentlichen Unterschiede.

Plasmawachstum: Die Strukturbestandteile der Zelle werden vermehrt, das Zellvolumen nimmt dabei in der Regel nur unbedeutend zu.
Streckungswachstum: Volumenvergrößerung durch Wasseraufnahme steht im Vordergrund, das Protoplasma wird kaum vermehrt. (Seite 400)

385 Welches ist die treibende Kraft für die Zellstreckung?

Die osmotische Wasseraufnahme. (Seite 401)

386 Bei der Zellstreckung dehnt sich die Primärwand, sie «erweicht». Welche Vorstellung hat man über den Mechanismus des «Erweichens»?

Unter dem Einfluß von Auxinen werden wahrscheinlich Bindungen innerhalb der Primärwand gelockert oder aufgehoben. Die von ihrer starren Verklammerung vorübergehend gelösten Zellulose-Mikrofibrillen werden zunehmend parallel in eine Längsachse ausgerichtet. An die gedehnte Primärwand werden neue Lagen aufgelagert. (Seiten 401, 402)

387 Eine normale Mitose ist die Reihenfolge von gesteuerten Einzelschritten. Wie erfolgt die Steuerung?

Sie erfolgt durch spezifische Proteine, von denen zwei näher charakterisiert sind. Das eine ist eine Proteinkinase, das andere wird als Cyclin bezeichnet. Das erste Protein ist in seiner Konzentration weitgehend konstant; das zweite reichert sich in den Zellen während der Interphase an. Eine Mitose wird durch das Zusammentreten der Proteinkinase und des Cyclins zu einem Komplex eingeleitet. Dieser wird nach einigen posttranslationalen Änderungen zu einem aktiven Faktor umgewandelt, der die Zellteilung in Gang bringt. (Seite 402, Abb. 2-212, Seite 403)

388 Hinsichtlich der Differenzierung besteht zwischen Tieren und Pflanzen ein wesentlicher Unterschied. Nennen Sie diesen.

(Seite 404)

389 Skizzieren Sie die Verteilung der verschiedenen Wachstumszonen bei einer dikotylen Pflanze.

(Abb. 2-214, Seite 404)

III. Differenzierung

390 Definieren Sie den Begriff Differenzierung; wodurch wird eine Differenzierung ermöglicht?

Die Auseinanderentwicklung einheitlicher Zellen; durch differentielle Genaktivierung bzw. Geninaktivierung. (Seite 405)

391 Nennen Sie Belege dafür, daß während der Differenzierung der Zellen kein Verlust an Genmaterial erfolgt.

Ausdifferenzierte Zellen können wieder embryonalisiert werden. (Seite 405)

392 Schildern Sie die Vorgehensweise bei der Pfropfung.

(Seite 406)

393 Definieren Sie den Begriff Determination.

Die Festlegung der Differenzierungsrichtung einer Zelle. (Seite 407)

394 Welche Arten der Determination unterscheidet man?

a) Endonome: Die Determination wird durch intrazelluläre Faktoren bestimmt;
b) aitionome: Die Determination wird durch äußere Faktoren bestimmt. (Seite 407)

395 Geben Sie einen kurzen Überblick über Gallbildungen.

a) Organoide Gallen: Die Grundorgane der Wirtspflanze sind noch deutlich erkennbar, z.B. Hexenbesen, Rosenäpfel;
b) histoide Gallen: Sie lassen keine organische Gliederung erkennen, sind oft den Bedürfnissen des spezifischen Galltieres angepaßt, z.B. Beutelgalle an Buchenblättern.

Die verschiedenen Gallen entstehen durch stoffliche Einwirkung von Organismen. Die Phytohormone spielen z.T. eine maßgebliche Rolle. (Seiten 408, 409)

396 Was versteht man unter Polarität in der Biologie?

Die physiologische und morphologische Ungleichwertigkeit zweier Pole oder zweier Oberflächen in einem lebenden System. (Seite 409)

397 Nennen Sie Beispiele für physiologische Polarität.

Z.B. Elektronen- und Protonentransport durch die Thylakoidmembran, parenchymatischer Wuchsstofftransport, Transport von Farbstoffen von der Zellbasis zur Spitze in bestimmten Haarzellen. (Seite 410)

398 Wodurch kann die Polarität induziert werden?

Durch Außeneinflüsse, vor allem durch das Licht. (Seite 410)

399 Welche Aussage kann man über die strukturelle Grundlage der Zellpolarität heute machen?

Die einer Zellpolarität zugrundeliegenden Strukturasymmetrien (z.B. Ca^{2+}-Pumpen und -Kanäle) müssen ihren Sitz im randständigen Plasma haben. (Seite 411)

IV. Korrelationen

400 Was versteht man in der Biologie unter Korrelationen?

Die Wechselwirkungen zwischen einzelnen Zellen, den Geweben und den Organen. (Seite 412)

401 Wie kommen Korrelationen zustande?

Entweder über die Nährstoffversorgung oder über hormonale Wechselwirkungen. (Seite 412)

402 Nennen Sie Beispiele für
a) korrelative Förderung,
b) korrelative Hemmung.

a) Förderung der Entwicklung des Wurzelsystems durch Assimilatanlieferung durch den Sproß; Anstoß zur Aufnahme der Teilungsaktivität des Cambiums durch die sich entwickelnden Knospen; Steuerung des Fruchtwachstums;
b) Unterdrückung des Wachstums von Seitenknospen durch die Gipfelknospe (Apikaldominanz). (Seiten 412, 413)

403 Was versteht man unter Apikaldominanz? Worauf läßt sie sich zurückführen?

Die Bevorzugung im Wachstum der Gipfelknospe. Bei Entfernung der Gipfelknospe treiben eine bis mehrere bisher gehemmte Seitenknospen aus.
Die Dominanz der Gipfelknospe geht auf ihre Auxinproduktion und -abgabe zurück. Man nimmt an, daß ein durch die Gipfelknospe hoch gehaltener Auxingehalt in der Sproßachse die Ausbildung einer Leitbündelbrücke zwischen den Seitenknospen und den Bündeln des Sprosses unterbindet. Nach Entfernung der Gipfelknospe ist dieser Anschluß möglich. (Seiten 413, 414)

404 Schildern Sie in groben Zügen die anatomischen und physiologischen Grundlagen des Blattfalls.

(Seite 414)

405 Nennen Sie einen Grund, weswegen es überhaupt zum Abwerfen der Blätter kommt.

Blätter reichern im Laufe der Zeit Ballastionen (vor allem Ca^{2+}) an, so daß sie mit der Zeit funktionsuntüchtig werden; ihr Abwurf kommt daher einer Entschlackung gleich. (Seite 414)

406 Definieren Sie
a) zeitliches Altern,
b) physiologisches Altern.

a) Das Heranwachsen einer Zelle, bis sie eine neue Teilung in lebensfähige Tochterzellen durchführen kann (bei Einzellern);
b) ein Entwicklungsvorgang, der zwangsläufig zum Tode führt. (Seite 415)

407 Nennen Sie Zellen in einer vielzelligen Pflanze, deren Tod eine notwendige Voraussetzung für die Übernahme ihrer Funktion ist.

Zellen der Wasserleitungsbahnen, Sklerenchymfasern, Stein- und Korkzellen. (Seite 415)

408 Welche Zellen einer vielzelligen Pflanze sterben nicht zwangsläufig?

Fortpflanzungszellen und schnell sich teilende, undifferenzierte Zellen, z.B. Meristemzellen. (Seite 415)

409 Nennen Sie einige Merkmale einer juvenilen Pflanze.

Oftmals ist die Blattform einfacher, in der Regel ist die Pflanze blühunfähig; Stecklinge bewurzeln sich leichter; Laubabwurf ist oft verzögert; Dornen oder Stacheln sind bei vielen Arten nur in der Jugend vorhanden. (Seite 415)

410 Wodurch wird das Altern bei Pflanzen bestimmt?

Wahrscheinlich durch eine Verschiebung der Konzentrationsverhältnisse der Hormone. (Seite 416)

411 Wodurch kann das Altern (= Seneszenz) verzögert werden?

Durch Zufuhr von solchen Hormonen, die die RNA- und Proteinsynthese stimulieren. Besonders wirksam sind Cytokinine und Gibberelline. (Seite 416)

412 Worauf läßt sich
a) das «Süßwerden»,
b) das «Teigigwerden» reifender Früchte zurückführen?

a) Stärke und organische Säuren werden abgebaut; Zucker werden gebildet;
b) die Mittellamellen werden aufgelöst. (Seite 416)

413 Was versteht man unter dem Klimakterium der Fruchtreifung?

Eine Periode in der Fruchtreifung, in der ein starker Atmungsanstieg zu verzeichnen ist. (Seiten 416, 417)

414 Nennen Sie eine Substanz, die die Fruchtreifung auslösen kann.

Ethylen (Seite 417)

415 Bäume können ein hohes Alter erreichen. Nennen Sie die Lebensdauer einiger Bäume.

Pappeln und Ulmen bis 600 Jahre, Eichen bis 1000 Jahre, Linden 800–1000 Jahre, Eiben bis 3000 Jahre, Mammutbäume bis 4000 und *Pinus longaeva* über 4800 Jahre. (Seite 417)

416 Was wissen Sie über den sog. «Mumienweizen»?

Stellt Weizen aus altägyptischen Gräbern dar, der noch keimfähig sein soll. Ist jedoch unrichtig, da Weizen höchstens 10 Jahre keimfähig bleibt. (Seite 417)

417 Wodurch ist ein Pflanzentumor charakterisiert? Wie kann er entstehen?

Bei Pflanzen wie bei Tieren durch desorganisiertes, ungehemmtes und unkontrolliertes Wachstum und weitgehendes Fehlen einer Zelldifferenzierung;
durch Infektion oder infolge der Kombination bestimmter Erbanlagen. (Seiten 417, 418)

418 Schildern Sie in groben Zügen das Zustandekommen eines «Wurzelhalstumors» (crown gall).

(Seiten 417, 418)

419 Das tumorinduzierende Bakterium *Agrobacterium tumefaciens* hat auch für die Gentechnologie eine Bedeutung. Welche?

Die Ti-Plasmide von *Agrobacterium tumefaciens* können als Vektoren für den experimentellen Gentransfer verwendet werden. Praktisch wichtig wäre z.B. die Übertragung von Genen für eine Resistenz gegenüber Herbiziden auf Kulturpflanzen. (Seiten 418, 419)

Dritter Abschnitt	Physiologie der Bewegungen

I. Grundbegriffe

420 Definieren Sie folgende Begriffe: Reiz, Reizaufnahme, Erregung, Erregungsleitung.	(Seite 420)
421 Was sind a) induzierte, b) autonome Bewegungen?	a) Bewegungen, die durch einen äußeren Reiz, b) Bewegungen, die durch einen inneren Reiz induziert werden. (Seite 420)
422 Skizzieren Sie das Schema der Auslösung eines Aktionspotentials.	(Abb. 2-237, Seite 421)
423 Was besagt das Reizmengengesetz?	Der Reizerfolg wird bestimmt durch das Produkt aus Reizintensität und Reizdauer. Je größer demnach die Reizintensität, desto kürzer die Präsentationszeit, um den gleichen Reizerfolg zu erlangen. (Seiten 421, 422)
424 Was versteht man unter a) Reaktionszeit, b) Latenzzeit?	a) Die Zeit zwischen dem Beginn der Reizung und dem sichtbaren Beginn der Reaktion; b) die Zeit zwischen dem Ende der Reizwirkung und dem Beginn der Reaktion. (Seite 422)
425 Was versteht man unter einer «Alles-oder-Nichts-Reaktion»?	Das Ablaufen der vollen Reaktion beim Überschreiten der Reizschwelle, unabhängig von Dauer und Stärke des Reizes. (Seite 422)

II. Die freien Ortsbewegungen

426 Nennen Sie Organismengruppen, die zu einer freien Ortsbewegung befähigt sind.	Vor allem Niedere Pflanzen, z.B. Bakterien, Cyanobakterien, Flagellaten, Diatomeen, Myxomyceten. (Seite 422)
427 Welche Vorstellung hat man über den Mechanismus der Geißelbewegung?	(Seiten 422, 423)
428 Definieren Sie den Begriff Taxis (= Taxie).	Freie Ortsbewegung, deren Richtung durch einen Außenfaktor bestimmt wird. (Seite 423)
429 Welche Arten von Taxien kann man unterscheiden?	Chemotaxis, Phototaxis, Magnetotaxis, Hydrotaxis, Thigmotaxis, Gravitaxis und Thermotaxis. (Seiten 423-428)
430 Was versteht man unter a) topischen, b) phobischen Reaktionen?	Als ausrichtender Reiz dieser Taxien dient ein a) örtliches Konzentrationsgefälle, b) zeitlicher Konzentrationsunterschied. (Seite 424)
431 Welche biologische Bedeutung kommt der Chemotaxis zu?	Sie dient zum Auffinden von Nahrungsquellen, dem Meiden von Bereichen mit schädigenden Stoffen, ferner Gameten zum gezielten Aufsuchen des Geschlechtspartners. (Seite 424)
432 Nennen Sie bei Eukaryoten wirksame Chemotaktika.	Ca-Bimalat wirkt auf die Spermatozoiden des Adlerfarns; Acrasin bei den zellulären Schleimpilzen. (Seiten 424, 425)

433 Die Chemotaxis ist bei der zellulären Schleimpilzgattung *Dictyostelium* besonders gut untersucht. Schildern Sie in groben Zügen den Ablauf der Chemotaxis.

(Seite 424)

434 Was versteht man unter Gamonen? Nennen Sie Beispiele.

Spezifische Lockstoffe, die den Geschlechtszellen das Finden des Partners ermöglichen.
Glykoproteide bei der Grünalgengattung *Chlamydomonas*; C_8- oder C_{11}-Kohlenwasserstoffe bei Braunalgen; Sirenin (ein Sesquiterpendiol) bei der Pilzgattung *Allomyces*; Oligopeptide bei Hefen, Saccharose bei Laubmoosen; Ca-Malat bei manchen Pteridophyten. (Seiten 424, 425)

435 Schildern Sie die Topotaxis einer *Euglena*-Zelle; skizzieren Sie die Lage des Photorezeptors und des Stigmas.

(Abb. 2-245, Seite 427)

436 Einige Bakterien im Schlamm von Süß- oder Salzwasser können sich in einem Magnetfeld orientieren. Welchen biologischen Sinn könnte dies haben?

Da die vertikale Feldkomponente im Magnetfeld der Erde meist stärker ist als die horizontale, bedeutet dies die gerichtete Bewegung der Bakterien nach unten, in den Schlamm, ihr natürliches Biotop. (Seite 427)

437 Wodurch wird die Plasmaströmung ausgelöst?

Sie ist zum Teil autonomer Natur, zum Teil wird sie durch äußere Reize ausgelöst (z. B. Rotlicht). (Seite 428)

438 Nennen Sie größenordnungsmäßig die Geschwindigkeit der Plasmaströmung.

Im Durchschnitt 0,2-0,6 mm/Minute. (Seite 428)

439 Skizzieren Sie die Lage der Chloroplasten in den Zellen z.B. eines Moosblättchens bei a) starker, b) schwacher Belichtung.

(Abb. 2-247, Seite 428)

440 Die Alge *Mougeotia* ist ein wichtiges Objekt der Erforschung der Chloroplastenbewegung. Schildern Sie die wichtigsten Erkenntnisse, die an dieser Alge erarbeitet wurden.

(Seite 428, Abb. 2-248, Seite 429)

III. Bewegungen lebender Organe

441 Definieren Sie den Begriff Tropismus.

Krümmungsbewegungen festgewachsener Organismen oder Organe, die durch einen einseitigen Reiz induziert und in ihrer Richtung bestimmt werden. (Seite 430)

442 Welche Arten von Tropismen kann man unterscheiden?

Phototropismus, Skototropismus, Gravitropismus, Thigmotropismus, Chemotropismus, Galvanotropismus, Traumatotropismus und Thermotropismus. (Seiten 430-442)

443 Was versteht man unter
a) positiven,
b) negativen Tropismen?

a) Krümmung zur Reizquelle hin;
b) Krümmung von der Reizquelle weg. (Seite 430)

444 Worauf sind Tropismen in aller Regel zurückzuführen?

Auf Wachstumsvorgänge. (Seite 430)

445 Nennen Sie pflanzliche Organe, die
a) positiv,
b) negativ phototrop sind.

a) Meist die Sproßachse, viele Blattstiele, die einzelligen Sporangienträger mancher Mucoraceen, die Fruchtkörper mancher *Coprinus*-Arten;
b) Haftwurzeln, manche Luftwurzeln, Keimwurzeln einiger weniger Pflanzen, Rhizoide von Lebermoosen und Farnprothallien. (Seiten 430, 431)

446 Was besagt das Resultantengesetz der phototropen Krümmung eines pflanzlichen Organs?

Eine Krümmung in der Richtung der Resultante, die man aus einem Kräfteparallelogramm aus Richtung und Reizmenge von Lichtreizen bilden kann, die aus zwei verschiedenen Richtungen auf die Pflanze einwirken. (Seite 432)

447 Wie kann man an einer Koleoptile experimentell zeigen, daß bei der phototropischen Reaktion nicht die Lichtrichtung, sondern der Helligkeitsunterschied zwischen Licht- und Schattenseite perzipiert wird?

(Abb. 2-256, Seite 432)

448 Welche Vorstellungen bestehen zur Zeit über die Natur des Photorezeptors des Phototropismus?

a) Der Photorezeptor ist ein Carotinoid, Flavine dienen als Beschattungspigmente;
b) Carotinoid ist der eigentliche Rezeptor, ein Flavin wirkt als akzessorisches Pigment;
c) der Photorezeptor ist ein noch nicht identifiziertes Carotinoid oder ein noch unbekanntes Flavin oder Flavoproteid. (Seite 433)

449 Welche Beziehungen bestehen zwischen dem Auxintransport und der einseitigen Belichtung einer Koleoptile?

Es erfolgt eine Querverschiebung des Auxins zur lichtabgewandten Flanke; der basipetale Auxintransport auf der Lichtseite ist gehemmt. (Seite 434)

450 Was versteht man unter Skototropismus?

Wachstum zum Schatten; findet sich bei tropischen Lianen; hat eine Bedeutung beim Auffinden des Stützbaumes. (Seite 435)

451 Was versteht man unter Gravitropismus?

Wachstumskrümmungen von Organen in eine bestimmte Richtung zur Erdbeschleunigung. (Seite 435)

452 Skizzieren Sie die geotropische Reaktion einer Keimpflanze, die aus der Normalstellung in eine horizontale Lage gebracht wurde.

(Abb. 2-262, Seite 436)

453 Welche Beobachtungen kann man an einer horizontal gelegten, langsam am Klinostaten um ihre Längsachse rotierenden Pflanze machen?

(Abb. 2-264, Seite 436)

454 Auch Stämme, Äste und Wurzeln von Bäumen können (allerdings sehr langsam) gravitrope Reaktionen ausführen. Wie nennt man die dabei auftretende anatomisch speziell differenzierte Struktur?

«Reaktionsholz». Bei Nadelhölzern entsteht auf der Organunterseite sog. Druckholz, bei Laubhölzern auf der Organoberseite sog. Zugholz. (Seite 437)

455 Wie kann man experimentell belegen, daß die Wurzelspitze der Ort der Perzeption des geotropischen Reizes ist?

(Abb. 2-269, Seite 438)

456 Was wissen Sie über die «Statolithenstärke»?

Amyloplasten, die sich in Zellen der Wurzelhaube oder in Stärkescheiden der Stengel befinden und sich bei Lageveränderungen des Organs rasch auf die jeweilige physikalische Unterseite verlagern. Diese Verlagerung scheint immer mit der Perzeption der Erdbeschleunigung verbunden zu sein. (Seite 439)

457 Für die Rhizoide der Algengattung *Chara* wird ein Zusammenhang zwischen der Statolithenverlagerung und nachfolgender geotropischer Krümmung diskutiert. Schildern Sie dies.

(Abb. 2-272, Seite 439)

458 Schildern Sie den Stand der Diskussion der geotropischen Reaktionsfolge bei Organen Höherer Pflanzen.

(Seite 440)

459 Was versteht man unter Epinastie?	Das verstärkte Wachstum der Organoberseite unter dem Einfluß der Schwerkraft. (Seiten 440, 441)
460 Nennen Sie ein Beispiel für chemotropische Reaktionen bei Höheren Pflanzen.	Keimlinge von *Cuscuta* wachsen gerichtet auf bestimmte Wirtspflanzen zu; das Wachstum von Pollenschläuchen in unmittelbarer Nähe der Samenanlagen; das Wachstum von Wurzeln in Richtung erhöhter Nährstoffkonzentration. (Seiten 441, 442)
461 Definieren Sie den Begriff Nastie.	Eine Bewegung, deren Richtung nicht durch die Richtung des auslösenden Reizes, sondern durch den Bau der nastisch reagierenden Organe bestimmt wird. (Seite 442)
462 Eine Blumenwiese macht an trüben Tagen einen ganz anderen Eindruck als an hellen. Worauf kann man dies zurückführen?	Das Phänomen ist zum Teil auf photonastische Wachstumsbewegungen zurückzuführen. Geringere Lichtintensitäten führen bei manchen Pflanzen oft zum Schließen der Blüten. (Seite 442)
463 Nennen Sie ein Beispiel einer chemonastischen Bewegung.	Die dorsiventralen Randtentakel des *Drosera*-Blattes sprechen auf chemische Reize an. Sie reagieren mit einer nastischen Krümmung zur Blattmitte hin. (Seite 443)
464 Wodurch sind seismonastische Bewegungen gekennzeichnet?	Sie sind zum Teil sehr schnell, sind auf Turgoränderungen bestimmter Zellen zurückzuführen, sind Alles-oder-Nichts-Reaktionen. (Seite 444)
465 Schildern Sie die Erscheinungen, die man nach einer Erschütterung einer Sinnpflanze beobachten kann.	(Seite 444)
466 Welche Mechanismen der Erregungsleitung kann man bei der Mimose unterscheiden? Charakterisieren Sie diese.	a) Chemische, b) elektrische, c) schnelle Erregungsleitung. (Seite 446)
467 Nennen Sie größenordnungsmäßig die Reaktionszeit (vom Reizbeginn bis zum Bewegungsbeginn) seismonastischer Bewegungen (unter optimalen Bedingungen).	Bei *Dionaea* und *Berberis* 0,02 sek., bei *Mimosa* 0,08 sek. (Seite 445)
468 Schildern Sie in groben Zügen den Verlauf von Rankenbewegungen.	(Seiten 446, 447)
469 Wie muß ein Reiz beschaffen sein, um als thigmonastischer Reiz perzipiert zu werden?	Der Reiz muß in einem Reibungs- oder Kitzelreiz bestehen. Ein gleichmäßiger Druck ist unwirksam. (Seite 447)
470 Welche nastischen Bewegungen führen Stomata aus?	Photonastische, hydronastische und thermonastische. (Seiten 448, 449)
471 Welches ist die unmittelbare Ursache der Spaltöffnungsbewegungen?	Eine Differenz des Turgors in den Schließzellen und den angrenzenden Epidermiszellen. (Seite 448)
472 Skizzieren Sie das vereinfachte Rückkopplungssystem der Stomata.	(Abb. 2-284, Seite 448)
473 Welche Vorstellungen hat man über das Zustandekommen eines erhöhten osmotischen Potentials in den Schließzellen?	Die Aufnahme von K^+ aus den Nebenzellen spielt eine entscheidende Rolle. Aus elektrochemischen Gründen muß in den Schließzellen eine äquivalente Menge Anionen (meist die zweiwertige Äpfelsäure) gebildet werden. Wahrscheinlich werden die von der Äpfelsäure abdissoziierten Protonen durch eine Protonenpumpe aktiv aus den Schließzellen gepumpt und im Austausch dafür K^+-Ionen aufgenommen. (Seite 449)
474 Abscisinsäure und Ca^{2+} spielen beim Schließen der Stomata eine wichtige Rolle. Schildern Sie in groben Zügen die Vorgänge.	(Abb. 2-286 und 2-287, Seite 450)

475 Was versteht man unter autonomen Bewegungen? Nennen Sie Beispiele.

Bewegungen, die nicht von Außenfaktoren, sonder endogen gesteuert werden. Autonome Wachstumsbewegungen (z.B. kreisende Bewegungen bei Windepflanzen), autonome Turgorbewegungen (z.B. die Schlafbewegungen vieler Leguminosenblätter). (Seiten 451, 452)

476 Nennen Sie Beispiele für

a) Turgorschleudermechanismen,

b) Turgorspritzmechanismen.

a) Bei Springkraut-Arten werden die Samen, bei den Urticaceen die Pollen und bei einigen Orchideengattungen die Pollinien durch Turgorschleudermechanismen verbreitet;

b) Ausschleudern der Pilzsporen aus dem reifen Ascus, Abschießen der Sporangien bei *Pilobus*, Ausschleudern des Fruchtinhalts bei der Spritzgurke. (Seiten 453, 454)

477 Wodurch sind hygroskopische Bewegungen gekennzeichnet?

Lebende Pflanzenzellen sind nicht direkt beteiligt. Allein die physikalischen Prozesse der Quellung und Entquellung toter Zellwände führen zu Bewegungen. (Seite 454)

478 Nennen Sie Beispiele für hygroskopische Bewegungen. Wozu dienen sie?

Öffnen und Schließen vieler Frucht- und Sporenkapseln (z.B. bei Moosen); Bewegungen der Hapteren der *Equisetum*-Sporen, der Capillitien von Schleimpilzen, der Grannen mancher Graskaryopsen, der Flughaare vieler Samen und Früchte. Dienen hauptsächlich der Sporen-, Pollen-, Samen- und Fruchtverbreitung. (Seiten 454, 455)

479 Wodurch sind Kohäsionsbewegungen charakterisiert?

Die Kohäsionskräfte im Füllwasser wasserabgebender Zellen geben Anlaß zu einer Krümmung meist toter Gewebe. (Seite 455, 456)

480 Beschreiben Sie den Kohäsionsmechanismus beim Anulus des Farnsporangiums.

(Abb. 2-300, Seite 456)

DRITTER TEIL

EVOLUTION UND SYSTEMATIK

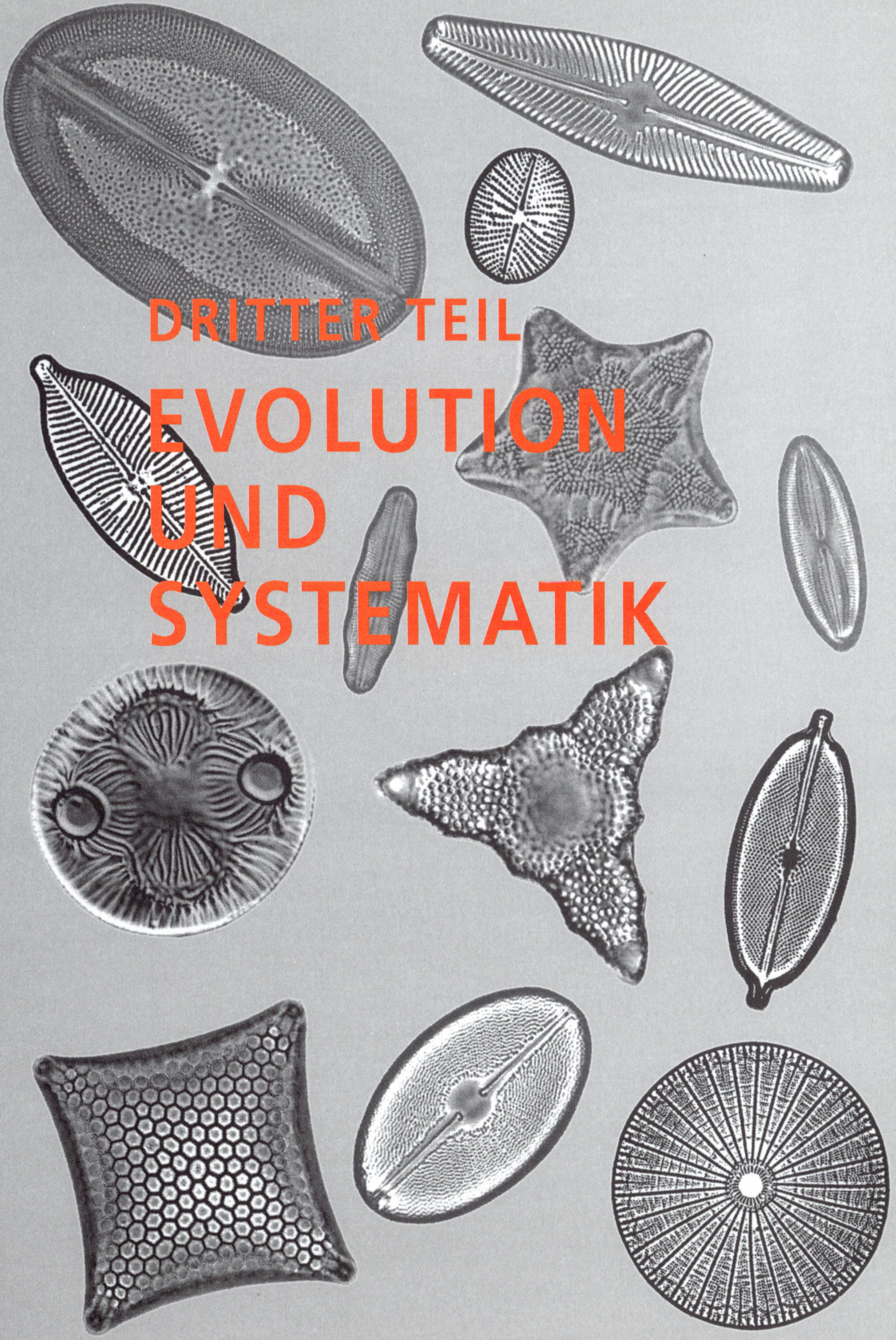

Erster Abschnitt

Allgemeine Grundlagen

I. Allgemeine Fortpflanzungsbiologie

1 a) Was ist sexuelle Fortpflanzung?

a) Die Gesamtheit (der gesetzmäßige Zusammenhang) von **Syngamie** (= Gametenverschmelzung = Befruchtung) und **Meiose** zwecks Durchmischung des elterlichen Erbgutes (= Rekombination).

b) Was heißt «Reduktion der Chromosomenzahl» (auf S. 460)?; warum ist sie nötig?

b) Gemeint ist deren Halbierung; sie ist notwendig, weil die Chromosomenzahl durch die Syngamie verdoppelt wird. (Seiten 460, 462, 463)

2 Was für eine und welche Bedeutung hat die **Sexualität** für die Evolution?

Eine grundlegend wichtige; sie ermöglicht den Austausch von Erbanlagen (Rekombination) und beschleunigt dadurch die Sippenbildung ganz wesentlich. (Seiten 463, 488)

3 Warum gibt es für die **Mikrogameten** (= männlichen Gameten) so viele verschiedene Bezeichnungen? Nennen und erklären Sie sie! Welche davon sind überflüssig? Warum?

Aus historischen Gründen und wegen der Freude vieler Biologen an inhaltsarmem Wortreichtum. Begeißelte Mikrogameten heißen Spermien (und werden in der Botanik unnötigerweise oft «Spermatozoiden» genannt, was zwar historisch nicht uninteressant, dennoch heute entschieden obsolet ist); unbegeißelte heißen (bei den Rotalgen) Spermatien und (bei den Angiospermen) Spermazellen. Die erste Zelle (nicht biologisch, sondern wissenschaftshistorisch) war eine tote Pflanzenzelle (Holundermark), dennoch heißen längst auch die tierischen Zellen (berechtigterweise) so und nicht «Zelloide», obwohl sie sich von Pflanzenzellen viel stärker unterscheiden als pflanzliche und tierische Spermien voneinander (den tierischen Zellen fehlt sogar das für die ursprüngliche Begriffsbildung und Benennung Typische, nämlich die Zellwand!). (Seite 463)

4 Warum werden **Plasmogamie** und **Karyogamie** unterschieden?

Bei den Algen und bei den Höheren Pflanzen sind beide Prozesse miteinander verknüpft und heißen zusammen Syngamie (= Befruchtung). Bei vielen Höheren Pilzen sind hingegen die sexuelle Fusion des Cytoplasmas (= Plasmogamie) und die sexuelle Kernverschmelzung (= Karyogamie) voneinander oft (durch viele Mitosen) weit getrennt (Dikaryophase). (Seite 463)

5 Warum gilt **Somatogamie** als abgeleitete Form der Syngamie, wo sie doch so einfach ist?

Weil sie sich evolutiv von Gametangiogamie herleitet, und diese selbst schon abgeleitet, nämlich eine Weiterentwicklung der Oogamie ist. Einfachheit sagt übrigens nichts aus über den evolutiven bzw. phylogenetischen Wert (Einfachheit kann höchst abgeleitet sein; Evolution führt nicht nur zur Verkomplizierung, sondern oft zu Reduktion). (Seite 464)

6 a) Warum wird die **Meiose** auch «Reduktionsteilung» genannt (zumindest in den Strasburger-Abbildungen)?

a) Weil dabei der Chromosomensatz auf die Hälfte reduziert wird (von 2n auf n).

b) Warum ist erstere Bezeichnung vorzuziehen?

b) Das Wesentliche der Meiose ist nicht ein Zellteilungsvorgang, sondern sind Rekombinationsvorgänge (Neuverteilung der elterlichen Chromosomen, crossing-over etc.) zusammen mit der Verminderung der Chromosomenzahl von 2n auf n. Außerdem handelt es sich in cytologischer Sicht meist um die sehr spezifische **Kombination** zweier Zellteilungsvorgänge, die jedoch eine wesentliche **Einheit** bilden. Ferner wird der Ausdruck «Reduktionsteilung» in der Cytogenetik in einer (oder sogar in 2) anderen Bedeutung(en) verstanden (und zwar? vgl. Postreduktion und Präreduktion im Kapitel «Meiose» im ersten Abschn. des Strasburger!).

7 a) Was vermuten Sie, wenn Sporen in **Tetraden** (zu viert) auftreten?

a) Sie sind wahrscheinlich Meiosporen.

b) Wenn Sie das Richtige vermuten, warum?

b) Weil aus der Meiose normalerweise 4 Zellen hervorgehen. (Seite 464)

8 Sind die Begriffe apomiktische, agamospermische, parthenogenetische und vegetative Fortpflanzung synonym?

Nein, allerdings überlappen sie sich z.T. In allen Fällen liegt asexuelle (= ungeschlechtliche) Fortpflanzung vor. **Apomixis** ist Oberbegriff für alle Formen obligater sekundär (d.h. durch Verlust zustande gekommener) asexueller Fortpflanzung. Apomixis umfaßt vegetative Fortpflanzung und Agamospermie. **Vegetative Fortpflanzung** ist asexuelle Fortpflanzung unabhängig von Geschlechtsorganen und vom sexuellen (Ontogenese-)Zyklus. **Agamospermie** ist Samenentwicklung ohne Befruchtung, dazu gehören Parthenogenese, Apogamie, Diplosporie und Aposporie. **Parthenogenese** ist die Entwicklung eines Individuums aus einer Eizelle ohne Syngamie (= ohne Befruchtung). (Seiten 462, 487)

9 Was ist ein Klon?

Die Gesamtheit erbgleicher Individuen, z.B. alle aus einem Individuum durch vegetative Fortpflanzung hervorgehenden Nachkommen. (Seite 462)

10 Was ist eine Population?

Die Gesamtheit der Individuen, zwischen denen eine Übertragung von Erbmaterial (d.h. sexuelle Kontakte) wirklich oder leicht möglich ist = «Fortpflanzungsgemeinschaft». (Seite 460)

11 Was ist **Verwandtschaft**? Worauf beruhen engere und fernere Verwandtschaft?

Zusammenhänge der Keimbahn, Besitz gemeinsamer Vorfahren. Wenn das Leben nur einmal entstanden ist, sind alle Organismen miteinander verwandt. (Unumgänglich notwendig ist daher immer die Angabe des Verwandtschafts**grades**!) Der Grad der Verwandtschaft beruht auf der Länge der Abstammungslinie seit der Trennung (Verzweigung), also auf der Position des gemeinsamen Vorfahren im Stammbaum. (Seite 505)

12 Was ist **Ähnlichkeit** und worauf beruht sie?

Ähnlichkeit kann auf Verwandtschaft beruhen (d.i. auf gemeinsamem Erbgut) oder durch Konvergenz entstanden sein. (Seite 460)

13 Was sind a) Divergenz;

a) Unähnlichkeit, (das Zustandekommen von) Verschiedenheiten trotz Verwandtschaft (also innerhalb einer Verwandtschaftsgruppe), Entstehung von Verschiedenem aus Gleichem, evolutive Auseinanderentwicklung;

b) Konvergenz?

b) Ähnlichkeit, (das Zustandekommen von) Gemeinsamkeiten, Gleichheiten trotz fehlender Verwandtschaft, also die Entstehung von Ähnlichem aus Unähnlichem (Ungleichem), evolutive Entwicklung zum gleichen oder ähnlichen Ziel von verschiedener Ausgangslage aus. (Seiten 459, 506, Abb. 3-1)

14 Was verstehen Sie unter «**Entwicklung**», «Entwicklungsgeschichte»?

In der Biologie zweideutiger Begriff: **ontogenetische** Entwicklung (= Ontogenese, Individualentwicklung, Lebenszyklus vom Keim bis zur Leiche und/oder den Tochterkeimen) oder – grundsätzlich davon verschieden – **phylogenetische** Entwicklung (Phylogenese, evolutive Entwicklung).

15 Wie unterscheiden sich («echte») Viviparie und Pseudoviviparie (= «unechte» V.)?

Unter («echter») Viviparie versteht man das Auskeimen von Samen an der Mutterpflanze, wie es z.B. bei manchen Arten der Mangrove vorkommt (Seite 781, Abb. 3-318). Pseudoviviparie ist das Austreiben von Brutknospen, Brutknöllchen, Brutzwiebeln) an der Mutterpflanze, z.B. bei *Poa bulbosa* f. *vivipara*. (Seite 462)

16 Sind Diasporen Sporen? Begründen Sie Ihre Antwort!

Nein, keineswegs alle, aber manche schon, denn Sporen sind Diasporen. «Diaspore» ist Oberbegriff für alle Ausbreitungskörper, das sind Keime, die der Vermehrung dienen und meist eine gewisse Resistenz gegen ungünstige Umweltfaktoren aufweisen. Sporen sind einzellige (sehr selten wenigzellige – wo? – bei gewissen lichenisierten Ascomyceten!), agametische (d.h.: nicht als Gameten fungierende) Diasporen. (Seiten 463, 739)

17 a) Sind Conidien keine Sporen?

a) Doch! Und zwar Exosporen, d.h. nicht innerhalb eines Sporangiums entstehende, sondern nach außen abgeschnürte. (Gegenteil: Endosporen). (Seite 463)

b) Was haben Planeten und Planosporen gemeinsam?

b) Beide bewegen sich, letztere mittels Geißeln. (Seite 463)

18 a) Warum ist der uns Säugern normal erscheinende **diplontische** Kernphasenwechsel als phylogenetisch abgeleitet zu beurteilen?

a) Er ist im Pflanzenreich selten (z.B. bei den Kieselalgen und bei den Oomycoten). Die am höchsten entwickelten Pflanzen sind Diplohaplonten (mit allerdings sehr stark verkürzter Haplophase, man könnte sie deshalb «Subdiplonten» nennen). Das Pflanzenreich zeigt die (merkmalsphylogenetische) Entwicklung von Haplonten zu Diplonten.

b) Gibt es wesentliche Unterschiede zwischen Tieren und Pflanzen bezüglich des Kernphasenwechsels?

b) Dikaryohaplonten gibt es im Tierreich nicht (im Pflanzenreich auch nicht, sofern man die Pilze nicht zu diesem rechnet, sondern ihnen ein eigenes Reich zubilligt). (Seite 464)

19 Es ist zwar üblich, aber ist es auch richtig, den Gametophyten die «geschlechtliche» und den Sporophyten die «ungeschlechtliche» Generation zu nennen? Wenn nicht, warum nicht?

Beide, Gametophyt und Sporophyt, sind Phasen des sexuellen Zyklus, für den der Kreislauf Meiose – Syngamie – Meiose essentiell ist. (Seite 465)

20 Was sind die Aufgaben (Fragestellungen)

a) der Evolutionsforschung;

a) Welche Prozesse (Ursachen, Triebkräfte) bewirken die stammesgeschichtliche Differenzierung, die Entstehung von Sippen und deren hierarchische (= abgestufte) Verwandtschaftsstruktur?

b) der Phylogenetik?

b) Rekonstruktion der Stammesgeschichte der einzelnen Sippen. (Seiten 460, 461, 488–505, 506)

21 Wie läßt sich von der Ähnlichkeit zwischen Sippen auf deren Verwandtschaft schließen?

Nur unter Berücksichtigung möglichst vieler Merkmale; bei Beachtung von Merkmalsreihen (Progressionen); mit der Heranziehung von Fossilbefunden. Denn bloße Ähnlichkeit ist kein Nachweis für Verwandtschaft. Warum nicht? Wegen des Phänomens Konvergenz! (Seiten 505–514)

II. Genetik und Evolutionsforschung

22 Nennen Sie wichtige Stationen in der Geschichte der Genetik, die wichtigsten beteiligten Forscher und runde Zeitangaben!

a) Mendel-Regeln (G. Mendel, 1865);
b) deren Wiederentdeckung (H. de Vries, C. Correns, E. Tschermak-Seysenegg, 1900);
c) Entdeckung der Mutationen (H. de Vries, 1901);
d) Zusammenhang zwischen Genotyp und Phänotyp (W. L. Johannsen, 1905);
e) Chromosomentheorie der Vererbung (W. S. Sutton, T. Boveri, 1902);
f) Genkoppelung (ca. 1910); Polyploidie; Riesenchromosomen (E. Heitz, 1933);
g) Cytogenetik (ca. 1910);
h) *Drosophila*-Genetik;
i) Populationsgenetik (T. Dobzhansky); Strahlengenetik (H. J. Muller); Genphysiologie;
j) DNA als Erbsubstanz (O. T. Avery, 1944);

k) Viren- und Bakteriengenetik (M. Delbrück, J. Lederberg, ca. 1950);
l) Molekulargenetik: DNA-Struktur, Genetischer Code und Proteinsynthese (J. D. Watson, F. H. C. Crick, 1953). (Seite 466)

23 Nennen Sie überzeugende Beweise für die Abstammungslehre!

a) Grundsätzliche biochemische Übereinstimmung bei allen Organismen;
b) morphologische Zusammenhänge auch über weite Bereiche des Systems (z.B. Homologisierbarkeit des Generationswechsels von den Moosen über die Pteridophyten bis zu den Samenpflanzen);
c) fossile «Bindeglieder»;
d) Auftreten von Rudimenten und Atavismen;
e) abgestufte Kreuzbarkeit;
f) experimentelle Wiederholbarkeit von Artbildungsvorgängen. (Seite 466)

24 Was sind die hauptsächlichen Evolutionsfaktoren?

a) Mutation (zufällige Erbänderung als «Rohmaterial» der Evolution); (Seite 478)
b) Rekombination (Vermischung, Umgruppierung, Neuzusammensetzung des Erbmaterials, Hybridisierung); (Seite 484)
c) Selektion (umweltbezogene Förderung bestimmter Genotypen); (Seite 488)
d) genetische Drift (zufallsbedingte Verteilung der Gene); (Seite 489)
e) Isolation (Ausbildung genetischer Barrieren, wodurch wertvolle, erfolgreiche Gene erhalten werden können). (Seite 491)

A. Variation und Vererbung

1. Ontogenie, Phänotypus und Genotypus

25 Was ist Variation, worauf beruht sie, und welche Typen von Variation gibt es?

Abänderung innerhalb eines bestimmten engen Rahmens, verhältnismäßig geringe Verschiedenheiten trotz Gleichheit in anderer Hinsicht. Es müssen drei grundsätzlich verschiedene Typen von Variation unterschieden werden:
a) **Ontogenetische Variation**: intraindividuelle, durch das verschiedene Alter des Individuums bedingte Verschiedenheiten, bei genetischer Identität (d.h. diese Variation ist im selben Genotyp festgelegt), Unterschiede zwischen juvenil und adult.
b) **Genetische Variation:** interindividuelle, genetisch fixierte (letztlich durch Mutation und Rekombination etc. entstandene) Verschiedenheiten: verschiedene Biotypen (Genotypen) innerhalb einer Population (Reichtum des Gen-Pools) oder innerhalb einer Sippe (**taxonomische Variation**).
c) **Modifikative Variation**: durch direkte Einwirkung von Umweltfaktoren bei gleichem Erbgut (selbem Genotyp) bedingte Schwankung der Merkmalsausstattung, also umweltbedingte (intra- und interindividuelle) Verschiedenheiten innerhalb der genetisch (genotypisch) festgelegten Grenzen («Reaktionsnorm»), m. a. W.: durch Umwelteinflüsse bewirkte Schwankungen bei der phänotypischen Realisierung des Genotyps. (Seiten 460, 467)

26 Was ist «Vererbung erworbener Eigenschaften»?

Die Vererbung von Modifikationen (direkt durch Umwelteinflüsse bewirkte Eigenschaften, Merkmalsänderungen). Sie konnte bisher nicht nachgewiesen werden; ist auch aus theoretischen Gründen nicht zu erwarten (gezielte direkte Beeinflussung des Erbgutes wäre kaum zu deuten). (Seite 469)

27 Wie lassen sich die genetischen (erblich fixierten) von den modifikativen (durch Umwelteinflüsse induzierten) Komponenten der Variation unterscheiden?

Beim Vergleich von unmittelbar nebeneinander am selben Standort wachsenden Individuen; experimentell durch Kultur unter völlig gleichen Bedingungen; durch Nachkommenschaftsteste über mehrere Generationen. (Seite 469)

28 Was sind Genotyp (Biotyp) und Phänotyp?

Genotyp (Genotypus): Gesamtheit aller Erbanlagen (Gene) eines Individuums. Individuen oder Populationen mit demselben Genotyp faßt man auch als «Biotyp» zusammen. **Phänotyp** (Phaenotypus): Gesamtheit der Merkmale eines Individuums (Erscheinungsbild). Der Phänotyp ist abhängig vom Genotyp, von der Expressivität und Penetranz der Gene (dominant oder rezessiv), vom Umfang der Reaktionsnorm und von Umwelteinflüssen. (Seite 469)

2. Kreuzungsversuch und Weitergabe der Erbanlagen

29 Haplogenotypische Vererbung. Kreuzung zweier Individuen, die sich in zwei Genen unterscheiden (a, b) (Zwei-Faktoren-Kreuzung). Wie verteilen sich die Gene in der Nachkommenschaft?

$a^+ b^+ : a^- b^- : a^+ b^- : a^- b^+ = 1 : 1 : 1 : 1$. (Seite 469)

30 Haplogenotypische Vererbung. Bei einer Zwei-Faktor-Kreuzung liegen die Gene b und c auf demselben Chromosom.

a) Welche Nachkommen werden überwiegend entstehen?

a) Die beiden Elterntypen;

b) Warum?

b) da die Gene b und c auf demselben Chromosom liegen, werden sie in der Meiose nicht frei verteilt, sondern bleiben miteinander gekoppelt; diese Koppelung kann jedoch durchbrochen werden: durch crossing-over;

c) Durch welchen Vorgang kann die Zahl der unterschiedlichen Nachkommen erhöht werden?

c) durch crossing-over kann die Koppelung der Gene bis zu fast 100% aufgehoben werden, so daß in diesem extremen Fall alle Gene frei kombiniert werden und daher neben den beiden Elterntypen zwei Neukombinationstypen entstehen (1 : 1 : 1 : 1). (Seite 469)

31 Definieren Sie die Begriffe

a) **inter**chromosomale Rekombination;

a) Rekombination der elterlichen Chromosomen nach den Gesetzen des Zufalls;

b) **intra**chromosomale Rekombination!

b) Faktorenaustausch (crossing-over) innerhalb einer Koppelungsgruppe. (Seite 471)

32 Legen Sie mit Hilfe folgender Angaben die Lage der Gene c, b und d in einer genetischen Chromosomenkarte fest: Die Rekombinationsraten b/d und c/d sind niedriger als b/c; die Rekombinationsraten b/d plus c/d ergeben etwa b/c. Aufgrund welchen Prinzips konnten Sie dies berechnen?

Es ergibt sich die lineare Reihenfolge b–d–c. Aufgrund des Prinzips: je größer die räumliche Entfernung zwischen zwei Genen, umso häufiger werden sie durch crossing-over getrennt werden. (Seite 471)

33 Wie unterscheidet sich die diplogenotypische Vererbung von den haplogenotypischen?

Nach der Kreuzung der Eltern erfolgt die Rekombination der Erbanlagen erst in der Meiose vor der Gametenbildung der F_1-Generation; die Aufspaltung der elterlichen Erbanlagen wird daher erst in der F_2-Generation sichtbar; die Merkmalsausbildung wird jeweils durch zwei homologe Gene beeinflußt; dadurch ist Heterozygotie möglich. (Seite 471)

34 Erklären Sie folgendes: Ein Individuum ist in bezug auf ein Gen

a) homozygot;

a) Es ist «reinerbig», d.h. die beiden Allele sind gleich;

b) heterozygot;

b) «mischerbig», d.h. die beiden Allele sind verschieden;

ein Allel verhält sich

c) dominant;

c) phänotypische Merkmalsausprägung auch im heterozygoten Zustand, d.h. auch wenn das Allel nur einmal vorhanden ist;

d) rezessiv;

d) phänotypische Merkmalsausprägung nur im homozygoten Zustand, d.h. wenn das Allel doppelt vorhanden ist;

e) intermediär.

e) phänotypische Merkmalsausprägung im heterozygoten Zustand schwächer als im homozygoten. (Seite 471)

35 Leiten Sie die (diplogenotypische) Vererbung der Blütenfarbe bei *Mirabilis jalapa* ab, indem Sie ein Vererbungsschema skizzieren! Wählen Sie die Bezeichnung R für das rote Farballel, r für das weiße. Die Merkmalsausprägung dieses Gens verhält sich intermediär.

a) Kreuzen Sie homozygote Eltern; charakterisieren Sie Genotypen und Phänotypen der F_1! Wie lautet die entsprechende Mendelsche Regel?

a) Genotypen: 100 % Rr; Phänotypen: 100 % rosa Blüten; **1. Mendelsche Regel**: Uniformität der F_1 ;

b) Kreuzen Sie Individuen der F_1 untereinander; charakterisieren Sie Genotypen der F_2! Wie lautet die entsprechende Mendelsche Regel?

b) Genotypen: 25 % RR, 25 % rr; 50 % Rr; Phänotypen: 25 % rot, 25 % weiß, 50 % rosa; **2. Mendelsche Regel**: Aufspaltung der F_2 . (Seite 471)

36 Diplogenetische Vererbung der Blattzähnung bei *Urtica pilulifera*. Skizzieren Sie ein Vererbungsschema! Wählen Sie die Bezeichnung Z für das dominante Allel «scharfzähnig» und z für das rezessive Allel «ganzrandig»!

a) Kreuzen Sie homozygote Eltern, die sich in diesem Allel unterscheiden; charakterisieren Sie Genotypen und Phänotypen der F_1!

a) Genotypen: 100 % Zz; Phänotypen: 100 % scharfzähnig;

b) Kreuzen Sie Individuen der F_1 untereinander; charakterisieren Sie Genotypen und Phänotypen der F_2!

b) Genotypen: 25 % ZZ, 25 % zz, 50 % Zz; Phänotypen: 75 % scharfzähnig, 25 % ganzrandig. (Seite 473)

37 Schlagen Sie eine Kreuzung vor, mit der Sie auf dem schnellsten Wege entscheiden können, welche der unter 36b erhaltenen scharfzähnigen F_2-Individuen heterozygot und welche homozygot sind!

Rückkreuzung mit dem rezessiv-homozygoten Elter (zz, ganzrandig): Jene Individuen, bei denen die Nachkommen dieser Rückkreuzung eine Aufspaltung zeigen (50 % Zz, 50 % zz), sind die heterozygoten; jene dagegen, die eine phänotypisch einheitliche Nachkommenschaft ergeben (100 % Zz), sind die homozygoten. (Seite 471)

38 Erläutern Sie die diplogenotypische Vererbung von Blütenfarbe und Blütenform beim Löwenmäulchen anhand einer Zwei-Faktor-Kreuzung (RRZZ × rrzz); dabei bedeuten: R = rot, r = weiß, Z = zygomorph, z = radiär; (R ist dominant gegenüber r, Z ist dominant gegenüber z). Charakterisieren Sie a) Genotypen und b) Phänotypen der F_2!

a) **Genotypen:** je $^1/_{16}$ RRZZ, RRzz, rrZZ, rrzz; je $^1/_8$ RRZz, RrZZ, Rrzz, rrZz; $^1/_4$ RrZz;
b) **Phänotypen:** $^9/_{16}$ rot-zygomorph, $^3/_{16}$ rot-radiär, $^3/_{16}$ weiß-zygomorph, $^1/_{16}$ weiß-radiär. (Seiten 471, 473)

39 a) Was fällt Ihnen bei der Beschreibung der Phänotypen auf (Frage 38b)?

a) Es treten gegenüber den Eltern 2 neue Phänotypen auf (rot-radiär und weiß-zygomorph);

b) Auf welche Eigenschaft der Gene läßt dieses Phänomen schließen?

b) aus der Analyse der Genotypen läßt sich erkennen, daß Gene neu kombiniert worden sind;

c) Formulieren Sie daraus die 3. Mendelsche Regel!

c) d.h., die Gene sind frei kombinierbar. (Seite 473)

40 Was kann der Grund dafür sein, daß in einer Zwei-Faktoren-Kreuzung das Aufspaltungsverhältnis in der F_2-Generation nicht 9 : 3 : 3 : 1 beträgt?	a) Beide Gene liegen in einer Koppelungsgruppe, d.h. sie liegen nahe nebeneinander im selben Chromosom und sind daher nur durch crossing-over, also intrachromosomal rekombinierbar; b) es könnten Letalfaktoren vorliegen (Allele, die homozygot tödlich wirken). (Seite 473)
41 Gibt es Gene auch außerhalb der Chromosomen?	Ja: DNA in den Mitochondrien («Chondriom») und in den Plastiden («Plastidom»): extrachromosomale Vererbung. (Seite 474)
42 Was ist **Parasexualität** und wo tritt sie auf?	Bei den relativ seltenen Kreuzungsvorgängen (Konjugation) bei Viren und bei Bakterien verschmelzen Teile von Zellen, und (nur) Teile des Genoms werden rekombiniert. (Seite 475)
43 Schildern Sie den Ablauf der Bakterien-**Konjugation**, wie er sich im elektronenmikroskopischen Bild darstellt!	Zwischen einem F^+- und einem F^--Partner werden Sexualpili ausgebildet. Der F^+-Faktor der Spenderzelle wird mit einem Stück anhängender DNA der Empfängerzelle übermittelt und verursacht damit die einseitige genetische Rekombination. (Seite 476)
44 Was sind **Plasmide** und welche Bedeutung haben sie in der Medizin?	Frei im Bakterienplasma liegende DNA-Ringe, die sich autonom replizieren, im Gegensatz zu Viren aber keine eigene Proteinhülle bilden. Es ist gelungen, ein für die Bildung von Insulin verantwortliches Gen in das Plasmid von *Escherichia coli* einzubauen und damit dieser Bakterie die Fähigkeit zur Insulinsynthese zu verleihen. Gewisse Plasmide enthalten Resistenzfaktoren gegen Antibiotika etc., ihre Übertragung im Zuge der Konjugation erzeugt entsprechende resistente Bakterienstämme, deren Bekämpfung dadurch erschwert wird (Gentechnologie = genetic engineering). (Seite 476)
45 Was ist a) horizontaler;	a) Die Übertragung von Genen zwischen verschiedenen Sippen (Kreuzung), insbesondere zwischen nicht näher miteinander verwandten, und zwar vor allem dort, wo dies auf natürliche Weise nicht möglich ist, sondern nur künstlich, gentechnologisch bewirkt werden kann; im Unterschied zur
was b) vertikaler Gentransfer?	b) natürlichen, «vertikalen» Übertragung der Gene von den Eltern auf die Nachkommen, im Verlaufe der natürlichen Evolution. (Seite 477)
46 Deuten Sie folgenden Versuch: einen $arg^- str^s$ (d.h. Arginin-bedürftigen und Streptomycin-sensiblen) *Salmonella*-Stamm infiziert man mit Bakteriophagen, die sich auf einer $arg^+ str^r$ (Arginin-autotrophen und Streptomycin-resistenten) Kolonie entwickelt hatten. Es lassen sich auf Nährböden ohne Arginin bzw. mit Streptomycin die seltenen Rekombinationstypen $arg^+ str^s$ sowie $arg^- str^r$ auslesen.	In diesem Fall liegt eine **Transduktion** vor. Bei der Lyse der Bakterien ist die Phagen-DNA mit einem kleinen Stückchen Wirts-DNA freigesetzt worden. Bei einer Neuinfektion haben die Phagen die arg^+- bzw. str^r-Gene übertragen. (Seite 477)
47 Wie, von wem und wann wurde die DNA endgültig als Erbsubstanz identifiziert?	O. T. Avery isolierte im Jahre 1944 DNA aus abgetöteten kapselbildenden Stämmen von *Diplococcus pneumoniae* und infizierte damit lebende Kolonien des nichtpathogenen Stammes, der keine Kapsel bildet. Es entstehen vereinzelt kapselbildende pathogene Kolonien, d.h. die isolierte DNA muß aufgenommen worden sein. (Seite 478)
48 Was ist Transduktion?	Temperente Bakteriophagenstämme weden künstlich als Überträger von Bakteriengenen verwendet. Bakteriophagen sind die Viren der Bakterien. (Seite 477)
49 Was ist Transformation?	Aus abgetöteten Zellen isolierte molekulare DNA läßt sich auf lebende Zellen übertragen und in deren Erbsubstanz einbauen. (Seite 478)

3. Mutation

50 a) Was ist eine Mutation? Welche Typen von Mutationen gibt es

a) Eine Veränderung des Erbgutes.

b) in bezug auf ihre stoffliche Grundlage;

b) **Gen-Mutation** (=«Punktmutation»): Änderung an einem einzelnen Gen (im Kerngenom oder im Plastiden- oder im Mitochondriengenom), also geringfügige Änderung an der DNA, z.B. Änderung eines einzigen Basenpaares; **Transposon-bedingte Mutation**: Insertionssegmente und Transposonen («jumping genes») steuern die Genexpression und lösen vielleicht Chromosomenmutationen aus; **Chromosomen-Mutation**: mikroskopisch sichtbare Änderungen in der Struktur eines Chromosoms; **Genom-Mutation:** Änderung in der Zahl der Chromosomen. (Seite 479)

c) in bezug auf ihre Lokalisation im Organismus;

c) **Keimbahn-Mutationen** (verständlicherweise sind nur diese evolutiv relevant) und **somatische Mutationen** (im Soma, d.h. außerhalb der Keimbahn, evolutiv irrelevant).

d) in bezug auf ihre Ursachen;

d) **Spontane Mutationen** und durch ionisierende Strahlen oder durch mutagene Chemikalien **induzierte Mutationen**.

e) in bezug auf ihre Wirkung und evolutive Bedeutung?

e) **Mikromutationen** (bewirken relativ geringfügige Änderungen, die aber im Lauf der Evolution additiv sehr entscheidend sein können); **Makromutationen** (bewirken drastische, auffällige Veränderungen, oft in mehreren Merkmalsbereichen, ihre Natur, Häufigkeit und evolutive Rolle ist umstritten); **letale Mutationen** (d.s. solche mit tödlicher Wirkung). (Seite 478)

f) Was sind homologe Mutationen?

f) Solche, die bei ganz verschiedenen Sippen dasselbe Merkmal bewirken. (Seite 479)

51 a) Wie kann man Genmutationen auslösen?

a) Sie können künstlich hervorgerufen werden durch ionisierende Strahlung, als da sind: UV-Licht, Röntgenstrahlung, Gamma-Strahlung; aber auch durch gewisse Chemikalien. (Die natürlichen, spontanen Genmutationen beruhen auf zufallsgemäßen Replikationsfehlern und/oder werden durch natürliche ionisierende Strahlung ausgelöst.)

b) Lassen sich bestimmte Mutationen induzieren?

b) Nein. (Seite 479)

52 Wirkt sich jeder Replikationsfehler, jede molekulare Änderung in der DNA zwangsläufig, unvermeidlich als Mutation aus?

Nein, es gibt Reparatur- und Kontrollmechanismen, die dafür sorgen, daß nicht jeder Fehler in der DNA als Mutation zur Wirkung kommt. (Seite 480)

53 Was ist a) multiple Allelie,

a) Ein Gen umfaßt mehr als zwei Allele (d.h. kann in mehr als zwei verschiedenen Funktionszuständen auftreten). (Seite 480)

b) Polygenie,

b) Mehrere Gene sind für die Ausprägung eines Merkmals verantwortlich. (Seite 474)

c) Pleiotropie eines Gens?

c) Ein Gen wirkt sich auf mehrere Merkmalsbereiche aus. (Seite 480)

54 Was sind «jumping genes»?

Gene (DNA-Sequenzen), die ihre Position im Genom ändern können. (Seite 481)

55 Wie entstehen Chromosomenmutationen und welche Typen gibt es?

Brüche und darauffolgende Fusionen an anderer Stelle verursachen Chromosomenmutationen. Es gibt:
a) Deletionen (Chromosomenstückverluste);
b) Duplikationen (Verdoppelung eines Abschnittes);
c) Inversionen (Drehungen eines Abschnittes um 180 Grad);
d) Translokationen (Verlagerungen von Abschnitten, meist von einem zu einem anderen Chromosom);
e) Robertsonian Fission und Fusion (Trennung eines metazentrischen Chromosoms am Centromer bzw. Vereinigung telozentrischer Chromosomen am Centromer). (Seite 481)

56 Welche Typen von Genommutationen gibt es und wie entstehen Genommutationen?

a) **Dysploidie**: Änderung der Chromosomengrundzahl;
b) **Aneuploidie**: einzelne zusätzliche oder fehlende Chromosomen;
c) **Polyploidie**: Vervielfachung der Chromosomenzahl;
d) **Haploidie:** Halbierung der diploiden Zahl;
e) **Agmatoploidie:** Veränderung der Chromosomenzahl durch Erhaltenbleiben von Chromosomenstücken bei polycentrischen Chromosomen. (Seite 481)

57 Was ist
a) somatische Polyploidie? und

a) Polyploide Zellen oder Gewebe im Soma (d.i. außerhalb der Keimbahn), meist funktionell spezialisiert, z.B. Drüsenzellen.

b) generative Polyploidie?

b) über die Keimbahn weitergegebene Polyploidie, die also den ganzen Organismus betrifft, im Vergleich zum Chromosomenbestand der nächstverwandten Sippen.

c) Was bedeuten die Symbole n und x?

c) n=Chromosomenzahl des Gametophyten (z.B. der Gameten); x=haploide «Grundzahl», d.i. der gametophytische Chromosomensatz der als generativ diploid betrachteten Sippe eines Polyploidkomplexes; empirisch ist x die niedrigste haploide Zahl einer Sippengruppe mit Polyploidie. (Seite 482)

58 Welche Bedeutung hat Polyploidie für die Evolution?

Polyploidie ist ein Mittel zur Vermehrung des DNA-Materials, die a) einerseits (als **somatische Polyploidie**) bei der funktionellen Spezialisierung der Zellen eine Rolle spielt,
b) andererseits (als **generative P.**) eine evolutive Bedeutung hat: Zunahme der DNA-Menge kann eine Vermehrung des «genetischen Rohmaterials» als Voraussetzung für spätere Spezialisierung bedeuten. Am wichtigsten ist wohl c) die **Allopolyploidie** (=«Amphidiploidie»), also die Kombination von Polyploidisierung mit Hybridisierung: eine polyploid gewordene Hybride ist i.a. fertil (Aufhebung der Hybridsterilität oder der abgesenkten Fertilität), und gleichzeitig ist die Rückkreuzung mit den Elternsippen verhindert oder erschwert, wodurch die Hybride selbständig werden und sich zu einer neuen Art entwickeln kann. (Seite 483)

59 a) Wie kann Polyploidie künstlich ausgelöst werden?

a) Durch Hemmung der Zellspindelbildung in der Mitose mittels bestimmter Chemikalien (z.B. Colchizin). (Vgl. Frage 155 im Ersten Teil!, Seiten 63, 483)

b) Welche angewandte Bedeutung hat diese Technik?

b) In der Pflanzenzüchtung zur Erzeugung polyploider, manchmal leistungsfähigerer (Vergrößerung der Pflanze!) Sorten.

4. Gen-Pool und Rekombinationssystem

60 Was versteht man unter
a) Rekombination;

a) Neuzusammensetzung, Umordnung, Vermischung der Erbanlagen innerhalb eines Individuums und innerhalb einer Population;

b) Rekombinationssystem;

b) Gesamtheit aller Faktoren, die sich auf die Rekombination beziehen;

c) Rekombinationsrate und

c) Ausmaß und Geschwindigkeit der Rekombination;

d) was ist deren evolutive Bedeutung?

d) Rekombinationssystem und Rekombinationsrate sind verantwortlich für genetische Plastizität bzw. Stabilität einer Population; sie wird einerseits von der Umwelt gesteuert und ist andererseits die Grundlage für die evolutive Potenz einer Population und deren Bewältigung der Umwelt: ob sich eine Population progressiv oder regressiv verhält, wie rasch sie sich an geänderte Umweltbedingungen anpassen kann, wie rasch sie neue Merkmale entwickeln kann, aber auch, wie gut sie günstige Merkmale festhalten kann, hängt zu einem wesentlichen Teil vom Rekombinationssystem ab (mehr als von der Mutationshäufigkeit). (Seite 484)

61 Was sind die wichtigsten Faktoren des Rekombinationssystems?

a) Relatives Ausmaß der sexuellen und vegetativen Fortpflanzung; b) Organisation des Erbgutes (Haploidie oder Diploidie); c) Befruchtungsverhältnisse (Allogamie versus Autogamie); d) Ausmaß genetischer Barrieren (d.h. Ausmaß der Hybridisierungsmöglichkeiten); e) Ausbreitungsradius von Pollen und Diasporen (Genfluß); f) Lebensdauer und Generationenfolge; g) Zahl der Chromosomen (bzw. Koppelungsgruppen); h) Crossing-over-Frequenz; i) Vorhandensein oder Fehlen von somatischer Rekombination. (Seite 484)

62 Worin besteht der evolutive Vorteil der Diplonten gegenüber den Haplodiplonten und den Haplonten?

Diploidie (und in entsprechend noch höherem Ausmaß Polyploidie) bedeutet eine Vergrößerung des Gen-Pools (Genreservoirs), ermöglicht Rezessivität, d.h. Speicherung latenter Erbanlagen, die, auch wenn sie nicht sofort nützlich sind, unter geänderten Verhältnissen einmal nützlich sein können; Pufferung des Genoms gegenüber Umweltschwankungen, größere genetische Elastizität, größere evolutive Potenz etc. (Seite 485)

63 a) Was ist **Sexualität**?

a) Sexualität ist der wichtigste Mechanismus zur Ermöglichung von Rekombination (= Durchmischung des Erbgutes).

b) Aus welchen Phänomenen besteht sie?

b) Sie besteht im wesentlichen aus (1) polarer Differenzierung (genetisch oder modifikativ bestimmt) der Population in Plus- und Minus- bzw. weibliche und männliche Individuen, (2) Plasmogamie (Kopulation), (3) Karyogamie (= Kernverschmelzung), (4) Meiose.

c) Bei welchen Organismen kommt sie vor?

c) Bei allen eukaryotischen Organismen. Bei den Bakterien wird sie durch Pseudosexualität ersetzt; bei den Blaualgen (Cyanobakterien) sind sexuelle Vorgänge nicht sicher nachgewiesen.

d) Was ist ihre evolutive Bedeutung?

d) Sie ist Hauptbestandteil des Rekombinationssystems. (Seite 485)

64 Was sind

a) Monöcisten und

a) Pflanzen mit weiblichen und männlichen Geschlechtsorganen auf demselben Individuum; bei Samenpflanzen unterscheidet man Hermaphroditismus (= Zwittrigkeit: d.h. jede Blüte enthält beide Geschlechter) von der Monözie im engeren Sinn (eingeschlechtige Blüten);

b) Diöcisten?

b) weibliche und männliche Geschlechtsorgane auf verschiedenen Individuen. (Seite 485)

65 a) Was sind **Geschlechtschromosomen**;

a) Für die genotypische Geschlechtsbestimmung verantwortliche, von den übrigen (= Autosomen) differenzierte Chromosomen;

b) welche Rolle spielen sie?

b) sie verhindern eine Rekombination zwischen den geschlechtsbestimmenden Genen und damit den Zusammenbruch der Diözie;

c) Auf welche Weise steuern sie die Ausprägung des Geschlechts (der Geschlechtsmerkmale)?

c) sie enthalten wahrscheinlich Realisatorgene, die der in den Autosomen vorhandenen bisexuellen Potenz entgegenwirken. (Seite 485)

66 Nennen Sie Pflanzensippen mit Geschlechtschromosomen!

Sphaerocarpus (ein Lebermoos: Sphaerocarpales, Marchantiidae, Marchantiopsida, Bryophyta); *Silene latifolia* (= *S. alba*, Weiß-Leimkraut, Weiße Lichtnelke; Caryophyllaceae, Angiosperme); *Rumex acetosa* (Sauer-Ampfer, Polygonaceae, Angiosperme). (Seite 486, Abb. 3-24)

67 Was ist der ökologische Grund für die mehrfach festzustellende Progression von Isogamie Richtung Anisogamie und Oogamie?

Arbeitsteilung zwischen Beweglichkeit (Transport, Genfluß!) und Reservestoffspeicherung für das Ruhestadium und Nährstoffspeicherung für die Versorgung der ontogenetischen Frühstadien der Nachkommen (Brutpflege). (Seite 486)

68 Auf welche Weise wird bei Monöcisten und Zwittern die **Autogamie** verhindert?

Selbststerilitätsgene mit multiplen Allelen (Inkompatibilitäts-Allelen) machen Allogamie unumgänglich. (Seite 486)

69 Nennen Sie

a) Vorteile und

a) Pionierpflanzen können unabhängig von Blütenbesuchern rasch große Populationen aufbauen; größere genetische Fitneß infolge des Wegfallens ungünstiger Neukombinationen;

b) Nachteile der **Autogamie**!

b) Senkung der Rekombinationsrate, Inzucht, verringerte genetische und damit evolutive Plastizität («evolutive Sackgasse»). (Seite 487)

B. Anpassung und Differenzierung, Divergenz und Konvergenz

1. Selektion, Drift und Populationsstruktur

70 Welche Vorgänge in einer Population oder in einer Sippe können zu Gendrift (= genetische Drift) führen?

Katastrophen mit starker Verringerung der Populationsgröße oder Wanderungsvorgänge bei Sippen führen zu einer zufallsbestimmten Eliminierung bzw. Fixierung bestimmter Allele. (Seite 488)

71 a) Welche Bedeutung hat balancierter genetischer Polymorphismus?

a) Er wirkt als Pufferung gegen schwankende Umweltverhältnisse: nur einige Biotypen in der Population werden jeweils geschädigt, andere können überleben.

b) Führen Sie ein Beispiel an!

b) Unterschiedliche Austriebszeit sommergrüner Holzgewächse im Frühling. (Seite 489)

72 Wie läuft die Selektion in der Natur ab?

Selektion ist zu verstehen als Wettbewerb zwischen Biotypen in einem bestimmten Biotoptyp. (Seite 489, Abb. 3-28 bis 3-32)

73 Erklären Sie die Phänomene der

a) stabilisierenden;

a) Eliminiert in gleichbleibender Umwelt die Extremformen einer Population (z.B. allzu früh und allzu spät austreibende Bäume);

b) gerichteten;

b) verschiebt gemäß einseitig veränderten Umweltbedingungen die Variationsbreite (z.B. Entstehung immer ertragreicherer Kulturrassen durch «Orthoselektion»);

c) disruptiven Selektion! Geben Sie dazu Beispiele!

c) führt bei gleichzeitiger Einwirkung verschiedener Selektionsdrücke zu einer mehrgipfeligen Aufteilung der Variationskurve, letztlich damit zu einer Aufspaltung der Population bzw. der Sippe (z.B. an Mahd oder Beweidung angepaßte Rassen; Anpassung an verschiedene Blütenbestäuber etc.). (Seite 490)

74 Nennen Sie einen Fall, in dem auch nachteilige Merkmale gefördert werden!

Eine derartige Förderung kann eintreten, wenn das nachteilige Merkmal infolge pleiotroper Genwirkung oder aus anderen genetischen oder entwicklungsphysiologischen Gründen an ein selektiv gefördertes Gen gekoppelt ist. (Seite 490)

75 Fassen Sie die Faktoren zusammen, die an der Anpassung von Populationen an die Umwelt beteiligt sind!

a) Modifikationen; b) Verschiebung des prozentualen Anteils verschiedener Biotypen (Genotypen); c) neuartige Merkmale infolge von Rekombination der im Gen-Pool vorhandenen Anlagen; d) Entstehung neuer Mutanten; für b) bis d) ist selektive Förderung notwendig. (Seiten 490, 491)

2. Räumliche Isolation und Rassenbildung

76 Zeigen Sie an Beispielen den Verlauf ökologischer und geographischer Rassenbildung!

Bei der Ausbreitung einer Ausgangspolulation in andere ökologische oder geographische Räume werden sich im Laufe der Zeit die jeweils am besten passenden Biotypen durchsetzen. Durch genetische Drift und räumliche Isolation können auf diese Weise ökologische bzw. geographische Rassen entstehen. (Seite 491)

77 Oft sterben Wildherkünfte alpiner Sippen ab, wenn sie ins Tiefland verpflanzt werden, Gärtnerei-Herkünfte dagegen gedeihen prächtig. Wie erklären Sie dieses Phänomen?

In der Gärtnerei wurden (absichtlich oder unabsichtlich) Biotypen ausgelesen, die an die Tieflandsbedingungen angepaßt sind: künstliche Ökotypenbildung!

78 Was ist

a) **clinale** Differenzierung und

a) Kontinuierliche Merkmals- oder Sippendifferenzierung entlang eines ökologischen oder geographischen Gradienten;

b) eine **Cline**?

b) der dadurch entstandene Merkmalsgradient bzw. die Sippe mit räumlich sich kontinuierlich veränderndem Merkmalsbestand;

c) Wie hängen diese Phänomene mit der Bildung ökologischer und geographischer Rassen zusammen?

c) treten dabei Diskontinuitäten auf, so kommen auf diese Weise ökologische bzw. geographische Rassen zustande. (Seite 491)

79 Was ist und welche genetischen Voraussetzungen hat

a) allopatrische;

a) Differenzierung in geographisch oder ökologisch getrennten Räumen (getrennte Areale bzw. getrennte Biotope), meist ohne Ausbildung reproduktiver Isolation (d.h. ohne Einbau von Kreuzungsbarrieren), die wegen der räumlichen Isolation nicht nötig ist;

b) sympatrische Rassendifferenzierung;

b) Differenzierung im selben Areal und Biotop; nur möglich bei gleichzeitigem Aufbau von Kreuzungsbarrieren; kommen meistens auf einem Umweg zustande: nach allopatrischer Differenzierung und Einbau von Kreuzungsbarrieren ist sekundär wieder gemeinsames (= sympatrisches) Auftreten möglich;

c) was ist eine **Rasse**?

c) eine Sippe irgendeiner infraspezifischen Rangstufe (also Subspezies oder Varietät oder Forma). (Seite 491)

3. Reproduktive Isolation und Artbildung

80 a) Was sind Sippen und

a) Sippen sind untereinander verschiedene und gegeneinander ± abgegrenzte Abstammungsgemeinschaften. Der Grad ihrer Verwandtschaft (d.i. ihre Rangstufe) kann sehr verschieden sein. Sippen sind z.B. die Chlorobionta (umfassend u.a. die einzellige Grünalge *Chlamydomonas*, den Mammutbaum/*Sequoiadendron*, den Weizen/*Triticum* und die Wasserlinse/*Lemna*), die Familie Brassicaceae (Kreuzblütler), die Gattung *Rosa*, die Wild-Weinrebe/*Vitis vinifera* subsp. *sylvestris* und die weißkronige Mutante des Wiesen-Salbeis / *Salvia pratensis f. albiflora*. Dies alles sind Sippen, sofern sie nicht polyphyletisch, d.h. mehrfach unabhängig voneinander entstanden sind, was sowohl bei den höchstrangigen Sippen – wie den «Plantae» – als auch bei den niedrigstrangigen – wie bei der Blüten-Albino-Mutante des letzten Beispiels – recht wahrscheinlich ist.

b) wie kommen sie zustande (Sippenbildung)?

b) Sippen entstehen durch die Summierung genetisch bedingter Unterschiede infolge von selektiver Differenzierung oder auch infolge von Hybridisierung, durch darauffolgende Trennung von Populationen (Isolation, d.h. die Verhinderung von Genaustausch) usw.; Sippen höherer Rangstufen vor allem auch durch das Aussterben von Bindegliedern («connecting links»), d.s. verbindende, intermediäre, im Verwandtschaftsgrad vermittelnde Sippen. (Seiten 460, 488, 491, 494, 496)

81 Nennen Sie **präzygotische** Isolationsfaktoren (-mechanismen, Kreuzungsbarrieren)?

a) geographische Trennung;
b) ökologische Trennung ;
c) zeitliche Trennung (verschiedene Blütezeiten);
d) blütenökologische Trennung (verschiedene Bestäuber);

e) befruchtungsökologische Trennung (Autogamie, Kleistogamie, Agamospermie);
f) gametische Inkompatibilität (Sterilitätsgene: Pollen keimt nicht oder er keimt zwar, aber es kommt dennoch nicht zur Befruchtung). (Seiten 494, 495)

82 Nennen Sie **postzygotische** Isolationsfaktoren (-mechanismen, Kreuzungsbarrieren)!

a) Samensterilität (die Zygote entwickelt sich nicht, oder der Embryo stirbt frühzeitig ab wegen Disharmonie der Genome oder der Cytoplasmen);
b) Hybridsterilität (F_1 ist fortpflanzungsunfähig aufgrund genetischer oder physiologischer Disharmonien, meiotische Chromosomenpaarung unmöglich oder gestört wegen zu großer Unterschiede);
c) F_1 hat gesenkte Fertilität;
d) erst die F_2 zeigt verminderte Fertilität. (Seite 494)

83 a) Was ist die genetische und evolutive Bedeutung und damit die Ursache für die Entstehung von Kreuzungsbarrieren?

a) Um divergente Spezialisierung zu ermöglichen und aufrechtzuerhalten, müssen günstige Genkombinationen vor Zerfall und Vermischung oder auch Entmischung bewahrt werden; Kreuzungsbarrieren sind genetisch gesteuert und ihr Auf- und Abbau unterliegt der Selektion.(Seite 494)

b) Erläutern Sie die Notwendigkeit von Kreuzungsbarrieren durch Hinweise auf die Pflanzenzüchtung!

b) In der Pflanzenzüchtung werden wertvolle Biotypen nur vegetativ vermehrt (künstliche reproduktive Isolation!), wenn sexuelle Fortpflanzung mangels Kreuzungsbarrieren zu einer unerwünschten Rekombination («der Vater ist immer unbekannt»!) oder zum Zerfall des angestrebten Genbestandes führen würde (etc.).

4. Hybridisierung und Allopolyploidie

84 Worin liegt die evolutive Bedeutung der Hybridisierung?

Vorausgesetzt, daß die Hybriden und ihre Nachkommen einigermaßen fertil sind, zeigen diese Nachkommen eine große genetische Variabilität, es treten neue Merkmalskombinationen auf, das bedeutet Rohmaterial für Evolutionsprozesse. Etwa ein Drittel aller wildwachsenden Cormophyten-Arten und fast alle Kulturpflanzen-Sippen verdanken Hybridisierungsprozessen ihre Existenz. (Seite 496)

85 Was ist Heterosis?

In der F_1 findet man oft eine bessere vegetative Entwicklung als bei den Eltern («Luxurieren der Bastarde»). (Seite 497)

86 Welche Bedingungen fördern die Etablierung und Ausbreitung von Hybriden?

Die Entstehung neuer Lebensräume durch geologische (erdgeschichtliche) Ereignisse (z.B. Eiszeiten) oder durch menschliche Eingriffe in die Ökosphäre (künstliche oder halbnatürliche Standorte: Forste, Grünland, Äcker, Ruderalflächen!). (Seite 497)

87 In welcher Weise können homoploide Hybriden in der Natur in Erscheinung treten?

Je nach dem Ausmaß ihrer Fertilität und nach ihrem ökologischen Verhalten (Möglichkeit der Einnischung in einen Lebensraum) treten Hybriden als vereinzelte Individuen auf, oder sie bilden ± variable Hybridpopulationen oder einen Hybridschwarm (= Individuen, die in ihrem Merkmalsbestand die Elternsippen ± kontinuierlich miteinander verbinden), oder es werden sogar einer oder beide Eltern durch Gen- bzw. Merkmalsinfiltration ± verändert (hybridogene Introgression), oder die Hybridpopulation etabliert sich ökologisch, reduziert ihre Variationsbreite, grenzt sich gegen die Elternsippen im Merkmalsbestand, ökologisch und genetisch ab und wird dadurch zu einer eigenen, neuen Sippe (hybridogenen Unterart oder Art, auch «sekundäre Hybride» genannt). (Seite 497)

88 Was ist
a) Allopolyploiden und
b) apomiktischen Hybriden gemeinsam im Gegensatz zu homoploiden Hybriden?

Beide vermeiden zwei für die meisten homoploiden Hybriden charakteristische Konsequenzen der Hybridisierung, die deren Weiterexistenz einschränken oder unmöglich machen, nämlich die gesenkte Fertilität und die Gefahr, durch Rückkreuzungen mit den Eltern von diesen «aufgesogen» zu werden: Sie sind weitgehend uneingeschränkt fertil und gleichzeitig gegenüber ihren Elternsippen reproduktiv isoliert. Warum?

a) **Polyploidie** ermöglicht problemlose (homogenetische) meiotische Paarung; die Genommutation verhindert die Rückkreuzung;

b) auch **Apomixis** umgeht die gesenkte Hybridfertilität und verhindert Rückkreuzung. (Seite 497)

89 Was versteht man unter einem **Polyploidkomplex** und wie läßt er sich phylogenetisch deuten?

Verwandtschaftsgruppe (Art oder Gruppe nahe verwandter Arten), die aus einer oder mehreren Diploiden und aus mehreren Polyploiden besteht. Die Höherpolyploiden sind i.a. stammesgeschichtlich jünger als die Niederpolyploiden und diese jünger als die Diploiden. (Seite 499)

90 Wieso bestehen die meisten agamospermen Verwandtschaftsgruppen aus einer großen Zahl sehr ähnlicher Sippen, die trotz der großen Ähnlichkeit oft als Arten eingestuft werden (z.B. in den Gattungen *Rubus, Alchemilla, Taraxacum, Hieracium*)?

Jeder nach einer Hybridisierung entstandene F_1-Genotyp ist dank Agamospermie voll fertil und genetisch isoliert (verhält sich daher genetisch wie eine Art). Die Apomixis ist meist nicht 100 %ig, weil gelegentlich Befruchtungsereignisse eintreten und so Rekombinations-Genotypen zustandekommen, die infolge Apomixis jeweils für längere Zeit «eingefroren» werden. Agamospermie ist eine besonders effektive Form der Apomixis. Jedem Biotyp einer sexuellen Sippe entspricht daher eine sogenannte Agamospecies. (Seite 501)

C. Mikro- und Makro-Evolution

91 Was sind die Unterschiede zwischen Phylogenie, Phylogenese und Evolution?

Phylogenie und Phylogenese bezeichnen dasselbe, nämlich die **Stammesgeschichte** einer Sippe, d.h. den historischen Verlauf der Keimbahn, die genealogischen Zusammenhänge zwischen auseinander entstehenden, zeitlich aufeinanderfolgenden Sippen. **Evolution** ist die Gesamtheit der Vorgänge (Prozesse), die der Sippenbildung, d.h. der Veränderung der Sippen in der Zeit, d.h. der Bildung von Stammbäumen, also der Phylogenese zugrunde liegen. (Seiten 460, 505)

92 Was ist Evolution?

Änderung des Erbgutes im Verlauf der Keimbahn, also zeitlich aufeinanderfolgende Verschiedenheiten der Organismen und ihrer Ontogenien aufgrund genetischer Variation. (Seiten 460, 488, 502)

93 Inwiefern lassen die Dipsacaceae den Schluß zu, daß für die Makroevolution (Entstehung von Gattungen und Sippen noch höheren Ranges) dieselben Evolutionsfaktoren verantwortlich sind wie für die Mikroevolution (Entstehung von Arten und infraspezifischen Sippen)?

Die Gattungen dieser Familie unterscheiden sich hauptsächlich durch verschiedene fruchtbiologische Spezialisierungen, die in der Familie weitgehend kontinuierliche Merkmalsreihen bilden und die sich deuten lassen als entstanden durch die Anreicherung und Fixierung von Merkmalen, die schon auf Populationsniveau adaptiv relevant sind und daher zu einer intraspezifischen Differenzierung geführt haben. Infolge der damit verbundenen Einnischung in verschiedene Lebensräume kam es parallel mit der fruchtbiologischen Differenzierung zu Abänderungen hauptsächlich im Fortpflanzungssystem, in der Chromosomenzahl und in der Lebensform (Merkmalsbereiche, die durch das Rekombinationssystem miteinander verknüpft sind!). (Seite 502, Abb. 3-48)

94 Wie lassen sich die wesentlichen Phasen des Evolutionsgeschehens charakterisieren? Bringen Sie jeweils Beispiele!

a) **Anagenese**: Entstehung neuartiger Konstruktionstypen und Baupläne, durch gewaltigen Selektionsdruck bei der Eroberung prinzipiell neuer Lebensräume, meist mehrfach parallel (z.B.: Eroberung des Landes durch Wasserleitung und

Transpirationsschutz etc.; Samenbildung als effektivere Brutpflege; Sympetalie; Saugschuppe als Voraussetzung für den Epiphytismus bei den Bromeliaceae; Sukkulenz; Parasitismus, Carnivorie);
b) **Cladogenese**: mannigfache Abwandlungen eines erfolgreichen Prinzips und dadurch Zustandekommen eines großen Sippenreichtums innerhalb jener Gruppen, die durch eine besonders erfolgreiche «Erfindung» ausgezeichnet sind;
c) **Stasigenese**: Verlust der phylogenetischen Plastizität, Erstarrung, Stabilisierung, Konservierung;
d) Aussterben (**Cladonekrose**): meist als Folge von c) oder als Folge der Konkurrenzierung durch a). (Seite 503)

95 Was versteht man in der Evolutionsforschung unter **«Irreversibilität»** («Dollosches Gesetz»)? Führen Sie Beispiele an!

Damit ist nicht eine sehr große Wendigkeit (irre Versibilität) gemeint und ebensowenig, daß die Selektion ihre Richtung nicht umkehren kann und daß eine einmal gebildete Struktur nicht wieder reduziert (rudimentiert) werden kann, sondern vielmehr die Tatsache, daß aufgrund des historischen Charakters der Evolution eine einmal rückgebildete, verlorengegangene komplexere Struktur nicht wieder (ein zweites Mal) in derselben Weise zustandekommen kann; genauer: daß es dafür nur eine äußerst geringe Wahrscheinlichkeit gibt (z.B. das Laubblatt der ursprünglichen Cactaceae; die Zwitterblüte bei den Vorfahren der Euphorbiaceae; die Plastiden bei den Vorfahren der Pilze). Besteht ein evolutiver «Bedarf» (Selektionsdruck!) an einem verlorengegangenen Organ, muß es auf neue, d.h. andersartige Weise wieder gebildet werden (bei den obengenannten Beispielen: durch Sproßachsenabflachung oder -zergliederung; durch Umgestaltung einer Infloreszenz; durch Symbiose mit Algen bei den Flechten). (Seite 504)

III. Systematik und Phylogenetik

96 Wieso entspricht der Grad der **Verwandtschaft** nicht immer dem Ausmaß der **Ähnlichkeit**?

a) Weil die Evolutionsgeschwindigkeit (Divergenz pro Zeiteinheit) verschieden hoch sein kann;
b) weil es Konvergenzen (unabhängige, nicht auf Verwandtschaft beruhende Ausbildung gleicher Merkmale in verschiedenen Verwandschaftsgruppen) gibt. (Seite 505)

97 Warum ist auch das Ausmaß von **Hybridisierungsmöglichkeiten** kein eindeutiges Indiz für nähere Verwandtschaft?

Weil der Einbau und Abbau von Kreuzungsbarrieren unabhängig von morphologischer Divergenz und phyletischer Verwandtschaft erfolgen kann. (Seite 506)

98 Welche Gesichtspunkte sind bei der Beurteilung der sippensystematischen Wertigkeit (Aussagekraft) von Merkmalen zu beachten?

a) Die Merkmale müssen genetisch verankert sein bzw. sich von Phänokopien (modifikativ bedingten Merkmalen, die genetisch bedingten gleichen) unterscheiden lassen;
b) die zu vergleichenden Merkmale müssen untereinander homolog sein;
c) die funktionelle Bedeutung des Merkmals soll für die betreffende Verwandtschaftsgruppe möglichst gering sein, d.h. es soll möglichst wenig einem Selektionsdruck unterworfen sein. (Seite 506)

99 Ist **Heterobathmie** ein Hindernis für die Erforschung der Sippenphylogenie oder der Merkmalsphylogenie?

Für die Rekonstruktion der Sippenphylogenie. (Seite 508)

100 Was ist charakteristisch für **phänetische Methoden** in der Taxonomie?

Quantifizierung qualitativer Merkmale; eindeutig festgelegte und daher besser reproduzierbare Methode; Unabhängigkeit von Hypothesen über die Wertigkeit der Merkmale (Unvoreingenommenheit), also größere Objektivität. (Seite 505)

101 Was ist Kladistik?

Wissenschaftliche, logische, strenge und konsequente phylogenetische Systematik, die ausschließlich genealogische Beziehungen berücksichtigt; entscheidend ist, welche Merkmale als abgeleitet (= «apomorph») angesehen werden (im Gegensatz zu den relativ primitiveren, den Vorfahren gemeinsamen, = «plesiomorphen» Merkmalen). (Seite 508)

102 Was ist «Systematik», «Sippensystematik», «Synsystematik», «Biosystematik» und «Taxonomie»?

Unter «**Systematik**» im engeren Sinn (d.i. i. S. des Strasburger-Lehrbuchs) versteht man in der Biologie die vergleichende Untersuchung der Organismensippen, die Erfassung (gegenseitige Abgrenzung) und Beschreibung der Sippen, die Untersuchung der Ähnlichkeiten und Verschiedenheiten und die Erforschung der diesen Beziehungen zugrundeliegenden Gesetzmäßigkeiten. Das ergänzende Bemühen, diese Erkenntnisse geordnet darzustellen, d.h. ein «System» zu erarbeiten und zu diesem Zweck die als natürliche Einheiten erkannten Sippen in formalisierter Weise hierarchisch zu gruppieren (d.h. als Taxa abzubilden), wird **Taxonomie** (im engen Sinn) genannt, deren dabei notwendige Benennung ist **Nomenklatur**. (Die Aufklärung der Stammesgeschichte ist Aufgabe der **Phylogenetik**.) Oft wird jedoch all dies zusammen «Systematik» – oder auch «Taxonomie» – im jeweils weiteren Sinn genannt. Auch davon abgesehen, ist der Ausdruck «Systematik», insbesondere in der adjektivischen Form «systematisch», jedoch mißverständlich, weil zu allgemein (jede Wissenschaft arbeitet systematisch, d.h. in geordneter Weise mit Bezug auf einen größeren Zusammenhang). Deshalb, auch zur Abgrenzung von der Systematik der Pflanzengesellschaften (= «**Synsystematik**»), sind die Ausdrücke «**Sippensystematik**» oder «**Biosystematik**» für die oben skizzierte, typisch und ausschließlich biologische Disziplin vorzuziehen. Unter «Biosystematik» verstand man früher allerdings die betont multidisziplinäre Sippensystematik, insbesondere unter Einbeziehung genetischer, fortpflanzungsbiologischer, karyologischer und ökologischer Daten, im ausgesprochenen Gegensatz zur überwiegend an Anatomie und Morphologie orientierten «Herbarsystematik» («klassischen Systematik»). (Seite 461)

103 Befunde aus einem einzigen Merkmalsbereich oder mit nur einer einzigen Methode gewonnene Daten dürfen zwar niemals die Sippensystematik ausschließlich bestimmen, dennoch kommt es immer wieder vor, daß bei strittigen sippensystematischen Fragen eine neue Methode oder ein bestimmter Merkmalsbereich ausschlaggebend wird für eine neue und besser zufriedenstellende Taxonomie. Geben Sie dafür 6 Beispiele!

a) Die stärkere Berücksichtigung anatomischer Merkmale des Hymeniums und der Fruchtkörpertrama zusammen mit chemischen Merkmalen hat zu einer Änderung (Verbesserung) in der Systematik der Homobasidiomycetidae geführt, indem sie die frühere Gliederung, die fast ausschließlich den Bau des Hymenophors und die äußere Morphologie des Fruchtkörpers («Blätterpilze», «Röhrlinge», «Bauchpilze») berücksichtigte, abgelöst hat.
b) Embryologische Befunde haben den Ausschlag dafür gegeben, die perianthlose Wasserpflanzenfamilie Callitrichaceae zu den Scrophulariales zu stellen. (Seite 749)
c) Karyologische Befunde haben überwiegend dazu beigetragen, bestimmte Gattungen aus den früheren Amaryllidaceae und Liliaceae herauszunehmen und zu der eigenen Familie Agavaceae zusammenzufügen. (Seiten 510, 807, Abb. 3-55)
d) Gewisse Alkaloide haben die Überstellung der Papaverales aus der Verwandtschaft der Cruciferen = Brassicaceae (Capparales) zu jener der Ranunculaceae (Ranunculales) veranlaßt, was übrigens die Raupen der Kohlweißlinge (Pierinae) bestätigen (sie fressen auf Capparaceae und Cruciferen, aber nicht auf Papaveraceae). (Seiten 510, 754)
e) Die Zugehörigkeit der Cactaceae und Didiereaceae zu den Caryophyllales wurde durch das auf die Caryophyllales beschränkte Vorkommen der Betacyane eindrucksvoll erhärtet und gilt seitdem als unbestreitbar. (Seite 510, Abb. 3-56)

f) Die ehemalige Unterklasse Hamamelididae (innerhalb der ehemaligen Dikotylen) ist den DNA-Befunden zufolge auf nicht weniger als 8 unabhängige Gruppen aufzuteilen, dementsprechend an 8 verschiedenen Stellen in 4 verschiedenen Unterklassen der Rosopsida unterzubringen (Seite 764, Abb. 3-298). Es wird sich in der Zukunft zeigen, ob diese neue Taxonomie so lang oder gar noch länger hält als die Zweigliederung der dialypetalen Dikotylen in Rosidae und Dilleniidae, die immerhin 4 Strasburger-Auflagen lang durchgehalten hat.

104 a) Welche der vielen Arbeitsrichtungen, auf deren Befunden die Sippensystematik aufbaut, würden Sie unter der Bezeichnung «molekular» zusammenfassen?

a) Die phytochemischen, die serologischen (= protein-chemischen) und die DNA-analytischen (= molekulargenetischen). (Bloß die letzteren «molekular» zu nennen, ist unrichtig.)

b) Handelt es sich dabei um gleichwertige Merkmalsbereiche?

b) Nein: Die phytochemischen sind Merkmale im eigentlichen Sinn, dies insofern, als sie auf der organismisch-funktionellen Ebene liegen: sie sind direkt den Selektionskräften ausgesetzt. Die Nukleotidsequenzen hingegen sind die genetische Basis der eigentlichen Merkmale (z.B. auch der phytochemischen), unterliegen also hauptsächlich einer indirekten Selektion (sofern es sich um Gene handelt), allerdings zusätzlich wahrscheinlich auch einer internen Selektion.

105 Was versteht man unter

a) Organisationstypen, Organisationsstufen, Entwicklungsstufen?

a) Englische Bezeichnung: «grades» (im Gegensatz zu «clades» = natürliche Sippen, Abstammungsgemeinschaften). Das sind Einheiten (Taxa) (höherer Rangstufen) in einem nicht-phylogenetischen System, das anagenetische Merkmale (vgl. Anagenese!), also die Organisationshöhe verwendet und sich deshalb vom natürlichen (phylogenetischen, auf Verwandtschaft beruhenden) System abhebt, weil bestimmte Organisationsmerkmale mehrmals parallel oder konvergent in mehreren Abstammungslinien entstanden sind.

b) Geben Sie Beispiele!

b) «Algen», «Pilze», «Gefäßpflanzen», «Nacktsamer», «Polycarpicae», «Apetalae», «Sympetalae». (Seite 506)

106 Die multidisziplinäre Arbeitsweise ist konstitutiv für die Sippensystematik und Evolutionsforschung.

a) Welche innerhalb ihrer vielen Hilfsdisziplinen (von der Anatomie über die Phytochemie bis zur Ökologie, Chorologie, Paläobotanik usw.) ist die neueste, aktuellste, spannendste?

a) Die RNA- und DNA-Analytik.

b) Nennen Sie kurz deren hauptsächliche Techniken!

b) Bestimmung der Basensequenzen der 16S-, der 8S-rRNA und der ITS-Regionen in der rDNA des Kerngenoms sowie des Chloroplasten-Gens rbcL (cpDNA). (Seiten 506, 511)

c) Sie brachte der sippensystematischen Forschung neuen Aufschwung und gilt heute als «Hoffnungsträgerin», die alle Rätsel lösen wird. Welche Vorbehalte, welche Skepsis würden Sie dennoch anmelden?

c) Die Befunde aus dem Chloroplasten-Genom (cpDNA) und aus verschiedenen Bereichen des Kern-Genoms (nDNA) widersprechen manchmal einander; die in einigen Fällen mangelnden Korrelationen mit den anderen Merkmalsbereichen sind vorderhand rätselhaft; erst sehr wenige Genomteile wurden bisher vergleichend untersucht; die biologische Rolle der untersuchten Gene (was sie kodieren) ist vielfach noch unbekannt; Evolution und Phylogenese betreffen nicht nur das Genom und die genmolekulare Ebene, sondern großteils die organismische Ebene, d.h. die funktionellen Merkmale. (Seite 511)

IV. Taxonomie und Nomenklatur

107 a) Was sind «**künstliche Systeme**»?

a) Künstliche Systeme sind auf nur einen oder sehr wenige Merkmalsbereiche begründet. Beispiele: das «Sexualsystem» von Linné (Hauptgruppen [«Klassen»] nach der Zahl, Größe und Verwachsung der Staubblätter, Untergruppen [«Ordnungen»] nach der Zahl der Griffel); Anordnung der Taxa nach der Blütenfarbe in populären Bestimmungsbüchern. Bei diesen beiden Beispielen dient das System hauptsächlich dem praktischen Zweck der Bestimmungshilfe, hat aber nur sehr geringe biologische Aussagekraft. Ein künstliches System ist z.B. auch das ökologische System der Lebensformen von Raunkiaer (vgl. 1. Teil, Frage 422), dem jedoch recht hohe biologische (ökologische) Aussagekraft zukommt, so daß es insofern «natürlich» ist, allerdings nur in bezug auf eben diesen einen Gesichtspunkt («Spezialzwecksysteme»). Das künstlichste aller künstlichen Systeme ist die alphabetische Anordnung der Taxa nach ihrem Namen, das hat zwar keinerlei biologische Aussagekraft, ist aber in mancher Hinsicht sehr wohl nützlich. (Seite 514)

b) Was sind «**natürliche Systeme**»?

b) Sie versuchen, die in der Natur objektiv vorhandene Ordnung (Gliederung) möglichst getreu abzubilden. Die dabei als wesentlich angesehenen Kriterien können allerdings sehr verschieden sein. Vgl. die folgenden drei Fragen 108 bis 110!

108 Welche Aussagekraft hat das natürliche System? Sind Änderungen unerwünscht? Oder sind sie ein unvermeidliches Übel?

Das System gibt den Stand unseres Wissens über die Verwandtschaft der Sippen wieder (hat also den Charakter einer Hypothese oder Theorie), und der verändert sich dank der Vermehrung der Erkenntnisse, ist also zwar kein Übel, aber unvermeidlich, solange diese Wissenschaft lebendig ist. (Seite 514)

109 a) Die **phylogenetischen** und die **phänetischen** Systeme beruhen auf gegensätzlichen Gesichtspunkten. Welche sind dies? Wo liegen jeweils Vor- und Nachteile?

(Vgl. dazu auch Frage 111!)

a) **Kladistische (= phylogenetische**) Systeme verwenden die Verwandtschaft, d.i. die genealogischen (= stammbaummäßigen) Zusammenhänge als einzig relevantes Kriterium, was einerseits zwar ein zentral wichtiger Gesichtspunkt ist (die Keimbahn ist etwas unzweifelhaft «Natürliches»), andererseits aber einer Einseitigkeit gleichkommt (weil das in der Evolution wichtige und häufige Phänomen der Konvergenz nicht berücksichtigt wird) und außerdem aus methodologischen Gründen oft schwer konsequent durchzuhalten ist (Schwierigkeit der Beurteilung, welche Merkmale ursprünglich [= plesiomorph] und welche abgeleitet [= apomorph] sind). – **Phänetische** Systeme verwenden im bewußten Gegensatz zu den hypotheseabhängigen phylogenetischen ausschließlich empirisch und womöglich quantitativ faßbare Unterschiede im Merkmalsbestand. Sie verwenden möglichst viele («alle») Merkmale. Das System wird dadurch gewissermaßen «natürlich» und ist überdies vielseitig anwendbar («Vielzwecksystem»).

b) Was haben sie beide gemeinsam?

b) Beide legen Wert auf eine strenge, reproduzierbare Methodik und sind insofern «wissenschaftlicher» und damit den traditionellen «intuitiven» Systemen überlegen. Beide verwenden rechnerische (numerische) Methoden.

110 Wie versuchen die **synthetischen (= evolutionären = phyletischen)** Systeme, die Nachteile der phänetischen und der kladistischen Systeme zu vermeiden? Mit Erfolg?

Sie versuchen, alle (einander widersprechenden) Gesichtspunkte miteinander zu vereinen, um ein möglichst aussagekräftiges, der Vielfalt der Evolutionsphänomene gerecht werdendes und insofern weitgehend «natürliches» System zu erreichen. Verwandtschaften (Abstammungsverhältnisse) und (funktionelle) Ähnlichkeiten (Konvergenzen) sollen gleichermaßen «gerecht» (angemessen, objektiv, unverzerrt, ausgewogen) dargestellt werden. Der Vielfalt der Evolutionsprozesse, ihrer Mehrdimensionalität soll Rechnung getragen, die Konvergenzen sollen **als solche** dargestellt werden. Dies ist allerdings sowohl praktisch wie logisch eigentlich unmöglich, weil abwechselnd oder gleichzeitig **verschiedene** Einteilungsprinzipien verwendet werden müssen, und dies in nicht oder nur schwer angebbarer, meist undurchschaubarer Weise. Solche Systeme laufen somit Gefahr, willkürlich, inkonsequent, subjektiv, unüberprüfbar, chaotisch und also unwissenschaftlich zu sein. (Vgl. Seite 515)

111 In welcher Form erscheinen Konvergenzen (konvergent entstandene Sippen) a) im phylogenetischen (kladistischen), b) im phänetischen System?

In beiden Fällen scheinen sie im System als solche überhaupt nicht auf. Im Fall a) erscheinen sie getrennt, jeweils bei ihren nächsten Verwandten, jedoch kommt ihre Ähnlichkeit nicht zum Ausdruck; im Fall b) werden sie nicht getrennt, sondern erscheinen bei den nächst Ähnlichen, jedoch ihre verschiedene Herkunft (ihre Polyphylie) kommt nicht zum Ausdruck. Kladistik (a) ordnet nur nach Homologien (sofern sie auf gleichen Ursprung zurückgehen); Phänetik (b) auch nach Analogien.

112 Welche Gesichtspunkte sind für die Definition (Erfassung, Beschreibung, Abgrenzung) der Taxa wichtig? Welche Folgen ergeben sich für die Charakterisierbarkeit der Taxa?

(1) Gemeinsame Merkmale, (2) verbindende Progressionen und (3) morphologische Diskontinuitäten («Formenlücken») als Abgrenzung nach außen. Bei manchen Sippen ist (1) maßgeblicher: solche lassen sich leicht beschreiben und charakterisieren; bei anderen ist (2) entscheidender, sie zeigen «dynamische» Zusammenhänge und sind daher evolutionstheoretisch interessanter. – Beispiele für (1): Die Ranunculaceae haben kaum gemeinsame Merkmale, ihre Glieder zeigen aber deutliche Zusammenhänge in Form von Merkmalsprogressionen («Übergangsformen»), von den Berberidaceae lassen sie sich nur willkürlich abgrenzen; ähnlich Papaverales, Fabales. – Beispiele für (2): Die Brassicaceae, die Apioideae sind relativ homogene Sippen, die sich durch einen großen gemeinsamen Merkmalsbestand sehr leicht charakteriseren lassen. – Beispiel für (3): Oleaceae.

113 a) Was ist der Unterschied zwischen **Sippe** und **Taxon**?

a) **Sippen** sind die in der Natur objektiv vorhandenen, gegeneinander ± abgegrenzten Abstammungsgemeinschaften. (vgl. dazu Frage 80!) **Taxa** sind die vom Taxonomen beschriebenen, definierten und entsprechend ihrer verwandtschaftlichen Position (Verwandtschaftsgrad) einer hierarchischen Rangstufe (z.B. Unterart, Art) zugeordneten und damit wissenschaftlich erfaßten Sippen. Dieselbe Sippe kann daher – abhängig vom Stand ihrer wissenschaftlichen Erforschung bzw. von verschiedenen Hypothesen über ihre verwandtschaftliche Stellung – zweien oder mehreren verschiedenen Taxa entsprechen (die den Nomenklaturregeln zufolge auch verschiedene Namen haben), z.B. a) die Föhren-Mistel *Viscum album* subsp. *austriacum* = *Viscum laxum*; b) das Scharbockskraut *Ranunculus* sect. *Ficaria* = *Ficaria*; c) die Verwandtschaftsgruppe um die Haselnuß Coryloideae = Corylaceae. Bei a) schwankt die Rangstufe zwischen Unterart und Art, bei b) zwischen Sektion und Gattung, bei c) zwischen Unterfamilie und Familie. (Seiten 459, 514)

b) Was ist ein Taxon (im üblichen, akzeptierten, natürlichen System)? Geben Sie Beispiele!

b) Eine Sippe, der in einem bestimmten hierarchischen System eine bestimmte Rangstufe und damit auch ein bestimmter wissenschaftlicher Name zugeordnet sind. Drei Beispiele:

– Gesamtheit aller japanischen Leberblümchen-Populationen; Rangstufe: Varietät; Name: *Hepatica nobilis* var. *japonica*.

– Alle Ahorne (Ahorn-Arten) zusammen; Rangstufe: Gattung; Name: *Acer*.
– Jene kleinste Verwandtschaftsgruppe, die Wegwarte, Schwarzwurzel, Löwenzahn, und Kopfsalat umfaßt; Rangstufe: Tribus; Name: Lactuceae. (Seiten 461, 515)

114 a) In welche infraspezifische Rangstufe wird die Art unterteilt? Für welche Typen von Sippen werden diese Rangstufen verwendet?

a) (1) Unterart = subspecies (subsp.): ökologische oder geographische Rassen mit mehreren Differentialmerkmalen, aber unvollständiger reproduktiver Isolation; oder: zwar gut isolierte, aber nur durch wenige Merkmale verschiedene Sippen. (2) Varietät = varietas (var.): noch weniger Differentialmerkmale und/oder geringere Isolation; meist sind die Differentialmerkmale willkürlich herausgegriffen, die Varietät ist daher keine natürliche Einheit; (3) Form = forma (f. oder fa.): nur durch ein einziges Allel verschieden, aber das entsprechende Merkmal meist auffällig;

b) Nennen Sie die Hauptrangstufen oberhalb der Art und die Endungen ihrer Taxa-Namen!

b) Sektion = sectio; Gattung = genus; Tribus (die!) = tribus (-eae); Unterfamilie = subfamilia (-oideae); Familie = familia (-aceae); Klasse = classis (-opsida, -atae); Abteilung = divisio; Reich = regnum. (Seite 515, Tabelle 3-1)

115 a) Wie werden Hybriden (= Bastarde) im Namen gekennzeichnet?

a) Durch vorgesetzte Malzeichen: bei den Artbastarden vor das Art-Epitheton; bei Gattungsbastarden vor den Gattungsnamen, der aus (Teilen der) Namen der beteiligten Elterngattungen zusammengesetzt ist;

b) Nennen Sie Beispiele!

b) *Mentha* × *piperita*; × *Raphanobrassica*; × *Triticale* (= *Triticum* × *Secale*).

116 Was ist ein

a) Synonym;

a) Ein anderer Name für ein bestimmtes Taxon;

b) Homonym;

b) ein gleichlautender Name für ein anderes Taxon (mit verschiedenem Autor);

c) nomenklatorischer Typus;

c) ein Herbarbeleg (für Arten und infraspezifische Taxa), an den der Name des Taxons gebunden ist; er hat rein formale Bedeutung (für die Benennung) und sagt nichts über das Taxon aus, denn er kann ein sehr untypisches Exemplar sein;

d) Klammerautor?

d) der Autor des Basionyms (= des Namens in jener Rangstufe bzw. Kombination, die der Autor ursprünglich gemeint hat). (Seite 516)

117 Wann verwendet man für Gruppen nächst verwandter Arten nicht die nächsthöhere Rangstufe (d.i. die series), sondern spricht stattdessen von «(Klein-)artengruppen», Sammelarten (Kollektivarten) oder «Aggregaten»?

Wenn es sich um praktischen Zwecken dienende provisorische, abänderbare, unverbindliche Gruppierungen handelt, für die man nicht die Nomenklaturregeln anwenden will. (Seite 516)

118 Warum läßt sich die Art so schwer definieren?

Weil es – je nach dem Evolutionsmodus (Artbildungsprozessen, Fortpflanzungssystem, Rekombinationssystem etc.) – verschiedene Typen von Arten gibt. (Seite 516)

119 Beantworten Sie folgende, nicht nur von botanischen Laien immer wieder gestellte Fragen:

a) Sind die Bezeichnungen «Cruciferae» für «Brassicaceae» und «Compositae» für «Asteraceae» etc. wegen der abweichenden Endung unkorrekt?

a) Nein; die Nomenklaturregeln betrachten diese traditionellen Namen als **Ausnahmen** vom Grundsatz, daß ein Taxon nur einen einzigen korrekten Namen haben darf; sie sind alternative korrekte Namen.

b) Warum gibt es so viele Synonyme?

b) Weil man sich lange Zeit nicht auf nomenklatorische Grundsätze einigen konnte, sind allgemeinverbindliche und allgemein anerkannte Regeln erst sehr spät (Anfang des 20. Jh.) eingeführt worden, also rund 150 Jahre nach dem Prioritätsstartpunkt (Linné 1753); in diesem Zeitraum war man oft bestrebt, die Namen zu verbessern, um möglichst passende, sinnvolle, gute, schöne Namen zu haben, weshalb viele nicht den heutigen Regeln entsprechen.

c) Warum ändern auch heute noch immer wieder so viele Taxa ihren Namen?

c) Erstens aus **taxonomischen** Gründen (taxonomische Synonyme): Fortschritte der biosystematischen Forschung, also verbesserte Kenntnisse der Verwandtschaftsbeziehungen führen zu veränderter taxonomischer Bewertung der Sippen und damit notgedrungen (weil die Namen zugleich die Rangstufe angeben und dadurch von dieser abhängig sind) auch zu Namensänderungen; zweitens aus **nomenklatorischen** Gründen (nomenklatorische Synonyme): es sind noch immer viele Namen im Gebrauch, die nicht den Regeln entsprechen und daher geändert werden müssen (siehe unter b)!); außerdem gibt es nomenklatorisch strittige Fälle, denen die Regeln (noch) nicht gewachsen sind.

d) Ist es richtig, daß alle 6 Jahre, beim Internationalen Botanischen Kongreß (= IBC), die Pflanzennamen geändert werden?

d) Nein; bei jedem IBC werden die Nomenklatur**regeln** (= Internationaler Code der botanischen Nomenklatur = ICBN) verbessert.

e) Gelten die Nomenklaturregeln auch für Kulturpflanzen?

e) Ja; allerdings ist zusätzlich der «Internationale Code der Nomenklatur der Kulturpflanzen» zu beachten, der die Bezeichnung der Sorten (Cultivars) regelt. (Seite 516)

f) Für wen und wofür ist der nomenklatorische Autor wichtig?

f) Nur für den taxonomischen Spezialisten zwecks Ermittlung des regelgemäßen Namens eines Taxons (nomenklatorischer Typus!), **nicht** jedoch zur exakten Definition des Taxons, da Taxa gleichen Namens und desselben Autors sehr verschiedene Bedeutung haben können je nach dem Umfang (der Umgrenzung) des Taxons (z.B. «sensu stricto» [= im engen Sinn] oder «sensu lato» [= im weiten Sinn]), was nur aus (Bestimmungs-)Florenwerken oder taxonomischen Spezialabhandlungen ersichtlich ist. Die Angabe eines taxonomischen Referenzwerkes ist daher wichtiger als die Angabe des nomenklatorischen Autors.

Zweiter Abschnitt

Übersicht des Pflanzenreiches

120 Was sind Organisationstypen?

Organismen mit übereinstimmenden oder ähnlichen Merkmalen, die im wesentlichen nicht Ausdruck von Verwandtschaft, sondern von Anpassungen an ökologische Bedingungen sind. (Seite 517, Abb. 3-65)

121 In welche drei Hauptgruppen werden heute die Lebewesen eingeteilt?

Archaea, Bacteria und Eucarya. (Seite 517, Abb. 3-65)

Prokaryoten

122 Worin unterscheiden sich Prokaryoten von Eukaryoten?

Keine eigene Hülle um «Zellkern» und Farbstoffkörper (also kein echter Kern, keine echten Plastiden), keine echten Mitochondrien; Feinstruktur der Geißeln (keine 2 + 9 -Struktur, sondern verdrillte Fibrillen); anderer Zellwandbau; Mitose und Meiose fehlen. (Seiten 110, 520)

Organisationstyp: Bakterien (A. Archaea; B. Bacteria)

123 Welche Ernährungsweise bezüglich der C-Quelle herrscht bei den Bakterien vor?

Heterotrophie, selten Autotrophie. (Seite 522)

124 Welche morphologischen Typen der Bakterien kennen Sie?

Kokken (z.T. in kolonieartigen Verbänden), Stäbchen (Bazillen), Vibrionen, Spirillen, mehrzellige Pakete, Fäden, Netze, amöboide Formen. (Seite 520, Abb. 3-61)

125 Geben Sie eine chemische Charakterisierung der Bakterien bezüglich

a) Zellwandbau,

b) Reservestoffe,

c) Schleimkapseln und

d) Pigmente (bei photoautotrophen Bakterien).

a) Sacculus aus Murein (Polyglykanstränge aus Aminozuckern, verknüpft mit kurzen Peptiden); Ausnahme Archaea.

b) Glykogenartige Polysaccharide, Poly-β-hydroxybuttersäure, Fette, Wachse, Polyphosphat («Volutin»).

c) Meist aus Polysacchariden oder Polypeptiden.

d) Bakteriochlorophylle und Carotinoide. (Seite 521)

126 Welche Begeißelungstypen kommen bei Bakterien vor?

Monotrich, lophotrich, peritrich. (Seite 522, Abb. 3-62)

127 Auf welche Weise kann bei Bakterien Erbmaterial übertragen werden?

Übertragung von DNA-Stücken von Spender- zur Empfängerzelle entweder direkt durch Konjugation, indirekt mit Hilfe von Bakteriophagen (Transduktion) oder in extrahierter Form (Transformation). (Seiten 475, 523)

128 Erläutern Sie kurz die Begriffe

a) Viren und

b) Bakteriophagen.

a) Keine Bakterien, sondern selbständig gewordene Gene mit nur einem Typ von Nucleinsäuren (DNA oder RNA); zeigen weder Wachstum noch Teilung; verändern den Stoffwechsel der Wirtszelle.

b) Besonders gebaute, hoch organisierte Viren. (Seite 523, Abb. 3-64)

129 Nach welchen Kriterien werden die Bakterien systematisch untergliedert?	Insbesondere nach physiologischen und biochemischen Kriterien, so z.B. nach Sequenzen und Strukturen von Proteinen oder Nucleinsäuren. (Seite 524)

A. Archaea (Archaebakterien)

130 Was unterscheidet die Archaea von den Eubakterien?	Andere Basensequenz der rRNA und weitere Unterschiede bei Lipiden und Polymeren (Proteine, Polysaccharide), kein Murein. (Seite 524)
131 Was sind Methanbakterien?	Anaerobe Bakterien, die autotroph von Kohlendioxid und Wasserstoff leben und dabei Methan produzieren. (Seite 524)
132 Unter welchen extremen Lebensbedingungen können Archaebakterien vorkommen?	In stark salzhaltigen, heißen oder sauren Medien. (Seite 524)
133 Diskutieren Sie kurz die verwandtschaftlichen Beziehungen der Archaea zu den übrigen Organismen.	(Seite 525, Abb. 3-65)

B. Bacteria (Eubakterien)

134 Erläutern Sie die sogenannte Gramfärbung. Bei welchen Bakterien kann sie nicht angewandt werden?	Durch unterschiedlichen chemischen Bau der Zellwand kann nach Färbung mit einem Anilinfarbstoff (Gentianaviolett) und Beizung der Farbstoff mit Alkohol wieder ausgewaschen werden (gramnegativ) oder nicht (grampositiv). Kann nicht bei zellwandlosen Bakterien angewandt werden (L-Formen). (Seite 526)

Erste Abteilung: Posibacteriota, grampositive Eubakterien

135 Wodurch sind *Bacillus*-Arten besonders charakterisiert?	Grampositiv, stäbchenförmig, bilden Endosporen. (Seite 526)
136 a) Was sind Mycoplasmen?	a) Zellwandlose Bakterien.
b) Warum werden sie bei den grampositiven Bakterien eingereiht?	b) Bau der 16S rRNA deutet auf Abstammung von den grampositiven Bakterien hin. (Seite 527)
137 Welche Krankheitserreger gehören zu den grampositiven Bakterien?	Z.B. Eitererreger (*Staphylococcus*), Erreger von Milzbrand (*Bacillus*), Wundstarrkrampf (*Clostridium*), Diphtherie (*Corynebacterium*), Tuberkulose (*Mycobacterium*). (Seite 526)

Zweite Abteilung: Negibacteriota, gramnegative Eubakterien

138 Welche Unterschiede im Zellwandbau bestehen zwischen gramnegativen und grampositiven Bakterien?	Vgl. Seite 526.
139 Mit welcher biologischen Besonderheit bringen Sie die Gattung *Rhizobium* in Verbindung?	Symbiose mit Fabales in den sog. Wurzelknöllchen. (Seiten 358, 528; Abb. 2-154)
140 Worin bestehen die wesentlichen Unterschiede zwischen der Photosynthese der Eubakterien und der von anderen autotrophen Pflanzen?	Bei der Photosynthese der Eubakterien wird kein Sauerstoff freigesetzt; Unterschiede im Bau der Assimilationspigmente. (Seite 527)
141 Welche Krankheitserreger gehören zu den gramnegativen Bakterien?	Z.B. Erreger von Typhus (*Salmonella*), Ruhr (*Shigella*), Cholera (*Vibrio*), Gonorrhoe und Hirnhautentzündung (*Neisseria*), Fleckfieber und evtl. Psittakose (*Rickettsia*). (Seite 528)

Vorkommen und Lebensweise der Bakterien

142 Geben Sie Beispiele für die industrielle Verwendung von Bakterien an.

(Seite 530)

143 Was versteht man unter thermophilen Bakterien? Nennen Sie deren Besonderheiten und geben Sie Beispiele an.

(Seite 530)

144 Erläutern Sie die Bedeutung der Bakterien für den Stoffkreislauf in der Natur. Nennen Sie deren wichtigste Stoffwechseltypen.

(Seite 530)

Organisationstyp: Prokaryotische Algen (Bacteria: 3.– 4. Abteilung)

145 Wodurch sind prokaryotische Algen charakterisiert?

Im Wasser lebende, einfach gebaute, phototrophe Organismen (Chlorophyll a, Freisetzung von Sauerstoff bei der Photosynthese) mit prokaryotischem Zellbau. (Seite 531)

146 Was verbindet die prokaryotischen Algen mit den Eubakterien und was mit den eukaryotischen Algen?

(Seiten 531, 586)

Dritte Abteilung: Cyanobacteriota, Cyanophyta, Blaualgen

147 Geben Sie die Farb- und Reservestoffe der Baualgen an.

Chlorophyll a, Carotinoide und Phycobiline als Farbstoffe; Cyanophyceenstärke (glykogenähnlich), Volutin (Polyphosphat) und polymere Aminosäuren (Cyanophycin) als Reservestoffe. (Seite 532)

148 Erläutern Sie Bau und Funktion von Heterocysten.

Größere farblose Zellen mit Cellulosezellwand und stark lichtbrechenden Polkörperchen; Bindung von Luftstickstoff. (Seite 531, Abb. 3-67)

149 Gibt es bewegliche Blaualgen?

Kriechbewegungen bei einigen fädigen Blaualgen (z.B. *Oscillatoria*). (Seite 532)

150 Welcher Verzweigungstyp ist in Abb. 5 dargestellt? Wie kommt er zustande? Ein zweiter Verzweigungstyp kommt bei Blaualgen vor. Wodurch ist dieser vom abgebildeten verschieden? Nennen Sie jeweils ein Beispiel.

Vgl. Seite 532 und Abb. 1-269F, 3-67J.

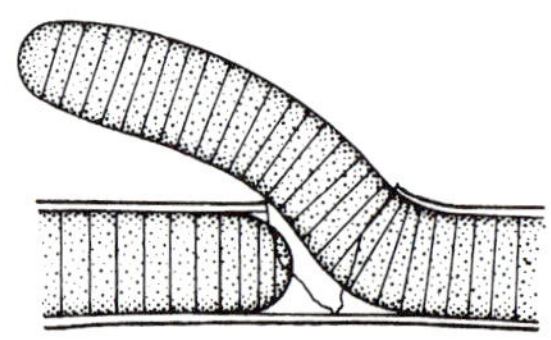

Abb. 5

151 Nennen Sie die Progressionen der Blaualgen hinsichtlich der Thallusorganisation.

Einzeller – wenig- bis vielzellige Coenobien – unverzweigte Fäden – heteropolare Fäden – Fäden mit unechter und echter Verzweigung – multiseriale Fäden. (Seiten 532, 534; Abb. 3-67)

152 Geben Sie die bevorzugten Lebensräume der Blaualgen an.

Vor allem Süßwasser, aber auch Boden, Baumrinde oder Felsen (z.T. in symbiontischer Lebensweise). (Seite 534)

153 Was sind Stromatolithe? Wann wurden sie gebildet?

Geschichtete Kalkkrusten, entstanden durch Ablagerung kalkhaltiger Gallertscheiden von Blaualgen; gebildet im Präkambrium vor ca. 3 Milliarden Jahren. (Seite 534)

154 Welche ökologische Bedeutung besitzen die Blaualgen?

(Seite 534)

155 Nennen Sie Symbiosen, an denen Blaualgen beteiligt sind und charakterisieren Sie die Bedeutung der Blaualgen in solchen Symbiosen.

(Seite 534)

Vierte Abteilung: Prochlorobacteriota, Prochlorophyta

156 Welche Lebensweise und welche Photosynthesepigmente kennzeichnen die Prochlorophyta?

Symbiose mit marinen Seescheiden; Chlorophyll a und b; Phycobiline fehlen. (Seite 534)

Eukaryoten

C. Eukarya

157 Zählen Sie die wichtigsten Bestandteile der eukaryotischen Zelle auf.

(Seite 535)

158 Welche Vorstellungen hat man über die Entstehung der Eukaryoten?

(Seiten 114, 535)

Organisationstyp: Schleimpilze 1.–3. Abteilung

159 Was haben die Schleimpilze mit den Protozoen gemeinsam; was unterscheidet sie von ihnen?

Gemeinsam: Heterotrophie (meist phagotroph), amöboide Stadien, oft Fehlen von Zellwänden; unterschiedlich: Fruchtkörper- und Sporenbildung. (Seite 536)

160 Definieren Sie die Typen von Plasmodien. Wie entstehen diese?

Aggregationsplasmodium: Myxamöben kriechen zu Plasmamassen zusammen, ohne ihre Individualität aufzugeben; Fusionsplasmodium: vielkernige Plasmamassen durch mitotische Kernteilungen einer Einzelzelle (vegetativ) oder einer Zygote. (Seite 535)

161 Vergleichen Sie die Schleimpilze mit den Myxobacterales.

(Seiten 529, 535)

Erste Abteilung: Acrasiomycota

162 Erklären Sie die Bezeichnung «Zelluläre Schleimpilze» für die Acrasiomycota.

Zellen des Fruchtkörperstiels besitzen feste Zellwände. (Seite 536)

163 Beschreiben Sie die Fruchtkörperbildung der Acrasiomycota.

Vgl. Seite 536.

Zweite Abteilung: Myxomycota

164 Wodurch unterscheiden sich die Myxomycota von den Acrasiomycota?

Myxomycota: Fusionsplasmodium, Zellwände aus polymerem Galactosamin, begeißelte Keimzellen; Acrasiomycota: Aggregationsplasmodium, Cellulosezellwände, keine Myxoflagellaten. (Seite 536)

165 Skizzieren Sie den typischen Bau eines Fruchtkörpers der Myxomycetes.

Vgl. Seite 537, Abb. 3-69.

166 Schildern Sie den Lebenszyklus der Myxomycetes.

Haploide Spore – Keimung – Myxoflagellat – Myxamöbe – Vermehrung der Myxamöben durch Teilung – Kopulation zweier Myxamöben (oder Myxoflagellaten) – mitotische Kernteilungen – Sporokarpe – Meiose – Sporen. (Seite 537)

167 Welche Besonderheit zeigen die Plasmodien der Myxomycctes bezüglich ihrer Kernteilungen?

Kernteilungen synchron, Mitosen intranuclear. (Seite 537)

168 Geben Sie Vorkommen und Ernährungsweise von Plasmodien an.

Vorkommen im Waldboden, in der Streu, zwischen Kräutern, Moosen, etc., in moderndem Holz; Ernährung durch Einverleibung von Mikroorganismen (Phagotrophie), in Kultur teilweise auch saprophytisch. (Seite 537)

169 Halten Sie eine Verwandtschaft der Myxomycota mit den übrigen Pilzen für wahrscheinlich?

(Seite 539)

Dritte Abteilung: Plasmodiophoromycota

170 a) Welche Krankheit wird von *Plasmodiophora brassicae* verursacht?

b) Skizzieren Sie den Lebenskreislauf dieses Pilzes

a) Kohlhernie (Wurzelkropf), eine Erkrankung der Wurzeln des Kohls;

b) vgl. Seite 538, Abb. 3-70.

171 Was spricht für die Zuordnung der Plasmodiophoromycota zu den Schleimpilzen?

(Seite 538)

Organisationstyp: Pilze (4. – 5. Abteilung)

172 Welche Organisationsstufen kommen bei Pilzen vor?

Nackte, parasitierende Protoplasten; Rhizoidmycel; Sproßmycel; Pseudomycel; Hyphenmycel (siphonal, trichal); Fruchtkörpergeflechte. (Seite 539)

173 Wodurch sind die Pilze charakterisiert? Welche Reservestoffe führen sie?

Keine Plastiden, heterotroph, Chitin-, selten Cellulosezellwände, keine Plasmodien, meist mycelbildend, Fortpflanzung durch verschiedene Sporenarten, Iso-, Aniso-, Oo-, Gametangio- und Somatogamie. Reservestoffe Glykogen, Fett, Mannit u. a., nie Stärke. (Seite 539)

174 Was verstehen Sie unter
a) Hyphen,
b) Mycel,
c) Konidien,
d) Oidien,
e) Sklerotien?

a) Einzelne Pilzfäden,
b) Gesamtheit der Pilzhyphen außerhalb von Fruchtkörpern,
c) ungeschlechtlich entstandene Exosporen,
d) durch Zerfall des Mycels entstandene Einzelzellen,
e) Dauerformen der Pilze (feste Hyphenverbände). (Seite 539)

175 Was versteht man unter Inkompatibilität?

Genetisch bedingte Unverträglichkeit der Kreuzungspartner. (Seite 540)

176 Wodurch unterscheiden sich homothallische von heterothallischen Pilzen?

Homothallisch: Kulturen aus einer einzelnen Spore bilden Zygoten bzw. Fruchtkörper; heterothallisch: Zur Karyogamie sind 2 Mycelien unterschiedlichen Kreuzungstyps nötig. (Seite 540, Abb. 3-71)

177 Was versteht man unter der Nebenfruchtform eines Pilzes?

Diejenigen Thallusteile, die auf asexuellem Weg (ohne Kernphasenwechsel) Sporen bilden und so den eben durchlaufenen Onthogenieabschnitt wiedererreichen. (Seite 540)

178 Erläutern Sie die Begriffe Gametangiogamie und Somatogamie.

Gametangiogamie: Bei der sexuellen Fortpflanzung kopulieren ganze Gametangien miteinander; Somatogamie: 2 normale vegetative Thallusteile verschmelzen miteinander. (Seite 540)

Vierte Abteilung: Oomycota

179 Woher leitet sich der Name Oomycota ab? Welche Art der sexuellen Fortpflanzung liegt vor?

Es werden Oogonien mit auffälligen Eizellen gebildet; Gametangiogamie. (Seite 541, Abb. 3-73D-F)

180 Wodurch unterscheiden sich die beiden Ordnungen Saprolegniales und Peronosporales?

Saprolegniales: Meist Saprophyten im Wasser; Peronosporales: Meist Parasiten Höherer Landpflanzen («Falsche Mehltaupilze»). (Seite 541)

181 Skizzieren Sie den allgemeinen Lebenszyklus der Saprolegniales und markieren Sie die Haupt- und die Nebenfruchtform.

Vgl. Seite 541, Abb. 3-73, 3-74.

182 Welche Beziehungen lassen sich zwischen den Oomycota und den Algen erkennen? Begründen Sie diese.

(Seite 544)

183 Worin drückt sich die Anpassung an das Landleben bei den Peronosporales aus? Welche Progression ist in diesem Zusammenhang wichtig?

(Seite 544)

Fünfte Abteilung: Eumycota

184 Geben Sie eine Charakterisierung der «Echten Pilze» (Eumycota) im Unterschied zu den Oomycota.

(Seite 545)

I. Klasse: Chytridiomycetes

185 Nennen Sie die wichtigsten Kennzeichen der Chytridiomycetes.

Einkernige Zellen oder siphonaler Thallus, Sporen und Gameten opisthokont begeißelt; «Kernkappe». (Seite 545)

186 Schildern Sie den Lebenszyklus von *Allomyces*. Welcher Typ von Generationswechsel liegt vor?

Haploide Zoosporen – Keimung – haploides, siphonales Mycel – Bildung männl. und weibl. Gametangien – Anisogameten – Kopulation – Zygote – diploides, siphonales Mycel (vermehrt sich durch diploide Zoosporen, Nebenfruchtform!) – Dauersporangium – Meiose – haploide Zoosporen. Isomorpher, heterophasischer Generationswechsel. (Seite 546, Abb. 3-78P)

187 Welche Progressionen sind innerhalb der Chytridiomyceten zu erkennen?

Von Holokarpie zu Eukarpie, von Isogamie zu Gametangiogamie, von Monözie zu Diözie. (Seite 548)

188 Wo kommen Chytridiomyceten vor? Welche besondere Ernährungsform haben sie entwickelt?

Im Wasser, im Boden oder als Parasiten in Zellen Höherer Pflanzen; besondere Ernährungsform: Carnivorie. (Seiten 545, 582, Abb. 3-115A)

II. Klasse: Zygomycetes

189 Erläutern Sie den Lebenszyklus der Mucorales.

Vgl. Seite 549, Abb. 3-79E, 3-80.

190 Welche Anpassungen an das Landleben zeigen die Mucorales?

Keine begeißelten Stadien, Windverbreitung der Sporen. (Seite 548)

191 Erläutern Sie den Übergang von Sporocystosporen zu Konidien anhand von Beispielen.

Mucor, *Phyomyces*: Sporocysten, die zahlreiche Sporen entlassen; Thamnidium: kleine, wenigsporige Sporocysten (Sporocystiolen), die als Ganze verbreitet werden; *Blakeslea*, *Cunninghamella*: exogen abgeschürte Konidien mit reduzierter oder fehlender Sporenbildung. (Seite 550, Abb. 3-79)

192 Was versteht man bei Pilzen unter einem Fruchtkörper?

Hyphengeflechte der Hauptfruchtform (meist makroskopisch sichtbar). (Seite 550)

193 Wie entstehen die Fruchtkörper von *Endogone*? Bei welcher Gattung der Zygomycetes sind erste Anzeichen einer Fruchtkörperbildung zu erkennen?

Verflechtung gemeinsamer Hüllhyphen der Zygoten. Bei *Phycomyces* umhüllen geweihartige Auswüchse die Zygospore. (Seite 550, Abb. 3-80)

III. Klasse: Ascomycetes

194 Wodurch sind die Ascomyceten charakterisiert? Was ist ein Ascus?

Vielfach Mycel aus septierten Hyphen, Septen dann mit einfachen Poren, Zellwände meist aus Chitin und Glucanen, Ascusbildung. Ascus: Meist schlauchförmige Sporocyste, in der die Sporen durch freie Zellbildung entstehen. (Seite 551)

1. Unterklasse: Taphrinomycetidae

195 Welche wirtschaftliche Bedeutung haben die Taphrinomycetidae?

Verursachen Krankheiten an Kulturpflanzen; z.B. Narrentaschen der Zwetschge, Kräuselkrankheit des Pfirsichs, Hexenbesen. (Seite 552)

196 Worin ähneln die Taphrinomycetiden den Basidiomyceten?

Vom haploiden Stadium unabhängiges (parasitisches) dikaryotisches Hyphenmycel. (Seite 552)

2. Unterklasse: Endomycetidae

197 Erläutern Sie den Lebenszyklus von *Saccharomyces cerevisiae*. Welcher Generationswechsel liegt vor?

Haploide Spore – Keimung – haploide, sprossende Zellen – Kopulation – Karyogamie – diploide, sprossende Zellen – Ascus – Meiose – haploide Sporen; isomorpher, heterophasischer Generationswechsel mit intermediärem Kernphasenwechsel. (Seite 553)

198 Gibt es auch Hefen ohne Generationswechsel?

Haplontischer Typ: *Schizosaccharomyces*; diplontischer Typ: *Saccharomyces ludwigii*. (Seite 553)

199 Wozu werden Hefen verwendet?

Alkoholische Gärung, Hefe- und Sauerteig; Vitaminlieferant; Objekt für biochemische und physiologische Forschungen. (Seite 554)

3. Unterklasse: Laboulbeniomycetidae

200 Welche ernährungsphysiologische Besonderheit besitzen die Laboulbeniomycetiden?

Parasitische Lebensweise auf Insekten. (Seite 554)

4. Unterklasse: Ascomycetidae

201 Erklären Sie die Begriffe

a) Ascogon,

b) ascogene Hyphen und

c) Trichogyne.

a) Weibl. Gametangium der Ascomycetidae (und Laboulbeniomycetidae);

b) dikaryotische Hyphen, die dem Ascogon entspringen und schließlich Asci bilden;

c) Empfängnisorgan des Ascogons. (Seite 554, Abb. 3-85)

202 Wie erfolgt im typischen Fall die geschlechtliche Vermehrung der Ascomycetidae?

Bildung von Gametangien am haploiden Mycel (Ascogon mit Trichogyne, männl. Gametangium) – Gametangiogamie – Kernpaarung – ascogene Hyphen – Karyogamie und Meiose im Ascus – Ascosporen – haploides Mycel. (Seite 554)

203 Was versteht man bei Ascomyceten unter Parthenogamie, Autogamie und Apomixis?

Formen reduzierter Sexualität; Parthenogamie: Kernpaarungen im Ascogon ohne vorangegangene Verschmelzung mit männl. Organen; Autogamie: Kernpaarungen ohne Beteiligung eines Ascogons; Apomixis: ohne Kernpaarungen, ohne Sexualität, Entwicklung in der Haplophase. (Seite 555)

204 Skizzieren Sie den Verlauf der Hakenbildung unter Berücksichtigung des Kernverhaltens.

Vgl. Seite 555, Abb. 3-85F-I.

205 Skizzieren Sie die wichtigsten Grundtypen der Fruchtkörper von Ascomyceten. Nennen Sie jeweils ein Beispiel.

Kleistothecium: kugelförmig geschlossen (*Erysiphe*); Apothecium: schüsselfürmig offen (*Peziza*); Perithecium: flaschenförmig mit vorgebildeter Öffnung, Entwicklung ascohymenial (*Podospora*); Pseudothecium: ebenso, aber Entwicklung ascoloculär (*Mycosphaerella*). (Seite 555, Abb. 3-86E, 3-87B,C, 3-89A,B, 3-92A, 3-94H)

206 Was ist ein «Schimmel»?

Sammelbezeichnung für oberflächlich wachsende Pilzmycelien, z.B. Zygomyceten (Köpfchenschimmel), Nebenfruchtformen der Ascomyceten, Fungi imperfecti. (Seite 556)

207 Erläutern Sie die bei Asci gebräuchlichen Begriffe:

a) prototunicat,
b) unitunicat,
c) operculat,
d) inoperculat,
e) bitunicat.

Ascus

a) mit dünner, verschleimender Wand,
b) mit einschichtiger Wand,
c) mit Deckel,
d) ohne Deckel,
e) mit zweischichtiger Wand.
(Seite 556, Abb. 3-88, 3-94A-D)

208 Was versteht man unter einem Hymenium? Aus welchen Elementen setzt es sich bei Ascomyceten zusammen?

Fruchtschicht mit den sporenbildenden Organen der Hauptfruchtform, bestehend aus Asci und meist Paraphysen. (Seite 557, Abb. 3-89C)

209 Vergleichen Sie Haupt- und Nebenfruchtform der Echten Mehltaupilze.

Hauptfruchtform: Meist kugelige, dunkle Kleistothecien mit Anhängseln; Nebenfruchtform: aufrechte Hyphenäste mit Konidien. (Seite 556, Abb. 3-87)

210 Wodurch unterscheiden sich die Lecanorales von den übrigen Ascomyceten? Welche biologische Bedeutung kommt ihnen zu?

Asci mit dicken, oft mehrschichtigen Wänden; Symbiose mit Algen zu Flechten. (Seite 559)

211 Was sind Sammelfruchtkörper?

Harte Mycelgeflechte (Stromata), in die mehrere Fruchtkörper eingebettet sind. (Seite 560, Abb. 3-92C, 3-93E)

212 Schildern Sie den Lebenskreislauf des Mutterkornpilzes.

(Seite 560, Abb. 3-93)

213 Welche Auffassungen über verwandtschaftliche Beziehungen der Ascomyceten zu anderen Organismengruppen kennen Sie?

(Seite 562)

214 Warum haben Haupt- und Nebenfruchtformen vieler Pilze auf verschiedene Gattungen weisende wissenschaftliche Namen?

(Seiten 556, 579)

215 Kann man bei Ascomyceten (z.B. Pezizales) vom Vorliegen eines Generationswechsels sprechen?

(Seite 561)

216 Vergleichen Sie die «Echten» mit den «Falschen Mehltaupilzen».

(Seiten 542, 556)

IV. Klasse: Basidiomycetes

217 Welche zwei wichtigen Basidientypen werden unterschieden?

Phragmo- (septiert) und Holobasidien (einzellig). (Seite 564, Abb. 3-98)

218 Erläutern Sie die Bildung von Basidiosporen.

Nach Karyogamie und Meiose in der Basidie werden an den Sterigmen säckchenförmige Ausstülpungen gebildet, in die je 1 Kern einwandert. (Seite 563, Abb. 3-97)

219 Skizzieren Sie einen Doliporus.

Vgl. Seite 563, Abb. 3-96B.

220 Vergleichen Sie Ascus und Basidie im Hinblick auf Übereinstimmungen und Verschiedenheiten.

Gemeinsam: meist am dikaryotischen Mycel sich bildend, Ort der Karyogamie und Meiose, Meiosporenbildung; unterschiedlich: Ascus immer einzellig, endogene Sporenbildung, meist 8-sporig; Basidie z.T. septiert, Sporenbildung exogen, meist 4 Sporen. (Seite 563)

221 Schildern Sie den Lebenskreislauf eines typischen Basidiomyceten (z.B. eines Blätterpilzes).

(Seite 563, Abb. 3-97)

222 Wodurch unterscheiden sich die typischen Fruchtkörper von Asco- und Basidiomyceten hinsichtlich Entstehungsweise, Anatomie und Morphologie?

(Seiten 555, 573, Abb. 3-85A, 3-97B)

1. Unterklasse: Heterobasidiomycetidae

223 Worin unterscheiden sich die Heterobasidiomycetidae von den Homobasidiomycetidae?

In der Keimung der Basidiosporen: Bei den Heterobasidiomycetidae erfolgt sie mit Konidien oder Sekundärsporen, bei den Homobasidiomycetidae mit Hyphen; anderer Septenbau: Heterobas. einfache Tüpfel oder Doliporus mit nicht perforierter Porenkappe; Heterobas. oftmals mit hefeartigen Ontogeniestadien. (Seite 564, Abb. 3-99A)

224 Charakterisieren Sie die Ustilaginales.

Fruchtkörperlose Parasiten auf Höheren Pflanzen, vierzellige, meist quergeteilte Basidien ohne Sterigmen, dikaryotische, dickwandige Brandsporen. (Seite 565, Abb. 3-100A-H)

225 Wodurch sichern die Rostpilze ihre Ausbreitung? Wodurch wird diese teilweise eingeschränkt?

Riesige Sporenzahl, zusätzliche Vermehrung der Dikaryophase (Uredosporen!), zusätzliche Kopulationsmöglichkeit durch Spermatien. Einschränkung durch Wirtswechsel. (Seite 566)

226 Wo treten bei den Heterobasidiomycetiden Holobasidien auf?

Exobasidiales, Dacrymycetales. (Seiten 564, 571; Abb. 3-98D, G, 3-105)

227 Charakterisieren Sie die 5 Sorten von Keimzellen des Getreiderosts nach Entstehungsweise, Ploidiegrad, Funktion und zeitlicher Abfolge.

(Seite 566, Abb. 3-101, 3-102, 3-103)

228 Vergleichen Sie Brand- und Rostpilze miteinander.

(Seite 565)

2. Unterklasse: Homobasidiomycetidae («Höhere Holobasidiomyceten»)

229 Charakterisieren Sie die Unterklasse der Homobasidiomycetidae.

Holobasidien, Basidiosporen keimen mit Hyphen, Kappen der doliporen Septen meist siebartig durchbrochen. (Seite 571)

230 Was versteht man unter

a) gymnokarper,

b) hemiangiokarper und

c) angiokarper Fruchtkörperentwicklung?

a) Hymenium wird an der Außenfläche des jungen Fruchtkörpers angelegt;

b) Hymenium wird im Inneren angelegt, gelangt aber durch Aufreißen der Hülle (Velum) nach außen;

c) Sporenreife im Innern des Fruchtkörpers. (Seite 573)

231 Beschriften Sie nebenstehende Abbildung 6.

Vgl. Abb. 3-112C.

Abb. 6

232 Charakterisieren Sie den hymenialen und den gastroiden Fruchtkörper.

Hymenialer Fruchtkörper: Hymenium wird im Reifezustand frei exponiert, Basidiosporen werden aktiv abgeschleudert, Entwicklung gymno- oder hemiangiokarp; gastroider Fruchtkörper: Basidien im Innern des Fruchtkörpers, der bei der Reife kein Hymenium mehr trägt, keine aktive Ausschleuderung der Sporen, Entwicklung angio- oder hemiangiokarp. (Seite 573)

233 Welche Velumtypen kennen Sie?

Velum partiale und Velum universale. (Seite 573, Abb. 3-112A,B)

234 Unter welchen Umständen sind Kreuzungen von haploiden Primärmycelien nur zu 25 % kompatibel?

Einspormycelien von Sporen eines Fruchtkörpers, tetrapolarer Mechanismus der Inkompatibilität. (Seite 572, Abb. 3-108)

235 Wodurch unterscheidet sich der Kegelhütige (Weiße) Knollenblätterpilz vom Champignon?

Durch farblose Sporen und daher auch im Alter weiße Lamellen; Velum universale, wovon ein Teil als sackförmige Scheide die Stielbasis umgibt. (Seite 576)

236 Wie erfolgt die Schnallenbildung bei Basidiomyceten? Wie verhalten sich dabei die Kerne? Vergleichen Sie die Schnallen- mit der Hakenbildung.

(Seiten 555, 572, Abb. 3-85F-I, 3-97(5-8), 3-106)

237 Wie wird bei Basidiomyceten die Fremdbefruchtung gefördert?

(Seite 572)

Fungi imperfecti (Deuteromycetes)

238 Was versteht man unter den Fungi imperfecti?

Pilze (meist Ascomyceten), von denen man nur die Nebenfruchtform (Konidienform) kennt. (Seite 579)

239 Wie kann man bei einem imperfekten Pilz entscheiden, ob er sich von einem Asco- oder von einem Basidiomyceten ableiten läßt?

(Seite 579)

Vorkommen und Lebensweise der Pilze

240 Worin liegt die biologische Bedeutung der Pilze?

(Seite 579)

241 Erläutern Sie die verschiedenen Formen des Holzabbaus.

(Seite 579)

242 Was ist Mykorrhiza? Welche Bedeutung hat sie?

(Seiten 360, 580)

243 Welche Schädigungen können Pilze beim Menschen verursachen?	(Seite 581)

Organisationstyp: Flechten (Lichenes)

244 Was versteht man unter Flechten?	Symbiosen zwischen Pilzen und Algen. (Seite 582)
245 Welche Flechtentypen werden unterschieden hinsichtlich der äußeren Morphologie und des Querschnittsbilds?	Gallert-, Faden-, Krusten-, Laub-, Nabel- und Strauchflechten; innerer Aufbau homöomer oder heteromer. (Seite 582, Abb. 3-116, 3-117A-C)
246 Zeigen Sie Möglichkeiten der vegetativen Vermehrung bei Flechten auf.	Soredien, Isidien, Thallusbruchstücke. (Seite 583, Abb. 3-117D)
247 Welche biologische Bedeutung haben die Flechten?	(Seite 584)
248 Welche Vorteile genießen die Symbiosepartner im Flechtenorganismus?	(Seite 583)
249 Welche Bedeutung haben Flechten auf dem Gebiet des Umweltschutzes erlangt?	(Seite 584)

Organisationstyp: Eukaryotische Algen (6.–14. Abteilung)

250 Welche Organisationsstufen der Algen kennen Sie? Charakterisieren Sie diese und nennen Sie jeweils ein Beispiel.	Amöboid: nackte Einzeller mit Pseudopodien (*Ochromonas*); monadal: begeißelte Einzeller, auch in Kolonien (*Chlamydomonas*, *Volvox*); kapsal: unbewegliche Einzeller in Gallertschicht mit dünner oder fehlender Zellwand (*Hydrurus*); kokkal: unbewegliche Einzeller mit fester Zellwand (*Scenedesmus*); trichal: verzweigte oder unverzweigte Zellfäden, Zellen einkernig (*Ulothrix*); siphonocladal: septierte Fäden, deren Zellen mehrere Zellkerne enthalten (*Cladophora*); siphonal: kugel- oder schlauchförmige große Zelle mit vielen Zellkernen (*Vaucheria*); Flechtthallus: Thallus aus verwobenen und verklebten Zellfäden (*Delesseria*); Gewebethallus: Thallus aus echtem Gewebe, dessen Zellen von Anfang an verbunden bleiben (congenital, *Laminaria*). (Seite 587)
251 Welche Geißeltypen treten bei Algen auf?	Zug- und Schleppgeißel, Peitschen- und Flimmergeißel. (Seite 587)
252 Welche Algenabteilungen besitzen Chlorophyll b, welche Phycobiline?	Chlorophyll a: Euglenophyta, Chlorarachniophyta, Chlorophyta; Phycobiline: (Cyanophyta), Glaucophyta, Cryptophyta, Rhodophyta. (Tab. 3-3)
253 Welche chemischen Merkmale unterstützen die Untergliederung der Algen?	Strukturen der Photosynthesepigmente und der Reservestoffe. (Tab. 3-3)

Sechste Abteilung: Glaucophyta

254 Welche Bedeutung besitzt die kleine Gruppe der Glaucophyta für das Verständnis der phototrophen Eukaryoten?	Ihre Chloroplasten («Cyanellen») besitzen große Ähnlichkeit zu Blaualgenzellen (Unterstützung der Endosymbiontentheorie). (Seite 587)

Siebente Abteilung: Euglenophyta

255 Wie erfolgt die Vermehrung bei den Euglenophyten?	Vegetativ durch Längsteilung; sexuelle Vermehrung unbekannt. (Seite 588)

256 Was versteht man unter Paramylum? Bei welchen Algengruppen kommt es vor?

Reservepolysaccharid in Form von Körnern oder Scheiben im Plasma; Vorkommen bei Euglenophyta und Haptophyta. (Seiten 588, 592, Tab. 3-3)

Achte Abteilung: Cryptophyta

257 Wodurch ähneln die Cryptophyta den Rotalgen? Wie kann dies erklärt werden?

Bildung von Phycobilinen. Die Chloroplasten sind wahrscheinlich stark reduzierte Endosymbionten aus der Verwandtschaft der Rhodophyta. (Seite 589)

Zehnte Abteilung: Dinophyta

258 Wodurch zeichnen sich die Peridiniaceen aus?

Gelbbraune bis rötliche Flagellaten mit Panzer aus Celluloseplatten. (Seite 590, Abb. 3-121)

259 Wodurch wird das Meeresleuchten verursacht?

Biolumineszenz der Dinophyten (*Noctiluca miliaris*, *Ceratium*-, *Gonyaulax*- und *Peridinium*-Arten). (Seite 591)

260 Was sind Zooxanthellen?

Dinophyten in Symbiose mit Radiolarien, Korallen oder anderen Meerestieren. (Seite 591, Abb. 3-120)

261 Charakterisieren Sie die Chromosomen der Dinophyten.

(Seite 590)

Elfte Abteilung: Haptophyta

262 Was sind Coccolithen? Welche Bedeutung haben die Coccolithophorales?

Äußerste Schicht der Coccolithophorales in Form von Schalen, Plättchen oder Stäbchen aus Calcit; wichtige Mikroleitfossilien, Bildung von Kalksedimenten, z. B. von Schreibkreide. (Seite 592)

263 Wodurch unterscheidet sich in Bau und Funktion das Haptonema von den Geißeln?

Haptonema: Faden aus 6 oder 7 Tubuli, deren Anordnung im Querschnitt sichelförmig ist, dient der Anheftung; Geißeln: 2 + 9 -Struktur, dienen der Bewegung. (Seite 592)

Zwölfte Abteilung: Heterokontophyta (= Chrysophyta)

264 Nennen Sie die gemeinsamen Merkmale der Heterokontophyta.

Chlorophyll c statt b, Schwärmzellen heterokont begeißelt, Reservestoff Chrysolaminarin (z.T. Laminarin) und weitere submikroskopische Merkmale. (Seite 593)

265 Was versteht man unter heterokonter Begeißelung?

Zellen besitzen eine nach vorn gerichtete, mit 2 Reihen von Flimmerhaaren besetzte Zuggeißel und eine nach hinten weisende glatte Schleppgeißel. (Seite 593, Abb. 3-123F)

I. Klasse Chloromonadophyceae

266 Wie sind die Zellen der Chloromonadophyceae nach außen abgegrenzt?

Durch eine Pellicula (monadale Organisationsstufe). (Seite 594)

II. Klasse: Xanthophyceae

267 Welche Organisationsstufen kommen bei den Xanthophyceen vor?

Amöboid, monadal, kokkal, siphonal, trichal. (Seite 594, Abb. 3-123, 3-124)

268 Wie können Sie die Vertreter der Xanthophyceae erkennen und wodurch von Chlorophyten unterscheiden?

Grüne Algen, deren Chloroplasten sich mit HCl blau verfärben und die im Unterschied zu den Chlorophyta keine Stärke speichern (Iodreagens). (Seite 594, Tab. 3-3)

269 Beschreiben Sie den Bau und die Fortpflanzung von Vaucheria.

Vgl. Seite 595, Abb. 3-124A-F.

III. Klasse: Chrysophyceae

Frage	Antwort
270 Nennen Sie die wichtigsten Kennzeichen der Chrysophyceen.	Vorwiegend monadale Einzeller, ein bis viele gelbgrüne bis braune Chromatophoren, kein Chlorophyll b, β-Carotin, Xanthophylle (darunter Fucoxanthin), Chrysolaminarin und Öl. (Seite 593, Tab. 3-3)
271 Welche Organisationsstufen werden von den Chrysophyceen erreicht?	Meist monadal (teilweise in Kolonien), seltener amöboid, kapsal, kokkal, trichal, Gewebethalli bildend. (Seite 595)

IV. Klasse: Bacillariophyceae (= Diatomeae; Kieselalgen)

Frage	Antwort
272 Wodurch sind die Kieselalgen morphologisch charakterisiert?	2 Kieselsäureschalen, die wie Schale und Deckel übereinander greifen (Hypo- und Epitheka). (Seite 597, Abb. 3-127 A-C)
273 Erläutern Sie die Begriffe «Schalenansicht» und «Gürtelbandansicht».	Vgl. Seite 597, Abb. 3-127A,B.
274 Wie erfolgt die vegetative Vermehrung der Diatomeen? Welches Problem tritt dabei auf, und wie wird dieses von der Alge gelöst?	Zweiteilung: Die Schalen werden auseinander geschoben, jede der Tochterzellen bildet zur übernommenen Schale eine neue Hypotheka. Problem: Fortschreitende Volumenverringerung. Durch die geschlechtliche Fortpflanzung über eine sich vergrößernde Zygote (Auxozygote) wird die ursprüngliche Zellgröße wieder erreicht. (Seite 597)
275 Beschreiben Sie den Lebenszyklus einer Kieselalge aus der Ordnung der Centrales.	Vgl. Seite 598, Abb. 3-130.
276 Wodurch unterscheiden sich die Pennales von den Centrales?	Pennales: Stab-, schiffchen- oder keilförmig (in Schalenansicht meist bilaterale Symmetrie), z.T. Kriechbewegung, unbegeißelte Isogameten, Auxozygoten in Zweizahl, Vorkommen im Süßwasser und Boden; Centrales: Im Querschnitt radiäre Symmetrie (rund oder dreieckig), unbeweglich, Oogamie mit begeißelten männl. Gameten, Meeresplankton. (Seite 598, Abb. 3-127)

V. Klasse: Phaeophyceae (Braunalgen)

Frage	Antwort
277 Was verursacht die braune Farbe der Braunalgen?	Das Xanthophyll Fucoxanthin. (Seite 600)
278 Welche Gewebedifferenzierungen treten im Cauloid von *Laminaria* auf?	Außen Assimilationsgewebe, innen Speichergewebe, einfaches Festigungs- und Leitungsgewebe. (Seite 604)
279 Erläutern Sie den Geschlechtsdimorphismus bei *Laminaria*.	Männl. Gametophyt: kleinzellig, relativ stark verzweigt; weibl. Gametophyt: aus wenigen großen Zellen aufgebaut. (Seite 603, Abb. 3-136F,G)
280 Welche Befruchtungsmodi treten bei der Höherentwicklung der Braunalgen auf?	Iso-, Aniso- und Oogamie. (Seite 605, Abb. 3-132, 3-139)
281 Nennen Sie jeweils ein Beispiel für gametischen und intermediären Kernphasenwechsel aus dem Bereich der Braunalgen. Wie wird hier die Gametenkopulation gesteuert?	Gametisch: *Fucus*; intermediär: *Dictyota*, *Laminaria*; Steuerung chemotaktisch. (Seiten 601, 605, Abb. 3-139)
282 Schildern Sie die fortschreitende Gametophytenreduktion der Braunalgen anhand von Beispielen.	(Abb. 3-139)

Dreizehnte Abteilung: Rhodophyta (Rotalgen)

283 Welche Farbstoffe sind in den Chromatophoren der Rotalgen enthalten?	Chlorophyll a, Carotinoide, Phycobiline. (Seite 608)
284 Welche Typen des Thallusaufbaus finden sich bei den Florideophycidae?	Zentralfaden- bzw. Springbrunnentyp (plectenchymatisch und preudoparenchymatisch). (Seiten 210, 607; Abb. 1-271, 1-272)
285 Welche Charakteristika treten im Fortpflanzungszyklus der Rotalgen auf?	Sporen und Gameten stets unbeweglich; 3 Generationen: 1) Gametophyt mit Karpogon und Spermatangien, Gametogametangiogamie; 2) Karposporophyt, oft von Hüllfäden des Gametophyten umwachsen; 3) Tetrasporophyt (Ausnahme: Nemalionales). (Seite 609, Abb. 3-140)
286 Wodurch unterscheidet sich der Generationswechsel von *Batrachospermum* von dem anderer Rotalgen?	Kein Tetrasporophyt, die Meiose findet ohne Bildung von Sporen in einzelnen Zellen des sich aus den Karposporen entwickelnden Chantransia-Vorkeims statt. Aus diesem jetzt haploiden Zellen entsteht der Gametophyt; alle 3 Generationen bleiben miteinander verbunden (haplobiontisch). (Seite 610, Abb. 3-140)
287 Wie nennt man	
a) die männl. Gameten, wie	a) Spermatien (unbegeißelt);
b) das weibl. Gametangium der Rotalgen? Worin liegen deren Eigentümlichkeiten?	b) Karpogon (bildet nach Befruchtung den Karposporophyt). (Seite 609)
288 Was versteht man unter dem Cystokarp, Welche Bedeutung kommt den Auxiliarzellen zu?	Cystokarp (Hüllfrucht): Der Karposporophyt wird von Hüllfäden des Gametophyten umwachsen; Auxiliarzellen ernähren und vermehren den diploiden Zygotenkern. (Seite 610, Abb. 3-141E,F)
289 Warum sind Rotalgen in der Lage, tiefere Meeresregionen zu besiedeln?	(Seiten 232, 610)

Vierzehnte Abteilung: Chlorophyta (Grünalgen)

290 Wie sind die Grünalgen chemisch charakterisiert?	Chlorophyll a und b, β-Carotin, Lutein und andere Xanthophylle; Pyrenoide und Stärkekörnchen im Chloroplast. (Seite 612, Tab. 3-3)
291 Warum bezeichnete man früher die Grünalgen als «Isokontae»?	Begeißelte Grünalgenzellen besitzen 2 oder 4 gleichlange Peitschengeißeln. (Seite 613)

II. Klasse: Chlorophyceae

292 Nennen Sie schlagwortartig die wichtigsten Merkmale der Ordnungen der Chlorophyceae unter Berücksichtigung der jeweils charakteristischen Organisationsstufen.	Volvocales: monadal, z.T. koloniebildend; Chlorococcales: kokkal, im vegetativen Zustand unbegeißelt, meist einzellig oder in Aggregationsverbänden; Chaetophorales: meist niederliegende oder aufrechte Fäden (heterotrich); Oedogoniales: fädig, unverzweigt, Chloroplast gitterförmig, «Kappenbildung», Zoosporen mit Geißelkranz, Oogamie, z.T. «Zwergmännchen». (Seite 614)
293 Schildern Sie die fortschreitende Differenzierung innerhalb der Chlamydomonadaceen.	Vgl. Seite 614, Abb. 3-144.
294 Nennen Sie die Stufen der Höherentwicklung bei Volvocaceen mit kurzer Charakterisierung von Polarität und Differenzierung.	*Gonium* (4-16 Zellen in flacher Tafel), *Pandorina* (16 Zellen bilden eine Kugel), *Eudorina* bzw. *Pleodorina* (32 bzw. 128 Zellen formen Hohlkugel, vordere Zellen kleiner mit größerem Augenfleck), *Volvox* (sehr viele Zellen bilden Hohlkugel, vordere Zellen kleiner mit größerem Augenfleck, nicht fortpflanzungsfähig; hintere Zellen größer mit kleinem Augenfleck, zumindest teilweise zu sexueller oder vegetativer Fortpflanzung befähigt). (Seite 616, Abb. 3-145G-H, 3-146)

295 Wie entstehen die Aggregationsverbände bei *Scenedesmus*?

Zusammenlagerung von 4 Tochterzellen noch in der Mutterzelle. (Seite 617, Abb. 3-147L)

296 Erläutern Sie anhand der nebenstehenden Abbildung 7 den speziellen Zellteilungsmodus von *Oedogonium*.

Vgl. Abb. 3-150H-K.

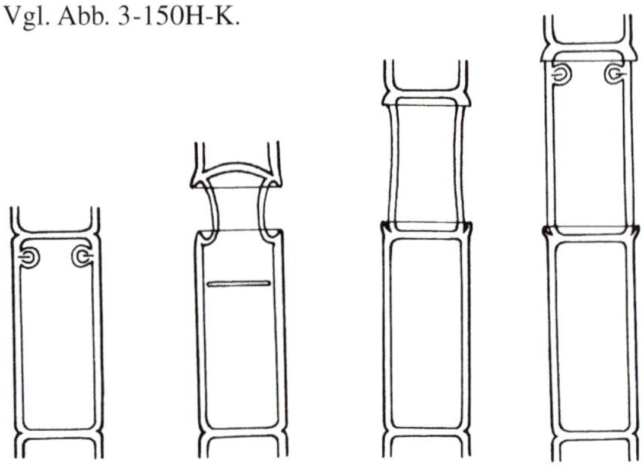

Abb. 7

III. Klasse: Ulvophyceae

297 Warum liegt bei *Ulothrix* kein typischer Generationswechsel vor?

Haplont: Zygote keimt nach Ruhephase unter Meiose, evtl. könnte die Zygote als Codiolum-ähnliches Stadium und damit als reduzierter Sporophyt gedeutet werden. (Seite 620, Abb. 3-151A-K, 3-160A)

IV. Klasse: Cladophorophyceae

298 Erläutern Sie den Verzweigungsmodus bei Cladophora.

(Seite 622)

V. Klasse: Bryopsidophyceae (= Siphoneen)

299 Wodurch sind die vegetativen Thalli der Bryopsidophyceen charakterisiert?

Schlauchförmige Einzelzellen ohne Querwände (dafür Stützbalken); z.T. siphonale Zellen zu Flechtthalli vereinigt. (Seite 622)

VI. Klasse: Dasycladophyceae

300 Beschreiben Sie Aufbau und Vermehrung von Acetabularia.

Vgl. Seite 623, Abb. 3-154C-G.

VII. Klasse: Trentepohliophyceae

301 Welche Luftalgen der Trentepohliophyceae sind häufig zu finden? Wodurch sind diese an das Landleben angepaßt?

Pleurococcus-Typ ohne bewegliche Zellen; Trentepohlia mit Zoosporocysten, die als Ganze abgeworfen und durch den Wind verbreitet werden. (Seite 624, Abb. 3-155)

X. Klasse: Zygnematophyceae (= Conjugatae), Jochalgen

302 Was versteht man

a) unter Jochbildung,

a) Bildung eines Verbindungskanals zwischen 2 vegetativen Zellen, durch den die Vereinigung der nackten Protoplasten erfolgt;

b) was unter Leiterkopulation?

b) mehrfache Jochbildung zwischen den Zellen von 2 nebeneinander liegenden Fäden. (Seite 625, Abb. 3-158K)

303 Welche Besonderheit zeichnet die Gattung Mougeotia aus?

Plattenförmiger, axial angeordneter, phototaktisch reagierender Chloroplast. (Seite 627, Abb. 3-158I,J)

XI. Klasse: Charophyceae, Armleuchteralgen

304 Worauf beruht die Sonderstellung der Charophyceen?	Bau des Thallus, der Chara-Spermatogonien und -Oogonien, Schraubenwindung der Spermatozoiden. (Seite 627)
305 Wie entstehen bei Chara die Seitenzweige und die Rindenzellen?	Scheitelzelle gliedert abwechselnd Knoten- und Internodienzellen ab. Erstere teilen sich weiter zu vielzelligen Knotenscheiben, aus denen sowohl die Seitenzweige, als auch die Rindenzellen entspringen. (Seite 627)
306 Welche Anpassung an die Überwinterung haben die Characeen entwickelt?	Untere Thallusteile bilden mit Stärke gefüllte Knöllchen als Überwinterungsorgane. (Seite 629)
307 Welche Merkmale sprechen für eine enge Verwandtschaft der Chlorophyta mit den landbewohnenden Moosen?	(Seite 629)

Vorkommen und Lebensweise der Algen

308 Welche Einrichtungen ermöglichen es planktontischen Algen, im Wasser zu schweben?	Geringes spezifisches Gewicht durch Öl als Reservestoff; größerer Reibungswiderstand durch Schwebefortsätze oder Kettenbildung; Geißelbewegung. (Seite 630)
309 Was ist das Benthos und woraus setzt es sich im Meer zusammen?	Gesamtheit der im Wasser an Gestein, Sand und dgl. festgewachsenen Organismen; im Meer überwiegend aus Braun- und Rotalgen sowie Seegräsern (Zosteraceae) bestehend. (Seite 631)
310 Nennen Sie gesteinsbildende Algen.	Cyanophyta: *Rivularia*, *Schizothrix* (Stromatolithe); Haptophyta: Coccolithophorales (Schreibkreide); Heterokontophyta: Diatomeen; Rhodophyta: Corallinaceae; Chlorophyta: Dasycladaceae, Desmidiaceae, Characeae. (Seiten 534, 592, 600, 612, 624, 626)
311 Welche Algen ernähren sich heterotroph?	(Seiten 588, 595, 613, 633)
312 Welche unterschiedlichen Wachstumstypen kommen bei Algen vor?	(Seite 210, Abb. 1-269)
313 An welchen Symbiosen sind Algen beteiligt?	(Seiten 534, 582, 591, 635, 679)
314 Charakterisieren Sie kurz die vier Gewässergüteklassen. Welche Bedeutung kommt dabei den Algen zu?	(Seite 631)

Organisationstyp: Embryophyten; Grüne Landpflanzen (15.–17. Abteilung)

315 In welche Abteilungen werden die Embryophyta untergliedert?	Bryophyta (Moose), Pteridophyta (Farnpflanzen), Spermatophyta (Samenpflanzen). (Seite 633)
316 Durch welche gemeinsamen Merkmale sind die Embryophyta charakterisiert?	Vgl. Seite 633.
317 Wodurch unterscheiden sich die Keimzellenbehälter der Moose von denen der Algen und Pilze?	Sie besitzen eine schützende Hülle aus sterilen Zellen. (Seite 633)
318 Welcher Generationswechsel liegt bei den Embryophyten vor?	Heteromorpher, heterophasischer Generationswechsel. (Seite 633)

EVOLUTION UND SYSTEMATIK

Fünfzehnte Abteilung: Bryophyta (Moose)

319 Beschreiben Sie den Entwicklungsgang eines Mooses.

Haploide Spore – Protonema – thallose oder foliose Moospflanze (Gametophyt) – Befruchtung der Eizelle durch ein Spermatozoid – diploider Sporophyt (Sporogon), dem Gametophyt aufsitzend – Sporenmutterzellen – Meiose – haploide Spore. (Seite 634, Abb. 3-162D)

320 Auf welche Weise pflanzen sich Moose vegetativ fort?

Brutkörper (Marchantiales, Jungermanniales), Brutsprosse und Brutblätter (Jungermanniales), Protonema (Bryopsida), abgebrochene Stämmchen und Blättchen (Bryopsida). (Seiten 637, 641, 644; Abb. 3-165A-F, 3-169G, 3-181J")

321 Worin unterscheiden sich die Moose von den Pterido- und Spermatophyten?

Gametophyt dominierend, Sporophyt nicht selbständig, keine Leitbündel. (Seite 634)

I. Klasse: Anthocerotopsida, Hornmoose

322 Wodurch unterscheiden sich die Hornmoose von den übrigen Moosen?

Endogene Entwicklung von Antheridien und Archegonien, schotenförmige Mooskapsel öffnet sich mit 2 Klappen, Zellen mit je einem großen Chloroplasten mit Pyrenoiden, Spaltöffnungen an der Unterseite des Gametophytenthallus. (Seite 635, Abb. 3-163)

II. Klasse: Marchantiopsida (= Hepaticae z.T.; thallose Lebermoose)

323 Moose der Klassen I bis III besitzen in ihren Sporogonen fädige Elateren. Wozu dienen diese? Welche Organismen besitzen analoge Strukturen?

Die Elateren der Moose fördern die Sporenausbreitung. Analog: Myxomycetes: Capillitiumfasern; «Gasteromycetes»: Glebafasern; *Equisetum*: Hapteren. (Seiten 537, 577, 636, 639, 667)

324 Beschriften Sie den nebenstehenden (Abb. 8) Querschnitt durch den Thallus von *Marchantia*.

Vgl. Abb. 3-165G.

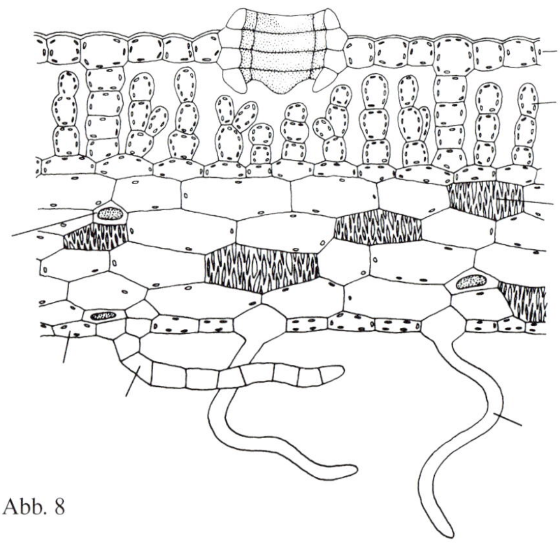

Abb. 8

325 Nennen Sie Charakteristika der Marchantiales.

Thallose, hochdifferenzierte Formen mit Luftkammern, Atemöffnungen und Assimilationsgewebe, Unterseite mit Bauchschuppen und Fadenrhizoiden, besonders gestaltete Gametangienständer, Brutbecher. (Seite 637, Abb. 3-165, 3-166)

326 Wie erfolgt die Wasserleitung in den Stielen der Gametangienständer von Marchantia?

Kapillar durch in einer Rinne liegende Rhizoiden. (Seite 637)

327 Wo werden bei *Marchantia* die Gametangien angelegt?

An der Oberseite (männl.) bzw. Unterseite (weibl.) von speziellen Gametangienständern. (Seite 638, Abb. 3-166)

328 Vergleichen Sie die Atemöffnungen von *Marchantia* mit Spaltöffnungen.

(Seiten 128, 637, Abb. 1-151, 1-152, 3-165G,H)

329 Welche Merkmale zeigen die hohe Entwicklungsstufe des Gametophyten von *Marchantia*?

(Seite 637)

III. Klasse: Jungermanniopsida (= Hepaticae z.T.; überwiegend foliose Lebermoose)

330 Welche Zellen gehen aus dem Archespor einer

a) Laubmooskapsel bzw. einer

b) Lebermooskapsel hervor?

a) Sporenmutterzellen;

b) Sporenmutterzellen und Elateren. (Seiten 636, 643; Abb. 3-173E-G)

331 Nennen Sie typische Merkmale des Sporogons der Jungermanniales.

Lang gestielt, keine Columella, mit 4 Klappen sich öffnend. (Seite 640, Abb. 3-169)

332 Wie unterscheiden sich die Jungermanniopsida von den Marchantiopsida?

Thallos (wenig anatomisch differenziert, nur glatte Rhizoiden) oder folios, Gametangienständer fehlen, Sporenkapsel auf langer Seta. (Seite 640)

333 Was spricht dafür, die foliosen Jungermanniales und die thallosen Metzgeriales als abgeleitet zu betrachten? Gibt es auch die gegenteilige Auffassung?

(Seite 641)

IV. Klasse: Bryopsida (= Musci, Laubmoose)

334 Wie unterscheiden sich Laubmoose von beblätterten Lebermoosen?

Blättchen schraubig angeordnet, oft mit Mittelrippe, Sporenkapsel mit Columella und ohne Elateren. (Seite 642)

335 Beschreiben Sie Entwicklung und Bau des Sporophyten der Bryopsida.

Zygote – langgestreckter Embryo mit zweischneidiger Scheitelzelle – nach unten Haustorium, nach oben sich verlängernde Seta – Bildung der Kapsel mit Amphi- und Endothecium – äußerste Schicht des Endotheciums wird zum Archespor (Ausnahme: Torfmoose) – Sporenmutterzellen – Meiose – Sporen – innere Schicht des Endotheciums wird zur Columella. (Seite 643)

336 Wie entsteht die Haube (Calyptra) der Laubmooskapsel?

Der junge Embryo ist noch von Resten der Archegonienwand (Embryotheka) umhüllt. Bei der Streckung des Sporogons reißt diese, wobei der obere Teil als Calyptra an der Kapsel verbleibt und mit dieser emporgehoben wird. (Seite 643, Abb. 3-173Bc)

337 Was versteht man unter Gonotrophie? Nennen Sie Beispiele.

Eine Generation wird von der anderen ernährt: Sporophyt auf Gametophyt bei Moosen, Karposporophyt auf Gametophyt bei Rotalgen, Dikaryophase auf Haplophase bei Ascomycetidae, vgl. auch Spermatophyta. (Seiten 554, 609, 635)

1. Unterklasse: Sphagnidae, Torfmoose

338 Was befähigt die Torfmoose zu hoher Wasserspeicherung?

Rinde des Stämmchens besitzt einen Mantel toter, leerer Zellen mit Poren, durch die kapillar Wasser aufgenommen und gespeichert werden kann. In den Blättchen große, tote, versteifte Zellen mit Poren. Bildung großer Polster. (Seite 645, Abb. 3-175E-H)

339 Nennen Sie die Unterschiede zwischen den Sporogonen der

a) Sphagnidae und denen der

a) Kurzer Fuß, Stiel haploid (Pseudopodium), halbkugelige Columella, Archespor aus der innersten Schicht des Amphitheciums, keine Calyptra, kein Peristom.

b) Bryidae.

b) Diploide Seta, gestreckte Columella, Archespor aus der äußersten Schicht des Endotheciums, Calyptra und Peristom vorhanden. (Seite 646, Abb. 3-174, 3-175C)

340 Skizzieren Sie den Bau eines Torfmoosblättchens.

Vgl. Seite 645, Abb. 3-175G,H.

2. Unterklasse: Andreaeidae

341 Welche Besonderheiten zeigen die Andreaeidae?

Biotop (kalkfreie Felsen der Hochgebirge und der arktischen Zone), Pseudopodium, Öffnung der Kapsel mit 4 Längsspalten. (Seite 646, Abb. 3-175I,J)

3. Unterklasse: Bryidae

342 Vergleichen Sie akrokarpe mit pleurokarpen Moosen.

Akrokarp: Stämmchen aufrecht (orthotrop), Archegonien und Sporogone am Gipfel der Stämmchen; pleurokarp: Stämmchen plagiotrop, meist fiedrig verzweigt, Archegonien an kurzen Seitenzweigen. (Seite 646, Abb. 3-178E, 3-181M)

343 Beschreiben Sie den Bau eines Laubmoosblättchens.

Einschichtig, oft mit Mittelrippe, vgl. aber *Leucobryum*, *Polytrichum*. (Seite 646, Abb. 3-176, 3-177, 3-178J-L)

344 Erläutern Sie den Begriff Peristom hinsichtlich Bau, Entstehungsweise und Funktion.

Zahnkranz an der Kapselöffnung der Laubmoose, bei Tetraphidales und Polytrichales aus Reihen vollständiger Zellen, sonst aus verdickten Tangentialwänden; entsteht aus den innersten Schichten des Amphitheciums; Funktion: Auswärtskrümmung bei Trockenheit, hygroskopische Bewegung durch Mizellierung (Innenseite längs, Außenseite quer). (Seite 647, Abb. 3-178N, 3-179, 3-181D',J')

Vorkommen und Lebensweise der Moose

345 Markieren Sie in der folgenden Aufzählung diejenigen Begriffe, die bei Moosen vorkommen. Erläutern Sie diese kurz.

a) Calyptra,
b) Konidien,
c) Elateren,
d) Dikaryophase,
e) Rhizom,
f) Spaltöffnung

a) Haube am Sporogon als Rest der Embryotheka (Seite 646, Abb. 3-173B);

c) sterile Fäden zwischen den Sporen in der Kapsel von Horn- und Lebermoosen (Seite 635, Abb. 3-163E, 3-166M);

f) spaltförmige Öffnung in der Epidermis von Hornmoosgametophyten und Laubmoossporogonen (Seiten 635, 642; Abb. 3-163G, 3-174)

346 Welche Strukturen der Moose lassen sich mit dem Problem des Wasserhaushalts erklären?

(Seite 649)

347 Welche Bedeutung besitzen die Torfmoose?

(Seiten 644, 649)

348 Welche Anpassungen an das Landleben sind bei den Moosen zu erkennen?

(Seite 634)

349 Was läßt sich über die Abstammung der Moose sagen?

(Seite 650)

350 Worin liegt die ökologische Bedeutung der Moose?

(Seite 649)

351 Vergleichen Sie den Generationswechsel der Bryophyten mit dem der Pteridophyten.

(Seiten 634, 652, Abb. 3-162D, 3-182H)

Sechzehnte Abteilung: Pteridophyta (Farnpflanzen)

352 In welche Klassen werden die Pteridophyten eingeteilt?	Psilophytopsida, Psilotopsida, Lycopodiopsida, Equisetopsida und Pteridopsida. (Seiten 654, 656, 657, 665, 669)
353 Worin liegt der Unterschied zwischen den Keimlingen von Pterido- und Spermatophyten?	Bei Pteridophyten unipolar (ohne Wurzelpol), bei Spermatophyten bipolar. (Seite 653)
354 Wie heißt der Gametophyt der Pteridophyten und wie sieht er aus?	Prothallium; thallos, meist sehr klein, mit Rhizoiden am Boden befestigt. (Seite 652, Abb. 3-182A)
355 Beschreiben Sie den Lebenszyklus der Pteridophyten.	Haploide Spore – Prothallium – Antheridien und Archegonien – Befruchtung – Sporophyt: diploide, selbständige, meist mehrjährige Pflanze mit Wurzeln, Sproß und Blättern – Sporangien – Sporenmutterzellen – Meiosporen. (Seite 652, Abb. 3-182H)
356 Wo werden bei Farnpflanzen die Sporangien gebildet?	An Blättern; bei ursprünglichen Vertretern auch an undifferenzierten Sproßachsen. (Seite 653)
357 Erläutern Sie den Unterschied zwischen Iso- und Heterosporie. Wie unterscheiden sich die Prothallien iso- und heterosporer Farnpflanzen?	Isosporie: alle Sporen gleich; Heterosporie: zweierlei Sporen (männl. Mikrosporen, weibl. Megasporen). Prothallien bei Isosporie: meist monözisch (auch diözisch möglich); bei Heterosporie kleinere, männl. Mikroprothallien und größere, weibl. Megaprothallien. (Seite 654)

I. Klasse: Psilophytopsida, Urfarngewächse

358 Welche Merkmale machen die Urfarne zu den ursprünglichsten Pteridophyten?	Fehlen von Blättern und Wurzeln, gabeliger Stamm (Telom) mit Proto- oder Actinostele, Sporangien end- oder seitenständig, kräftiger Gametophyt. (Seite 654, Abb. 3-184, 3-186)

II. Klasse: Psilotopsida, Gabelblattgewächse

359 Worin unterscheiden sich die Gabelblattgewächse von den Urfarnen?	Blätter (Mikrophylle) vorhanden, je 3 Sporangien zu einem Synangium verwachsen. (Seite 656, Abb. 3-185)
360 Was versteht man unter Mikrophyllen? Wo kommen sie vor?	Kleine, einfach gebaute Blätter; einfachste Form bei Asteroxylales, typisch bei Psilotopsida, Lycopodiopsida und Equisetopsida. (Seite 656, Abb. 3-185G,F)
361 Welcher Stelentyp kommt bei den Psilotopsida vor?	Oberirdischer Sproß: Actinostele; Rhizom: Protostele. (Seite 656, Abb. 3-185B)

III. Klasse: Lycopodiopsida, Bärlappgewächse

362 Durch welche Merkmale sind die Selaginellales von den Lycopodiales unterschieden?	Häufig Anisophyllie, Wurzelträger mit Adventivwurzeln, Proto- bis Siphonostele, Ligula, Heterosporie, stark reduzierte Prothallien. (Seite 659)
363 Wie läßt sich die Bildung von Sporophyllen nach der Telomtheorie erklären?	Vgl. Abb. 3-189.
364 Welche wirtschaftliche Bedeutung haben die Lepidodendrales?	Wesentlicher Anteil an der Steinkohlebildung. (Seite 662)
365 Worin äußert sich die Höherentwicklung bei den Selaginellales?	Heterosporie, Gametophytenentwicklung innerhalb der Sporenwand. (Seite 659, Abb. 3-192)
366 Was sind Lepidospermae?	Vertreter der Lepidodendrales, bei denen das Megasporangium durch eine Hülle fest mit dem Sporophyten verbunden ist (samenähnliches Gebilde). (Seite 663, Abb. 3-194C)
367 Vergleichen Sie den Moosfarn (*Selaginella*) mit der beblätterten Moospflanze (z.B. *Mnium*) bezüglich der vegetativen Merkmale.	(Seiten 641, 659)

EVOLUTION UND SYSTEMATIK

368 Warum starben die baumförmigen Vertreter der Lycopodiopsida aus, obwohl sie sich bereits zu «Samenpflanzen» entwickelt hatten?

(Seite 664)

IV. Klasse: Equisetopsida (= Sphenopsida), Schachtelhalmgewächse

369 Worin unterscheiden sich die Equisetopsida von den Lycopodiopsida?

Sporophylle von Trophophyllen verschieden, erstere tischchenförmig, Plasmodialtapetum; Sproß in Knoten und Internodien gegliedert; Blattwirtel. (Seite 665)

370 Skizzieren Sie den Querschnitt eines *Equisetum*-Halmes.

Vgl. Abb. 3-196L.

371 Gibt es Heterosporie bei den Equisetopsida?

Bei einigen ausgestorbenen Vertretern der Sphenophyllales und Calamitaceae. (Seiten 665, 668)

372 Vergleichen Sie den Schachtelhalm (*Equisetum*) mit der Armleuchteralge (*Chara*).

(Seiten 627, 665)

373 Erklären Sie die deutschen Namen «Schachtelhalm» und «Zinnkraut».

(Seite 665)

V. Klasse: Pteridopsida (= Filicopsida), Farne

374 Durch welche Merkmale sind die Pteridopsida ausgezeichnet?

Megaphylle (Wedel), die in der Jugend eingerollt sind und die (zumindest teilweise) Sporangien tragen (überwiegend unterseits). (Seite 669)

375 Welche Entwicklungsstufen werden bei den Pteridopsida unterschieden? Charakterisieren Sie diese.

Primofilices: Raumwedel, Sporangien endständig; Eusporangiatae: Sporangien entwickeln sich aus mehreren Zellen und besitzen eine Wand aus mehreren Zellschichten; Leptosporangiatae: Sporangien entwickeln sich aus 1 Epidermiszelle, Wand aus einer einzigen Zellage; Hydropterides: heterospor, Sporangien in besonderen Behältern. (Seiten 669, 671, 677)

376 Wie ist der Stamm leptosporangiater Baumfarne aufgebaut?

Stele mit zahlreichen Blattspursträngen, Sklerenchymplatten, teilweise Mantel von steifen, sproßbürtigen Wurzeln. (Seite 673)

377 Erklären Sie die Begriffe Sori und Synangien. Wo kommen letztere vor?

Sorus: Gruppe von Sporangien; Synangium: mit den Wänden verwachsene Sporangien. Vorkommen von Synangien bei Psilotopsida, Marattiales sowie bei den Samenpflanzen (Antheren!). (Seiten 656, 672, 673; Abb. 3-185C,D, 3-202C, 3-206B-D)

378 Erläutern Sie die Öffnungsmechanismen der unten (Abb. 9) abgebildeten Farnsporangien.

(Seite 673, Abb. 3-210)

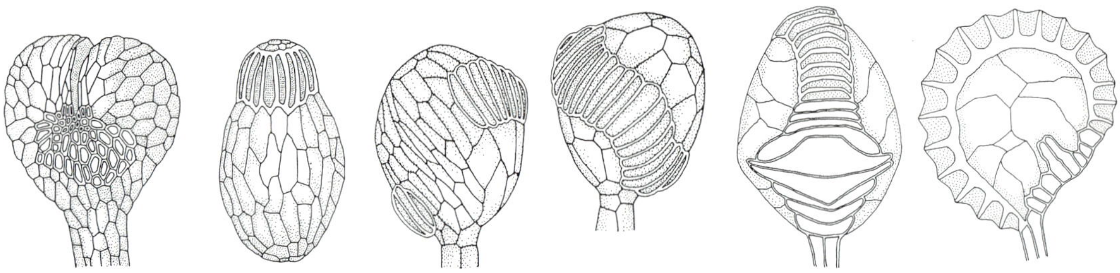

A B C D

Abb. 9

379 Auf welcher Seite des Prothalliums werden bei leptosporangiaten Farnen Archegonien und Antheridien gebildet? Welchen Vorteil hat dies?	Auf der Unterseite; Gegenwart von Wasser zur Befruchtung. (Seite 673)
380 Wie sehen die Spermatozoiden der Farne aus und wie gelangen sie zum Archegonium?	Korkenzieherartig mit mehreren Dutzend Geißeln; chemotaktische Anlockung. (Seite 674, Abb. 3-208F)
381 In welchen Merkmalen drückt sich die Höherentwicklung von Hydropterides im Vergleich zu anderen heterosporen Pteridophyten aus?	Sporangien von zusätzlichen Hüllen umgeben; nur 1 Megaspore; Rückanpassung an das Leben im Wasser. (Seite 677)
382 Erläutern Sie die Heterophyllie von *Salvinia*.	An jedem Knoten 3 Blätter: 2 Schwimmblätter und 1 Unterwasserblatt, das in fadenförmige Zipfel zerteilt ist (Wurzelfunktion). (Seite 677, Abb. 3-212A)
383 Wo entwickelt sich das weibl. Prothallium bei *Salvinia*?	In der Megaspore, die ihrerseits von der Sporangienwand umschlossen bleibt. (Seite 679, Abb. 3-212J)
384 Der Wasserfarn *Azolla* führt einen Symbionten. Wie heißt dieser und mit welcher Leistung ist er seinem Wirt nützlich? An welche Zellen des Symbionten ist diese Leistung gebunden?	In Höhlungen der oberen Blattlappen lebt die Blaualge *Anabaena azollae*. Diese ist zur Fixierung von Luftstickstoff in ihren Heterocysten befähigt. (Seiten 534, 679; Abb. 3-213D)

Vorkommen und Lebensweise der Farnpflanzen

385 Welche Typen von Kletterpflanzen gibt es bei den Pteridophyten?	Spreizklimmer (Gleicheniaceen, *Pteridium*), Wurzel- bzw. Rhizomkletterer, Rhachiswinder (z.B. *Lygodium*). (Seite 681)
386 Bei welchen Pteridophyten findet sich Mykorrhiza im Gametophyten?	Psilotales, Lycopodiales. (Seiten 656, 659)
387 Beschreiben Sie die Anpassungen der Pteridophyten an das Landleben und die damit zusammenhängenden Progressionen gegenüber den Bryophyten.	(Seite 681)
388 In Anpassung an Umweltbedingungen gehören die Pteridophyten unterschiedlichen Lebensformen an. Welche sind hierbei verwirklicht? Charakterisieren Sie diese.	(Seite 681)
389 Wie kann man sich die Entstehung der Megaphylle erklären?	(Seiten 653, 669, Abb. 3-199A-H)
390 In welcher Epoche der Erdgeschichte waren die Pteridophyten am formenreichsten und am weitesten verbreitet?	(Seite 684, Abb. 3-217)

Siebzehnte Abteilung: Spermatophyta (Samenpflanzen) (Grundlagen)

391 Ist es berechtigt, bei den Samenpflanzen (= Spermatophyta) von **Generationswechsel** (GW) zu sprechen? Wenn nein, inwiefern doch? Wenn ja: was verstehen Sie unter «Generation»?	Bei den Samenpflanzen kann von einem GW nur im Bezug zu den Archegoniaten (das sind neben den Spermatophyta die übrigen Embryophyta), insbesondere zu den Pteridophyten die Rede sein; denn «Generation» im eigentlichen Sinne gibt es bei den Spermatophyta nur eine einzige (von der Samenkeimung bis zur Samenreifung; vgl. die Definitionen von «Generation» und «Keim»! Die dennoch vorhandene Homologisierbarkeit mit den beiden Generationen der Pteridophyten und der daraus folgende phylogenetische Zusammenhang wurde daher erst sehr spät (von W. Hofmeister,

EVOLUTION UND SYSTEMATIK

1851) entdeckt: Bei den Samenpflanzen dominiert der Sporophyt; der Gametophyt hingegen (und damit der «Generationswechsel») ist gleichsam versteckt, er ist unselbständig und auf winzige Reste innerhalb der Blüte (einige wenige Zellgenerationen innerhalb der Samenanlage und innerhalb des Pollenkorns bzw. Pollenschlauchs reduziert. (Seite 685)

392 Warum «verstecken» die Spermatophyta ihren Gametophyten?

Weil durch die «Einsparung» einer Generation die ontogenetische Entwicklung beschleunigt wird und weil sie sich dadurch von der Anwesenheit flüssigen, «biosphärischen» Wassers für die Befruchtung befreien konnten. («Atmosphärisches Wasser», also Wasserdampf, dient nirgends der Befruchtung!) (Seite 685)

393 Welche sind die wichtigsten evolutiven Errungenschaften der Spermatophyta gegenüber den Pteridophyten?

1) Die Rückbildung des weiblichen und des männlichen Gametophyten;
2) die dadurch mögliche Inkorporation des Gametophyten in den Sporophyten (jener bildet keine selbständige Generation mehr, sondern ist auch bezüglich Ernährung vom Sporophyten abhängig);
3) Die Diaspore (Ausbreitungseinheit) ist der Embryo des Tochter-Sporophyten samt Nährgewebe (verschiedener Herkunft) für die Brutpflege (so daß die Samenpflanze – in der Begrifflichkeit der Pteridophyten – drei ineinandergeschachtelte «Generationen» umfaßt) – diese neu geschaffene Struktur heißt **Same**;
(4) Die Sporophylle sind auf Kurzsprossen mit begrenztem Wachstum konzentriert: sie werden **Blüten** genannt;
(5) Der Vegetationskörper ist bipolar organisiert, die Sprosse wachsen mit Scheitelmeristem und verzweigen sich axillär (d.h. in den Blattachseln). (Seite 685)

394 Wie heißen folgende Zellen bzw. Organe bei den Spermatophyta?

a) Mikrospore; — a) Einzelliges Pollenkorn;

b) Megaspore; — b) Embryosackzelle (= noch einkerniges Stadium des Embryosacks);

c) Mikrosporangium; — c) Pollensack;

d) Megasporangium; — d) Nucellus;

e) Mikrosporophyll; — e) Staubblatt (= Stamen);

f) Megasporophyll; — f) Fruchtblatt (= Karpell);

g) Sporophyt; — g) Zygote → Same → selbständige Pflanze mit den Blüten bis zur Ausbildung der Pollenkörner (in den Staubblättern) und der Embryosackzellen (in den Samenanlagen);

h) männlicher Gametophyt; — h) von der ersten Zellteilung im Pollenkorn bis zur Ausbildung der Spermien bzw. Spermazellen (im gekeimten Pollenkorn);

i) weiblicher Gametophyt. — i) von der ersten Zellteilung im Embryosack bis zur Ausbildung der Eizelle (ebenfalls im Embryosack) (innerhalb der Samenanlage). (Seite 685, Abb. 3-218, 3-219)

395 a) Was ist die **Samenanlage** und woraus besteht sie?

a) Das von 1 oder 2 Integumenten umhüllte Megasporangium (dieses = Nucellus) der Spermatophyta.

b) Was entwickelt sich in der Samenanlage?

b) Der weibliche Gametophyt: nach Meiose entstehen im Nucellus aus der Megasporenmutterzelle (= Embryosackmutterzelle) 4 Megasporen, von denen 1 (seltener alle 4) den Embryosack bildet (-n).

c) Was ist der Embryosack?

c) Das Megaprothallium; es bildet Archegonien mit je einer Eizelle (bei den Gymnospermen) oder ist so stark reduziert, daß außer der Eizelle nur noch sehr wenige andere Zellen gebildet werden (bei den Angiospermen).

d) Ist die Samenanlage diploid oder haploid?

d) Sowohl als auch, denn sie besteht teils aus diploidem, sporenphytischem Gewebe (Integumente, Nucellus), teils aus haploidem, gametophytischem Gewebe (Embryosack). (Seiten 685, 688, 690)

396 a) Was ist der **Same** und woraus besteht er?

a) Das aus der Samenanlage entstandene Ausbreitungsorgan der Spermatophyta; er besteht aus der Samenschale (= Testa = Integument/e), aus dem Embryo und meist aus einem Nährgewebe (= Endosperm; dieses nicht bei allen Samenpflanzen homolog, sondern z.T. ganz verschiedener Natur, siehe Frage 410).

b) Ist der Same diploid oder haploid oder weder noch?

b) Er besteht aus zweierlei (zwei Generationen angehörendem) diploidem Gewebe, nämlich jenem der Mutterpflanze (Testa, Nucellus) und jenem der Tochterpflanze (Embryo); bei vielen Gymnospermen ist zusätzlich haploides Speichergewebe vorhanden (Sekundäres Endosperm). (Seiten 685, 692)

397 a) Was sind **Kormophyten** (Sproßpflanzen) und wodurch sind sie gekennzeichnet?

a) Ihr Vegetationskörper ist gegliedert in Wurzeln und Sprosse; Sproß = Achse + Blätter. Nicht zu verwechseln mit «Cormobionta»! (= Moose + Kormophyten = Embryophyta).

b) Was sind **Gefäßpflanzen** (Tracheophyten)?

b) Kormophyten.

c) Welche Groß-Sippen (Abteilungen und Klassen) gehören zu den Gefäßpflanzen?

c) Pteridophyta (Farne, Bärlappe, Schachtelhalme und einige ausgestorbene Gruppen) + Spermatophyta (Ginkgoopsida, Pinopsida, Cycadopsida, Gnetopsida u.a., Magnoliopsida, Rosopsida, Liliopsida). (Taxon. Übersicht im Inhaltsverz., Abschn. Morphologie u. Niedere Pfl.)

398 Aus welchen (höherrangigen) Sippen bestehen

a) die Archegoniaten;

a) Im engeren, üblichen Sinn: Bryophyta + Pteridophyta (Anmerkung: Dabei handelt es sich um keine natürliche, monophyletische Sippe. Außerdem gibt es Archegonien auch bei den gymnospermischen Spermatophyten. In einer taxonomisch sinnvollen Gruppierung müßte man die Spermatophyten einschließen, so daß die Archegoniaten i.w.S. synonym [= identisch] mit den «Embryophyta» sind);

b) die Embryophyta?

b) Bryophyta + Kormophyten.

c) Läßt sich der mit einem Kernphasenwechsel gesetzmäßig verknüpfte Generationswechsel der Pteridophyta mit der Situtation bei den Spermatophyta homologisieren?

c) Ja, siehe Fragen 392–396!

d) Sind die sporophytischen Vegetationskörper der Pteridophyten mit jenen der Spermatophyten homolog? Wenn ja, warum? Wenn nein, warum nicht?

d) Nur bezüglich der Stellung im Entwicklungszyklus, nicht jedoch im eigentlichen, morphologischen Sinn: weder innerhalb der Pteridophyten noch zwischen Pteridophyten und Spermatophyten bestehen solche Homologien, denn der Bau der Keimlinge, die Anlegung der Seitensprosse etc. sind grundsätzlich verschieden; vgl. Frage 399. (Seite 685)

399 Was sind die wichtigsten Unterschiede im Bau der Vegetationskörper zwischen Pteridophyten und Spermatophyten?

a) **Pteridophyten**: Keimling unipolar (nur Sproßpol; Primärwurzel achsenbürtig); Verzweigung nie axillär, sondern entweder gabelig oder lateral neben oder unter den Blättern; meist keine Eustele, sondern andere Stelentypen; sekundäres Dickenwachstum nur ausnahmsweise; meist Scheitelzelle;
b) **Spermatophyten**: Keimling bipolar (Sproß- und Wurzelpol); Verzweigung grundsätzlich axillär (= blattachselständig); Eustele; sekundäres Dickenwachstum ursprünglich, nur ausnahmsweise fehlend; Scheitelmeristem («Vegetationskegel»). (Seite 686)

400 a) Ist für die **Spermatophyta** (= Anthophyta = Blütenpflanzen = Samenpflanzen) die Ausbildung von Samen oder die Ausbildung von Blüten das auf sie beschränkte absolute Differentialmerkmal gegenüber den Pteridophyta?

a) Weder noch! Blüten (= Sporophyllstände als Kurzsprosse mit beschränktem Wachstum) gibt es bereits bei den Lycopodiopsida und Equisetopsida, Samen gibt es bei den (allerdings ausgestorbenen) Lepidospermae (*Miadesmia* und *Lepidocarpon*) innerhalb der Lycopodiopsida.

b) Bilden alle Spermatophyta Samen?

b) Ja.

c) Bilden alle Spermatophyta Blüten?

c) Nein; bei der Gattung *Cycas* auf der weiblichen Seite (Megasporophylle …, vgl. Frage 426 und bei den Lyginopteridopsida (ausgestorben) sind keine echten Blüten vorhanden.

401 Nennen Sie die wichtigen Merkmals-**Progressionen** innerhalb der Samenpflanzen!

a) Tracheiden → Tracheen;
b) Siebzellen → Siebröhren;
c) immergrün → saisongrün;
d) holzig → krautig;
e) undifferenzierte Sprosse → Gliederung in Lang- und Kurzsprosse;
f) Anemogamie → Zoogamie;
g) Reduktion des weiblichen und des männlichen Gametophyten; Abbau der Archegonien; Spermien → Spermazellen (unbegeißelt);
h) Verkleinerung der Blüten, Bildung von Blütenständen;
i) stärkere Ausbildung der Keimstellen auf den Pollenkörnern;
j) Steigerung der Geschwindigkeit der Befruchtung (von mehr als einem Jahr bis auf wenige Stunden);
k) Verlagerung der Nährstoffspeicherung für den Embryo vom Megaprothallium Richtung Embryo.
(Seiten 685–698)

402 Was ist **Neotenie** und welche Rolle spielt sie bei der Evolution der Samenpflanzen?

Verkürzung der ontogenetischen Entwicklung durch Vorverlagerung der Reife. Die schrittweise Reduktion des Gametophyten z.B. läßt sich durch Neotenie erklären: die Ausbildung der Eizelle wird immer weiter vorverlegt, d.h. findet in einem immer früheren, jüngeren Stadium statt. Auch die Entstehung der Krautigen aus den Holzigen ist ein Beispiel für Neotenie (die Holzigen sind juvenil krautig!). (Seite 691)

403 Von welcher Sippe stammen die Spermatophyta ab?

Mit großer Wahrscheinlichkeit von den längst ausgestorbenen (aus dem Devon bekannten) Progymnospermen; diese verbinden die Psilophytopsida mit den Gymnospermen; letztere haben sich demzufolge schon sehr früh aus Psilophytenartigen und damit parallel zu den übrigen (höheren) Pteridophyten entwickelt. (Seite 697, Abb. 3-231)

404 Ist es berechtigt, das Andröceum (die Staubblätter) und staminate (nur Staubblätter, aber keine Fruchtblätter enthaltende) Blüten der Spermatophyten «**männlich**», das Gynöceum (Samenanlagen bzw. Fruchtblätter) und pistillate (nur Samenanlagen bzw. Fruchtblätter, aber keine Staubblätter enthaltende) Blüten «**weiblich**» zu nennen? Es handelt sich doch um Organe des «geschlechtslosen» Sporophyten!

Ja! Denn erstens ist es nicht richtig, den Sporophyten «geschlechtslos» zu nennen (vgl. Frage 19); zweitens ist es nicht sinnvoll, den Begriff der sexuellen Differenzierung (Sexualität) auf die Gameten und die unmittelbaren Geschlechtsorgane (Gametangien) einzuengen. Es ist nicht möglich, sondern theoretisch abwegig, die grundlegenden Begriffe «**weiblich**» und «**männlich**» zu homologisieren. Die Spermatophyten sind ja wesentlich dadurch gekennzeichnet, daß der Sporophyt im Lauf der Evolution «sexualisiert» worden ist, d.h. die geschlechtliche Differenzierung auf den Sporophyten gleichsam «zurückverlagert» worden ist.

405 a) Was ist der **Pollen**?

a) = der Blütenstaub = die Gesamtheit der Pollenkörner;

b) Was sind «die Pollen»?

b) sprachlich unrichtige Bezeichnung für «Pollenkörner» oder für «Pollen»;

c) Woraus besteht die Wand des Pollenkorns?

c) Pollenkornwand = Sporoderm; besteht (i.d.R.) aus Exine und Intine;

d) Welche Schicht dieser Wand ist am stärksten differenziert?

d) die Exine;

e) Aus welchen Stoffen ist die Exine;

e) aus Sporopolleninen (hochpolymeren Estern von Fettsäuren);

f) die Intine aufgebaut?

f) Zellulose (innen), Pektinen (außen). (Seite 688, Abb. 3-224)

406 a) Bei welchen Nacktsamern werden noch **Spermien** gebildet?;

a) *Ginkgo*; Cycadopsida;

b) was wird an deren Stelle bei den anderen gebildet?;

b) Spermazellen (unbegeißelt);

c) und bei den Bedecktsamern?

c) nirgends Spermien (unsinnigerweise auch «Spermatozoiden» genannt), sondern durchwegs unbegeißelte männliche Gameten (= Spermazellen). (Seite 691, Abb. 3-226, 3-227)

407 a) Wie unterscheiden sich die Begriffe **Blüte** und **Blume**?

a) «Blume» ist ökologisch (funktionell) definiert; «Blüte» morphologisch. Blume = Anthium.

b) Wie nennt man ein Anthium (= Blume), das keine Blüte ist?

b) Wenn es ein Teil einer Blüte ist: **Meranthium**; wenn es ein Blütenstand ist: **Pseudanthium** (man möge sich durch die Unlogik der Benennung nicht verwirren lassen: Das Pseudanthium ist eine falsche Blüte, aber ein echtes Anthium!). (Seite 692)

408 a) Auf welchem Wege, durch welche Agentien wird der Pollen übertragen?

a) Durch den Wind: **Anemophilie** (= Windblütigkeit); durch Tiere: **Zoophilie** (= Tierblütigkeit); durch Wasser: **Hydrophilie** (= Wasserblütigkeit);

b) Bei welchen Unterabteilungen der Spermatophyta spielen welche Typen welche Rolle?

b) Anemophilie ist bei den gymnospermischen Unterabteilungen ursprünglich und dominierend; bei den Coniferophytina fast ausschließlich Anemophilie; bei den Cycadophytina mehrfach bereits einzelne Sippen mit Zoophilie; bei den Angiospermen ist dagegen die Zoophilie ursprünglich und dominierend, allerdings ist mehrfach, auch in größeren Gruppen, konvergent sehr wirksame Anemophilie («sekundäre») zustandegekommen; außerdem Hydrophilie (in seltenen Ausnahmefällen). (Seite 692)

409 Wie ist die Pollenschlauchbefruchtung (Siphonogamie) entstanden?

Das Mikroprothallium war bei den ursprünglichsten Spermatophyten ein schlauchförmiges, rhizoidartiges Organ zur Verankerung und Ernährung des männlichen Gametophyten, dem dann im Zusammenhang mit dem Geißelverlust der männlichen Gameten die Funktion zufiel, die Spermazellen an den weiblichen Gametophyten heranzuführen. (Seite 693)

410 a) Was versteht man unter **Endosperm**?

a) Nährgewebe des Samens.

b) Erklären Sie den Unterschied zwischen Primärem und Sekundärem Endosperm!

b) **Primäres Endosperm**: Megaprothallium, also haploid und schon vor der Befruchtung gebildet; **Sekundäres E.**: aus der Verschmelzung des sekundären Embryosackkerns mit einer Spermazelle (doppelte Befruchtung!) entstanden, daher triploid; wird also erst nach der Befruchtung gebildet.

c) Welche anderen Formen von Nährgeweben im Samen kennen Sie?

c) **Perisperm** (= Nucellusgewebe, diploid); speichernde **Keimblätter** (also Teile des Embryos). (Seite 693)

411 a) In welchem Erdzeitalter traten die Spermatophyta zum ersten Mal auf?

a) Im Oberdevon, z. B. *Archaeosperma*.

b) Ab wann herrschen die Bedecktsamer (Angiospermen) vor?

b) Ab der Mittleren Kreide. (Seite 696, Abb. 3-231)

1. Unterabteilung: Coniferophytina, Gabel- und Nadelblättrige Nacktsamer

412 a) Warum betrachtet man die **Gymnospermen** heute nicht mehr als eine gegenüber den Angiospermen gleichwertige Unterabteilung der Samenpflanzen, sondern als eine Organisationsstufe?

a) Coniferophytina und Cycadophytina unterscheiden sich in mehrfacher Hinsicht grundsätzlich (Blattyp, Position der Sporangien, vgl. die nächste Frage), sie haben sich also wohl nebeneinander (parallel) aus den noch psilophytenartigen Progymnospermen herausgebildet und lassen sich nicht voneinander ableiten. Sie sind also getrennte Phyla

(Abstammungsgemeinschaften), die aber in ihrer Organisationshöhe, in ihren Funktionsstrukturen viele Übereinstimmungen zeigen.

b) Wann hatten die Gymnospermen ihre phylogenetische Blütezeit?

b) Vom Karbon bis zur Kreide; nur ca.700 rezente Arten (gegenüber fast einer Viertelmillion Angiospermen-Arten!), allerdings spielen viele Coniferen in der Vegetation eine relativ sehr große Rolle. (Seite 695, Abb. 3-231)

413 Wodurch unterscheiden sich die **Coniferophytina** von den **Cycadophytina**?

a) **Con.:** Laubblätter dichotom (gabelig) gebaut (zumindest ihre Nervatur); **Cyc.:** Laubblätter zumindest ursprünglich fiedrig gebaut;
b) **Con.:** Die Mikrosporophylle (Staubblätter) bestehen aus Trägern einzelner Mikrosporangiengruppen (Pollensackgruppen); auch die Megasporophylle sind niemals blattartig, sondern meist einfache Samenanlagenträger mit meist nur einer einzigen Samenanlage; **Cyc.:** die Mikrosporophylle umfassen mehrere Mikrosporangiengruppen; die Megasporophylle tragen meist mehrere Megasporangien;
c) **Con.:** Sekundärholz mit schmalen Marktstrahlen (pyknoxyl); **Cyc.:** Sekundärholz mit breiten Markstrahlen (manoxyl);
d) **Con.:** Samenanlage mit nur einem Integument; **Cyc.:** meist zwei Integumente. (Seiten 698, 708)

414 a) Wann erreichten die **Ginkgoopsida** ihre größte Formenfülle?

a) Im Mesozoikum.

b) Wieviele rezente Ginkgoopsida gibt es?

b) Es gibt nur eine einzige Art, nämlich *Ginkgo biloba*.

c) Wo ist der Ginkgobaum beheimatet?

c) In Südost-China; heute weltweit als Zierbaum kultiviert.

d) Warum wird *Ginkgo biloba* ein «lebendes Fossil» genannt?

d) Weil seine sämtlichen Verwandten (d. s. die übrigen Ginkgoopsida) nur als Fossilien bekannt sind.

e) Gibt es unter den Coniferophytina noch weitere «lebende Fossilien»?

e) Ja: *Metasequoia glyptostroboides*. (Seiten 699, 706)

415 Wieso deutet man den weiblichen **Zapfen** der Coniferen als Blütenstand und nicht als Einzelblüte?

Weil die ausgestorbenen, mit den Pinales (= Coniferen) verwandten Voltziales zeigen, daß der Deck-Samenschuppen-Komplex der Coniferen einem Kurzsproß mit mehreren sterilen Schuppenblättern und mehreren Samenanlagen entspricht. (Seite 700)

416 a) Wie unterscheidet sich die **Eibe** (*Taxus*) von den übrigen heimischen Nadelhölzern?

a) Harzkanäle fehlen vollständig; sie ist giftig (mit Ausnahme des Arillus) für Säuger, insbesondere Pferde; die Tracheidenwände im sekundären Holz haben Spiralverdickungen; sie ist zweihäusig; die weibliche Blüte hat keine Deck- und Samenschuppen, sondern besteht nur aus einer einzigen, endständigen Samenanlage; zur Reife ist ein Arillus vorhanden; die Stamina sind schildförmig und erinnern an *Equisetum*-Sporophylle. (Seite 707)

b) Zu welcher Familie, Ordnung, Unterklasse und Klasse gehört sie?

b) Taxaceae, Pinales, Pinidae, Pinopsida. (In früheren Systemen, bis zur 33. Strasburger-Auflage, bildeten die Taxaceae die einzige Familie einer eigenen Unterklasse «Taxidae», da man die auffälligen Unterschiede, besonders in der Stellung der Samenanlage, wesentlich höher bewertete.) (Seite 707)

417 Vergleichen Sie die vegetativen Sprosse von *Cedrus*, *Larix* und *Pinus*!

Differenzierung in Lang- und Kurztriebe (Merkmalsprogression): bei *Cedrus* sind die Kurz- von den Langtrieben kaum verschieden und durch Übergänge verbunden; bei *Larix* sind die Kurztriebe stark gestaucht; bei *Pinus* tragen die Langtriebe nur noch bleiche Schuppenblätter, und Nadelzahl und Wachstum der Kurztriebe sind sehr beschränkt. (Seite 703, Abb. 3-234, 3-239)

418 Vergleichen Sie Pinaceen und Cupressaceen miteinander und nennen Sie je einige wichtige Gattungen!

Pinaceen: Laubblätter nadelförmig, schraubig angeordnet; zwei Samenanlagen pro Blüte; nordhemisphärisch; *Cedrus, Larix, Pinus, Abies, Picea.*

Cupressaceen: Laubblätter meist schuppenförmig (selten nadelförmig), wirtelig angeordnet; meist mehr als 2 Samenanlagen pro Blüte; auf beiden Hemisphären verbreitet; *Juniperus, Cupressus, Thuja*. (Seiten 703–707)

419 Wie sind die Pollenkörner der meisten Pinaceae gebaut?

Sie sind relativ groß und haben zwei Luftsäcke (die äußeren Schichten der Exine heben sich blasenförmig ab). (Seiten 701, 703)

420 Nennen Sie die wichtigsten morphologischen und ökologischen Unterschiede zwischen den beiden heimischen Coniferenarten **Weißtanne** und **Gewöhnliche Fichte**!

Abies alba (= Tanne = Weißtanne = Edeltanne): Blätter breit, flach, mit scheibenförmigem Blattkissen; Borke weißlich; weibliche Zapfen bis zur Samenreife aufrecht, fallen nicht als Ganzes ab, sondern lösen sich am Baum auf; ökologisch anspruchsvoll (subozeanisches Klima, empfindlich gegen Spätfrost und Wildverbiß), Tiefwurzler.
Picea abies (= Gewöhnliche Fichte = Rottanne): Blätter schmal, 4kantig, auf verholzendem, nicht abfallendem, stielchenartigem Blattkissen; Borke graubraun; weibliche Zapfen zuletzt hängend, als Ganzes abfallend; ökologisch wenig anspruchsvoll (Berglagen, nicht in warm-trockenen Lagen, genügsam, frostresistent), Flachwurzler. (Seite 705)

421 Welche Pinales-Familien sind südhemisphärisch verbreitet; gibt es auch Sippen, die uns als Zierpflanzen bekannt sind?

Araucariaceae (hierher die «Zimmertanne» *Araucaria excelsa* von der Norfolk-Insel in der Südsee); Podocarpaceae (subtropisch-tropische Bergwälder). (Seiten 703, 707)

422 Welche Sippen der **Taxodiaceae** kennen Sie? Ihre Heimat?

Sequoiadendron giganteum (= Riesen-Mammutbaum), Sierra Nevada Kaliforniens, bei uns in Parkanlagen kultiviert; *Taxodium distichum* (= Sumpfzypresse), Sumpfwälder an der Südküste der USA, bei uns selten in Parkanlagen kultiviert; *Metasequoia glyptostroboides* (= Urwelt-Mammutbaum, Chinesisches Rotholz), «lebendes Fossil» aus China, erst 1944 entdeckt, bei uns hauptsächlich in botanischen Gärten kultiviert. (Seite 706)

423 a) Haben alle Arten der Gattung **Wacholder** (*Juniperus*) Nadelblätter wie der Echte Wacholder/*J. communis*?

a) Nein; die meisten der weltweit etwa 50 Arten haben schuppenförmige Laubblätter.

b) Wodurch unterscheiden sich die Samenzapfen von denen der übrigen Gattungen der Familie und

b) Sie sind fleischig: «Beerenzapfen»;

c) wie heißt diese Familie?

c) Cupressaceae (Zypressengewächse). (Seite 706)

2. Unterabteilung: Cycadophytina, Fiederblättrige Nacktsamer

424 a) Charakterisieren Sie die **Samenfarne** (= Lyginopteridopsida)!

a) Farnähnlich, keine Blüten, reichgegliederte Sporotrophophylle.

b) Wann haben sie ihre phylogenetische Blütezeit und wann sind sie ausgestorben?

b) Im Karbon und Rotliegenden, letzte Ausläufer bis in die Untere Kreide.

c) Welche phylogenetische Bedeutung haben sie?

c) Basisgruppe innerhalb der Cycadophytina; die Angiospermen dürften von samenfarnähnlichen Vorfahren abstammen. (Seite 708)

425 Welche Bedeutung haben die Glossopteridaceae?

Leitformen der für die ehemals vereinigten Landmassen der Südhalbkugel (inkl. Indien) charakteristischen, sehr selbständigen permo-karbonischen Gondwana-Flora. (Seite 709)

426 Welche Merkmale zeichnen die **Cycadopsida** aus?

Palmenförmiger Habitus (d.i. Schopfbaum-Wuchsform); Laubblätter groß, schraubig gestellt, meist einfach gefiedert; Fiedern ein- oder dichotomnervig; Niederblätter zwischen den Laubblättern; Laubblätter mit lang anhaltendem Spitzenwachstum (anfangs farnartig eingerollt); diözisch; Megasporophylle oft mit deutlicher Blattnatur; die Megasporophylle von *Cycas* bilden noch keine echte Blüte (kein begrenztes Wachstum des megasporophylletragenden Sprosses, denn er wächst vegetativ weiter!); Spermien (= «Spermatozoide»)! (Seite 711)

427 a) Nennen Sie einige Gattungen der Cycadales (= Cycadeen) und geben Sie deren Verbreitung an!

a) *Cycas*: Madagaskar bis Polynesien und Ostasien; *Macrozamia*: Australien; *Encephalartos*: Afrika; *Dioon, Microcycas, Ceratozamia, Zamia*: Amerika.

b) Wie beurteilen Sie die Cycadales aus naturschützerischer Sicht?

b) Die meisten Arten sind durch «Pflanzenliebhaber» gefährdet und verdienen strengen Schutz.

c) Wann hatten sie ihre Hauptentfaltung?

c) Im Mesophyticum. (Seite 708, Abb. 3-231)

428 a) Welche Progressionen zeigen die Fruchtblätter der Cycadeen?

a) Rückbildung des sterilen Endabschnitts und Verringerung der Zahl der Samenanlagen.

b) Wie erfolgt die Bestäubung bei dieser Ordnung?

b) Durch den Wind; bei *Encephalartos* durch Käfer. (Seite 711)

429 Vergleichen Sie die männlichen Blüten der **Cycadeen** mit denen der **Coniferen**!

Bei beiden: zahlreiche schraubig stehende Staubblätter;
Cyc.: große Zahl von Pollensackgruppen auf der Unterseite des Stamens;
Con.: 2 Pollensäcke auf der Unterseite des Stamens. (Seiten 704, 711)

430 Welches ursprüngliche Verhalten tritt bei der Befruchtung der Cycadeen auf?

Bildung von Spermien (= «Spermatozoiden»), und zwar den größten, die im ganzen Organismenreich bekannt sind; auch die Eizelle ist auffallend groß. (Seite 713)

431 a) Welche Besonderheiten zeigen die Bennettitopsida innerhalb der Cycadophytina?

a) Z.T. echte Zwitterblüten mit Perianth; extrem vereinfachte Fruchtblätter, die nur aus einer einzigen, gestielten, direkt an der Blütenachse sitzenden Samenanlage bestehen; Bestäubung wahrscheinlich durch Insekten.

b) Wann haben sie gelebt?

b) Von der oberen Trias bis zur Unteren Kreide.

c) Mit welcher rezenten Sippe sind sie möglicherweise näher verwandt?

c) Mit den Gnetopsida. (Seite 713)

432 Nennen Sie die «wunderlichen» (bizarren) und die nicht wunderlichen Eigenschaften der ***Welwitschia*** *mirabilis*!

Monotypische Gattung, Familie, Unterklasse; kurzer knolliger Hypokotylstamm; Pfahlwurzel; 2 meterlange, breit bandförmige, zeitlebens an der Basis nachwachsende, parallelnervige Laubblätter; CAM-Stoffwechsel; Lebensraum: küstennahe Nebelwüste Südwestafrikas und Angolas; benannt nach ihrem Entdecker, dem österreichischen (Kärntner) Botaniker Friedrich Welwitsch (1806–1872), dem Erforscher der Flora Angolas. (Seite 714)

433 Was ist *Ephedra*? (Deutscher Name, taxonomische Stellung, Größe und Verbreitung der Gattung, Blütenökologie, angewandte Bedeutung!)

Die einzige Gattung der Unterklasse Ephedridae innerhalb der Gnetopsida. *E.* umfaßt ca. 40 Arten, Rutensträucher in Trockengebieten der Nordhemisphäre (z.B. an den Mittelmeerküsten und in innenalpischen Trockengebieten wie im Wallis und im Vintschgau) mit wirteligen Schuppenblättern; Blüten meist zweihäusig verteilt, Insektenbestäubung, Bestäubungstropfen; pharmazeutisch wichtig (Ephedrin). (Seite 715)

3. Unterabteilung: Angiospermae (Magnoliophytina), Bedecktsamer: Allgemeines

434 Was sind die wesentlichsten (evolutiven) Vorteile der Angiospermen gegenüber den Gymnospermen? Diskutieren Sie damit im Zusammenhang die wichtigsten Differentialmerkmale und Progressionen!

1) Verbesserung der Leitungssysteme (z.B. Tracheen!);
2) Beschleunigung der ontogenetischen Entwicklung (hauptsächlich mittels Neotenie): krautige Lebensformen, Therophyten, sehr große Plastizität der Lebens- und Wuchsformen (Xerophytismus, Hydrophytismus, Klettern, Epiphytismus, Carnivorie, Parasitismus), dadurch Eroberung praktisch aller Lebensräume der Erde;
3) starke phytochemische Differenzierung (sekundäre Inhaltsstoffe) und «Wettrüsten» im «Kampf» gegen phytophage Tiere;
4) Tierblütigkeit: Zwitterblüte mit Schauapparat, Anlokkungsmitteln (z.B. Nektar) und Pollenkitt sowie Angio-

spermie (Einhüllung der Samenanlagen im Stempel als wegen der Zoophilie notwendiger Schutz vor den tierischen Partnern);
5) extreme Reduzierung der Gametophyten (weiblichen und männlichen) auf nur wenige Zellen;
6) doppelte Befruchtung (Entwicklung der brutpflegenden Nährstoffspeicher ökonomischerweise nur **nach** Befruchtung) und sekundäres Endosperm (Neubildung) mit mehrfacher Progression zur Verlagerung des Speichers in den Embryo. (Seite 716)

435 Woraus besteht die typische **Angiospermenblüte**? Fertigen Sie einen schematischen Längsschnitt durch eine solche Blüte an, oder beschriften Sie zumindest die nebenstehende Skizze! Nennen Sie dabei sowohl die deutschen wie auch die wissenschaftlichen Termini!

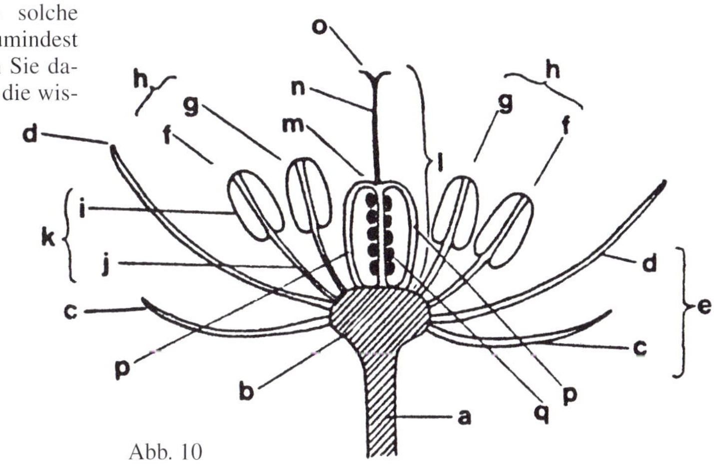

Abb. 10

a = Blütenstiel = Pedicellus (gehört nicht zur Blüte); b = Blütenachse = Blütenboden = Receptaculum = Rezeptakel; c = Kelch = Calyx (bestehend aus Kelchblättern = Sepalen); d = Krone = Corolla (bestehend aus Kronblättern = Petalen); e = c + d = Blütenhülle = Perianth (bestehend aus Blütenhüllblättern, nicht «Blütenblättern», denn Blütenblätter = Blütenglieder = alle Blattorgane der Blüte, also inkl. Staubblätter und Fruchtblätter!); f = äußerer Staubblattwirtel (= externer Staminalzyklus); g = innerer Staubblattwirtel (= interner Staminalzyklus); h = f + g = Andröceum (bestehend aus Staubblättern = Stamina); i = Staubbeutel = Anthere (bestehend aus 2 Theken mit je 2 Pollensäcken und einem Konnektiv); j = Staubfaden = Filament; k = i + j = Staubblatt = Stamen; l = Gynöceum; bestehend aus Karpellen = Fruchtblättern; zugleich bestehend aus einem (wie hier: Coenokarpie!) oder mehreren Stempeln (bei Chorikarpie); m = Fruchtknoten = Ovar; n = Griffel (= Stylus); o = Narbe = Stigma; m + n + o = Stempel = Pistill (im Falle von Coenokarpie identisch mit l); p = Fruchtblatt = Karpell (hier: 2 miteinander verwachsene – Coenokarpie!); q = Samenanlage (= Ovulum). (Seite 718, Abb. 3-252, 3-253)

436 Beschreiben Sie den Bau einer **ursprünglichen** Angiospermenblüte!

Blütenachse verlängert, Anordnung der Blütenglieder schraubig, Blütenhülle noch nicht in Kelch und Krone differenziert, polysymmetrisch, nicht verwachsenblättrig; Gynöceum chorikarp; Fruchtknoten oberständig. (Seiten 718, 746)

437 Erläutern Sie die Sproßnatur der **Blüte**!

Die Blüte ist ein Kurzsproß mit beschränktem Wachstum; Sproßachse = Blütenboden (= Blütenachse = Rezeptakel), sie ist ± stark gestaucht, die Blüte ist also ein Rosettensproß, die Blütenblätter (= Blütenglieder) sind: (a) Blütenhüllblätter (= Perianthblätter): Tepalen (alle untereinander gleich) oder Kelchblätter (= Sepalen) + Kronblätter (= Petalen);

EVOLUTION UND SYSTEMATIK

(b) Staubblätter (= Stamina); (c) Fruchtblätter (= Karpelle); immer in dieser Reihenfolge (von unten nach oben = von außen nach innen). (Seite 718)

438 Gelten für die Blüte und die Blütenglieder dieselben morphologischen Gesetzmäßigkeiten wie für vegetative Sprosse?

Ja (mit einer Ausnahme, s.u.): die Blätter können schraubig (= wechselständig = ein Blatt pro Knoten) oder wirtelig (= zyklisch, d.i. 2 bis mehr Blätter pro Knoten) stehen; die Blätter aufeinanderfolgender Wirtel alternieren (= «stehen auf Lücke»); in den Blattachseln sitzen allerdings normalerweise niemals Achselknospen. (Seite 718)

439 Auf welchen morphologischen Prinzipien (Bau- und Abwandlungsprinzipien) beruht die Mannigfaltigkeit im Blütenbau der Angiospermen hauptsächlich, d.h., auf welche Weise kommt die **Mannigfaltigkeit der Angiospermenblüte** zustande?

a) Schraubige oder wirtelige Stellung der Blütenglieder;
b) verschiedene Zahl der Blütenwirtel (Blüte mono- bis pentazyklisch; pentazyklisch: Kelchwirtel, Kronwirtel, 2 Staubblattwirtel, Fruchtblattwirtel);
c) verschiedene Zahl der Blütenglieder bzw. der Glieder eines Wirtels (Blütenhüllwirtel meist di- bis pentamer, Staub- und Fruchtblätter 1 bis zahlreich);
d) verschiedene Symmetrieverhältnisse;
e) Verwachsung der Glieder eines Wirtels und aber auch von verschiedenen Wirteln;
f) verschiedenartige Gestalts- und Farbausbildungen der einzelnen Blütenglieder;
g) Ausbildung von Anhangsorganen, z.B. Nektarien;
h) Umformungen der Blütenachse (insbesondere Aushöhlung, Hypanthienbildung); Verwachsung mit dem Gynöceum. (Seiten 718–729)

440 a) Welche **Symmetrie**verhältnisse der Blüte unterscheidet man?

a) Poly-, Di-, Mono- und Asymmetrie.

b) Welche Begriffe werden synonym mit den Begriffen polysymmetrisch;

b) radiär, strahlig, actinomorph;

c) monosymmetrisch verwendet?

c) dorsiventral, zygomorph. (Seite 718)

441 Wie erklären Sie in evolutionsbiologischer Sicht die ziemlich häufige konvergente Ausbildung monosymmetrischer Blüten?

Als Anpassungen an Zoophilie (die bestäubenden Tiere sind gleichfalls monosymmetrisch = dorsiventral gebaut). (Seite 718)

442 Welche Gründe sprechen dafür, die **Zwitterblüte** bei den Angiospermen für **ursprünglicher** zu halten als die eingeschlechtige?

a) Rudimente des anderen Geschlechts sind häufig;
b) bei den ursprünglichen Angiospermen (z.B. Magnoliopsida) überwiegen Zwitterblüten;
c) die Zwitterblüte ist für Zoophilie funktionell besser geeignet;
d) Zwitterblütigkeit ist meist mit Zoophilie, Eingeschlechtigkeit dagegen mit Anemophilie verknüpft. (Seiten 718–736)

443 Erläutern Sie die folgenden **Blütenformeln**:

a) * K5 C(5) A5 + 5 $G\overline{(5)}$

a) Blüte polysymmetrisch (= radiärsymmetrisch), 5 freie Kelchblätter, 5 miteinander verwachsene Kronblätter, 2 5zählige Wirtel freier Staubblätter, Gynöceum coenokarp aus 5 Karpellen bestehend, Fruchtknoten unterständig;

b) ↓ K(5) [C(5) A4] $G\underline{(2)}$

b) Blüte monosymmetrisch (zygomorph), 5 miteinander verwachsene Sepalen, Krone 5zählig, sympetal, 4 untereinander freie, aber mit der Krone verwachsene Staubblätter, Stempel aus 2 miteinander verwachsenen Karpellen bestehend, Fruchtknoten oberständig. (Seite 719)

444 Was versteht man unter **Oligomerisation**?

Verminderung und zahlenmäßige Fixierung der ursprünglich zahlreichen und ± schwankend vielen Blütenglieder. (Seiten 718–728)

445 Wie unterscheidet sich ein **empirisches Blütendiagramm** von einem **theoretischen**?

E. D.: Das tatsächlich Vorhandene wird eingetragen;
th. D.: es sind Deutungen enthalten, z.B. phylogenetischer Ausfall von Organen. (Seite 719)

446 Welches sind spezielle (Um-)Bildungen der **Blütenachse**? Wo kommen sie vor? (Beispiele!)	Nektardrüsen: Brassicaceae; Diskus: Apiaceae, Aceraceae, Rutaceae; Gynophor: Capparaceae; Androgynophor: Passifloraceae; Blütenbecher (Hypanthium): Rosaceae, Myrtales. (Seite 720)
447 Was verstehen Sie unter	
a) Perianth;	a) Blütenhülle ganz allgemein, aus gleichartigen Blättern bestehend (homoiochlamydeisch) **oder** aus Kelch und Krone bestehend (heterochlamydeisch);
b) Perigon?	b) Blütenhülle aus gleichartigen Blättern bestehend (homoiochlamydeisch). (Seite 720)
448 Wie stellt man sich die Entstehung einer doppelten Blütenhülle vor?	Entweder durch Differenzierung eines Perigons; oder die Kronblätter entstehen aus Staubblättern (1 Leitbündel! vgl. *Ranunculus*!), die Kelchblätter dagegen aus Hochblättern (mehrere Leitbündel; vgl. *Hepatica*!). (Seite 720)
449 Erklären Sie die Begriffe	
a) synsepal,	a) verwachsenkelchblättrig,
b) choripetal,	b) freikronblättrig,
c) sympetal,	c) verwachsenkronblättrig,
d) synandrisch,	d) verwachsenstaubblättrig,
e) coenokarp,	e) verwachsenkarpellig,
f) chorikarp,	f) freikarpellig,
g) Gynostemium!	g) Verwachsung des Andröceums mit dem Gynöceum. (Seite 721)
450 Was versteht man unter primärer Polyandrie?	Zahlreiche Staubblätter in schraubiger Anordnung; z. B. Magnoliopsida und Ranunculidae. (Seite 721)
451 Welche Theorie gibt es über die morphologische Natur von Staubblatt (Stamen) und Fruchtblatt (Karpell)?	Beide lassen sich als peltate (schildförmige) Blätter (mit Querzone) auffassen. (Seite 722)
452 Was sind Staminodien?	Sterile, funktionslose oder umgewandelte Staubblätter, die eine andere Funktion übernommen haben (z. B. Nektarorgan: *Pulsatilla*!). (Seite 722)
453 a) Wo kommen Pollentetraden vor, wo Pollinien?	a) Tetraden z. B. bei Ericales, *Drosera*, *Epilobium*, Juncaceae; Pollinien bei Asclepiadaceae, Orchidaceae.
b) Welche funktionelle Bedeutung haben sie?	b) Mit einem Bestäubungsakt werden jeweils mehrere Pollenkörner übertragen, was besonders bei Gynöceen mit sehr vielen Samenanlagen wichtig ist. (Seite 723)
454 Was sind «gefüllte» Blüten?	Blüten, bei denen abnormalerweise verschiedene Blütenglieder (meist Stamina) zu kronblattartigen Gebilden umgewandelt sind (Zierpflanzenzüchtung!). (Seite 720)
455 Welche Merkmale sind für die große Mannigfaltigkeit der Pollenkorntypen verantwortlich?	Die Unterschiede in Zahl, Bau und Anordnung der Aperturen und deren Ränder, die stark verschiedenartigen Ausbildungen der Exine, insbesondere der Sexine. (Seite 724, Abb. 3-260, 3-261)
456 Was ist a) **Palynologie**?	a) Die Wissenschaft vom Pollen und von den Pollenkörnern und Sporen.
b) Für welche Fächer hat sie Bedeutung?	b) Für die Systematik, die Paläobotanik, die Vegetationsgeschichte, die Medizin (Allergien, Heuschnupfen!), die Honigkunde:
c) Was ist ein Palynogramm?	c) Standardisierte Abbildung und Beschreibung eines Pollenkorns.
d) Was ist Pollenkitt, wozu dient er?	d) Klebrige Substanz auf der Pollenkornoberfläche, die das Zusammenhaften der Pollenkörner und das Haften am Blütenbestäuber bewirkt. (Seiten 723–725)

457 a) Was ist das Karpell?
a) Das Fruchtblatt (= Megasporophyll), es trägt die Samenanlagen.

b) Was ist das Gynöceum?
b) Die Gesamtheit aller Karpelle einer Blüte.

c) Was ist der Stempel (= das Pistill)?
c) Weibliches Organ der Blüte, besteht aus 1 Karpell (bei Chorikarpie) oder aus 2 bis mehreren miteinander verwachsenen (bei Coenokarpie); er ist gegliedert in Fruchtknoten, Griffel, Narbe(n). (Seite 725)

458 a) Wie kommt der unterständige Fruchtknoten zustande?
a) Durch Versenken des Fruchtknotens in die ausgehöhlte (becher- bis röhrenförmige: Hypanthium) Blütenachse und Verwachsung mit ihr.

b) Ist dieser Vorgang durch entsprechende Progressionen belegt? (Beispiele!)
b) Ja; z.B. bei den Saxifragaceae und den Rosaceae.

c) Funktionelle (adaptive) Bedeutung?
c) Besserer Schutz vor mechanischen Beschädigungen durch bestäubende Tiere. (Seite 720, Abb. 3-255)

459 a) Wo sitzen auf den Karpellen die Samenanlagen?
a) Auf der Plazenta.

b) Was ist die Plazenta?
b) Gewebesockel auf der Innenseite des Karpells, auf dem die Samenanlagen sitzen.

c) Wo sitzt die Plazenta auf dem Karpell?
c) Dem Rand genähert (submarginal; typische und wohl ursprüngliche Position) oder flächenständig (laminal).

d) Was versteht man unter Plazentation?
d) Die Anordnung der Placenten im coenokarpen Fruchtknoten. (Seite 725)

460 a) Wie ist ein chorikarpes (= «apokarpes») Gynöceum aufgebaut?
a) Jedes Karpell bildet für sich einen Stempel; die Ränder des Karpells sind an der Bauchnaht (= Ventralnaht) miteinander verwachsen.

b) Wie ein coenokarpes?
b) 2 oder mehrere Karpelle sind miteinander verwachsen. (Seite 725)

461 Welche merkmalsphylogenetischen Reihen (Progressionen) lassen sich beim Gynöceum erkennen?
a) Chorikarpie → Coenokarpie; b) Abbau der Septen im Inneren des coenokarpen Fruchtknotens; c) Vielsamigkeit → Einsamigkeit. (Seiten 725–728)

462 Wie kommen **Pseudanthien** zustande? (Vgl. dazu Frage 407!) Nennen Sie Beispiele!
a) Durch flächige Anordnung der Blüten in einer Infloreszenz (= Blütenstand) (Apiaceae, *Sambucus*);
b) durch Förderung der Randblüten (Apiaceae, *Viburnum opulus*);
c) durch Ausbildung steriler Randblüten mit Schaufunktion (Asteraceae, Apiaceae);
d) durch Hinzutreten corollinisch gefärbter Hochblätter (*Carlina; Euphorbia pulcherrima, Cornus suecica*). (Seite 720)

463 Auf welche Weise wird bei den Angiospermen Fremdbestäubung (**Allogamie**) gefördert oder sogar erzwungen?
Durch genetische Inkompatibilität und Selbststerilität (entwicklungsphysiologische «Filterwirkung» von Narbe und Griffel!), Heterostylie, Dichogamie (zeitlich verschiedene Reifung von Staubblättern und Narben), Herkogamie (räumliche Trennung von Staubblättern und Narben). (Seite 729)

464 a) Was versteht man unter Heterostylie? Beispiele!
a) Unterschiedliche Griffellängen (Narbenpositionen) und dazu passende Staubbeutelpositionen auf verschiedenen Individuen; – *Primula*; *Lythrum salicaria*; *Oxalis acetosella*.

b) Welche Formen der Dichogamie gibt es? Beispiele!
b) Prot(er)andrie (Vormännlichkeit) und Prot(er)ogynie (Vorweiblichkeit); – proterandrisch: *Epilobium augustifolium*; proterogyn: *Plantago*. (Seite 730)

465 a) Wie kommt Autogamie (= Selbstbestäubung) zustande?
a) Durch Ausfall der genetischen Selbstinkompatibilität und Ausbildung von Einrichtungen zur gezielten Übertragung des Pollens auf die eigene Narbe.

b) Was sind kleistogame Blüten? Beispiele!
b) Blüten, die sich nicht voll entwickeln und nicht öffnen, in der Blütenknospe findet Selbstbestäubung statt; – *Lamium amplexicaule* (= Stengelumfassende Taubnessel), manche *Viola*-(Veilchen-)Arten. (Seite 731)

466 Unter welchen Umständen ist Autogamie von Vorteil?

Bei Pionierpflanzen und Beikräutern (= Unkräutern); bei Annuellen (die auf Samenproduktion angewiesen sind, weil sie sonst nicht überleben und sich auch nicht vegetativ fortpflanzen können); in Inselfloren; beim Fehlen der geeigneten Bestäuber. (Seite 731)

467 Was haben bestäubende Insekten in den ursprünglichen Blüten gefunden?

Pollen. (Seite 732)

468 Welchen Vorteil hat für die Pflanze das Angebot von Nektar anstelle von Pollen?

Baustoffeinsparung, denn Pollenproduktion ist aufwendiger, «nährstoffintensiver» als etwa Nektarproduktion (am ökonomischsten arbeiten die Täuschblumen). (Seite 732)

469 Fassen Sie kurz die Anlockungs- und Reizmittel der Angiospermenblüten zusammen!

Lockmittel: Nahrung (Pollen, Nektar, selten fettes Öl); Ausnützung des Fortpflanzungstriebes der bestäubenden Tiere: Bereitstellung von Brutplätzen, Imitation von Geschlechtspartnern; Reizmittel: v.a. optische (Schaueinrichtungen, bes. Blütenhülle, Saftmale) und chemische (Duftstoffe, Duftmale!). (Seite 732)

470 Welche Pflanzen nützen für die Bestäubung den Fortpflanzungstrieb der Tiere aus?

Brutpflege: Feige (*Ficus carica*); *Yucca*; – Geschlechtspartnerimitation: *Ophrys* (Ragwurz, eine Orchidee). (Seite 732)

471 Beschreiben Sie den Bestäubungsmechanismus des Wiesen-Salbeis (*Salvia pratensis*)!

Hebelmechanismus (Schlagbaummechanismus): Konnektive der beiden Staubblätter verlängert, die eine Theke ist steril und zu einem Pedal umgebaut, das Konnektiv sitzt gelenkartig auf dem Filament etc. (Seite 733)

472 Geben Sie Beispiele für Gleitfallenblumen (Kesselfallenblumen) an! Stellen Sie systematisch-morphologische und ökologisch-morphologische Aspekte einander gegenüber (Blume versus Blüte)! Beschreiben Sie den Bestäubungsmechanismus!

Aronstab (*Arum*): Infloreszenz! Osterluzei (*Aristolochia*): Blüte; konvergente Herausbildung der gleichen Funktionsstruktur auf verschiedener morphologischer Grundlage (Analogie)! (Seite 733)

473 a) Welche Tiere spielen als **Bestäuber** eine Rolle?

a) Insekten: Käfer, Hautflügler, Fliegen, Schmetterlinge; Vögel: Kolibris (Amerika), Honigfresser (Australien), Honigvögel (Alte Welt); Fledermäuse, Flughunde.

b) Welche Tiergruppe ist als Bestäuber die ursprünglichste?

b) Käfer (seit dem Perm). (Seite 734)

474 a) Nennen Sie Charakteristika der Käfer-, Bienen-, Fliegen-, Tagfalter- und Nachtfalterblumen! Geben Sie Beispiele aus der heimischen Flora an!

a) Siehe Seite 734!

b) Was ist Polyphilie und worin liegt ihre evolutive Bedeutung?

b) Eine Blume wird auf verschiedenartige Weise, von verschiedenen Blütenbesuchern bestäubt; unumgängliches evolutives Zwischenstadium beim Übergang von der einen zur anderen Bestäubungsweise. (Seite 734)

475 Was sind

a) Blumentypen?

a) Blumenbautypen in bezug auf ihre Funktionsgestalt (funktionelle Baueigentümlichkeiten), nicht aber in bezug auf die Bestäubungsweise (die Bestäuber-Tiersippen): z.B. Scheibenblumen, Schmetterlingsblumen (= besser «Schiffchenblumen»), Stieltellerblumen, Pinselblumen, Fallenblumen.

b) Stiltypen der Blumen?

Geben Sie jeweils Beispiele!

b) Blumenbautypen in bezug auf die tierischen Bestäuber: z.B. Immenblumen = Bienenblumen (melittophile), Hummelblumen, Fliegenblumen (myiophile), Pilzmückenblumen, Tagfalterblumen (psychophile), Nachtfalterblumen (sphingophile), Fledermausblumen (chiropterophile), Käferblumen (cantharophile), Vogelblumen (ornithophile). (Seite 734)

476 a) Geben Sie Merkmale an, die windblütige (anemophile) Pflanzen auszeichnen!	a) Große Pollenmenge, Schwebefähigkeit des Pollens, kein Pollenkitt, große Narben, keine Lock- und Reizmittel, Blüten oft eingeschlechtig und unscheinbar, Blütezeit vor der Blattentfaltung, Vorkommen an windexponierten Standorten, Reduktion der Zahl der Samenanlagen.
b) Nennen Sie Angiospermen-Sippen, die durch Windblütigkeit ausgezeichnet sind!	b) *Populus*, Juncales, Poales, Arecaceae, *Artemisia*, *Thalictrum*, *Sanguisorba minor*, *Acer negundo*, *Fraxinus excelsior*. (Seite 735)
477 Nennen Sie Beispiele für die Progression von Entomophilie zu (sekundärer) Anemophilie!	Innerhalb der Gattungen *Sanguisorba* (Rosaceae), *Fraxinus* (Oleaceae), *Acer*, mehrfach z.B. innerhalb der Familie Asteraceae (z.B. *Artemisia*). (Seite 735)
478 a) Nennen Sie Sippen, die an der Grenze zwischen Entomophilie zu Anemophilie stehen und erläutern Sie die jeweilige Situation!	a) *Tilia*, *Calluna*, *Plantago*, *Castanea*.
b) Nennen Sie Beispiele für sekundäre Entomophilie, also Umbildung («Rückkehr») von Anemophilie zu Entomophilie!	b) *Salix*, *Euphorbia*, *Plantago media*. (Seite 735)
479 a) Vergleichen Sie den **männlichen** Gametophyten der Angiospermen mit jenem der Gymnospermen!	a) Es gibt nur noch zwei Mitosen («Pollenmitosen»), insgesamt entstehen 3 Zellen: die Pollenschlauchzelle und 2 Spermazellen. Bei den Gymnospermen entstehen dagegen wesentlich mehr Zellen.
b) Vergleichen Sie den **weiblichen** Gametophyten der Angiospermen mit jenem der Gymnospermen!	b) Auch auf der weiblichen Seite ist bei den Angiospermen stärkere Reduktion als bei den Gymnospermen festzustellen: beim Normaltyp (der in mehrfacher Weise abgeändert werden kann: vgl. Abb. 3-268) entstehen durch freie Kernteilungen innerhalb der Megaspore (im Embryosack) 8 Zellkerne, 3 davon bilden den Eiapparat, unter ihnen ist die größte Zelle die Eizelle. 2 Polkerne verschmelzen zum sekundären Embryosackkern, der Initiale des sekundären Endosperms. Bei den Gymnospermen kommen im vielzelligen Gametophyten noch Archegonien zur Ausbildung. (Seiten 690, 701, 728)
480 a) Was ist die «doppelte Befruchtung»?	a) Nur bei den Angiospermen: Nicht nur der Eikern, sondern auch der (diploide) sekundäre Embryosackkern verschmilzt mit einem Spermakern. Aus der Zygote entsteht der Embryo; aus dem nach der Befruchtung triploiden Endospermkern entsteht das sekundäre Endosperm. (Seite 736)
b) Unterschied zwischen Bestäubung und Befruchtung?	b) **Bestäubung**: Übertragung des Pollens auf die Narbe; **Befruchtung**: Vereinigung der Spermazelle mit der Eizelle.
481 Welche Vorteile bringt das sekundäre gegenüber dem primären **Endosperm**?	Wenn keine Befruchtung erfolgt, wird kein dann unnötiges Endosperm gebildet. Vermeidung von Material- und Energievergeudung. (Seite 738)
482 a) Beschreiben Sie knapp die Entwicklung von der Zygote zum Embryo und	a) Querteilung der Zygote → Proembryo; Differenzierung in Suspensor und Embryo: Längsteilungen leiten die Bildung des Embryos ein; dann Differenzierung des Embryos in Wurzelanlage (Radicula), Keimblätter (Cotyledonen) und Apicalmeristem des Sprosses;
b) die Entwicklung des sekundären Endosperms!	b) Entwicklung des Endosperms entweder nukleär (erst große Zahl freier Kerne, nachträglich werden die Zellwände eingezogen) oder zellulär (von Anfang an werden bei jeder Kernteilung auch Zellwände gebildet); die helobiale Endospermbildung ist ein Kombinationstyp. (Seite 736)
483 a) Kennen Sie Beispiele, bei denen das Speichergewebe im Embryo selbst liegt?	a) Ja: In den Keimblättern bei den Leguminosen, bei vielen Rosaceen, bei der Eiche, der Walnuß, der Roßkastanie; im Hypocotyl bei der Paránuß (*Bertholletia*).
b) Welche Vorteile hat dies?	b) Leichtere Mobilisierung der Reservestoffe.
c) In welcher Familie findet keine Reservestoffspeicherung im Samen statt?	c) Z.B. Orchidaceen (= Orchideen). (Seiten 738, 808)

484 a) Was ist ein Arillus;

a) Fleischiger, saftiger Samenmantel (Integument oder zusätzliche Bildung);

b) was ein Elaiosom?

b) nährstoffreiches Anhängsel an Diasporen verschiedenster morphologisch-anatomischer Natur (Samen oder Früchten), das der Ausbreitung durch Ameisen (Myrmecochorie) dient. (Seiten 738, 743)

485 a) Was ist das Perikarp, woraus entsteht es?

a) Die Fruchtwand, sie entsteht aus der Fruchtknotenwand.

b) Nennen Sie einen Fruchttyp, bei dem das Perikarp anatomisch in mehrere Schichten differenziert ist! Wie heißen diese Schichten?

b) Z.B. Steinfrucht: von außen nach innen: Exokarp (meist häutig), Mesokarp (meist fleischig oder saftig), Endokarp (steinharte Schale).

c) Sind die Nuß des Walnußbaums und der Kirschkern einander homolog?

c) Ja, beide sind Steinkerne, d.h. Endokarp (samt einem Samen) einer Steinfrucht. (Seiten 739–742)

486 Wann spricht man von

a) Trocken-;

a) Alle Fruchtwandschichten sind im reifen Zustand ± trocken;

b) wann von Saftfrüchten?

b) entweder Meso- oder Exokarp oder das ganze Perikarp ist fleischig oder saftig («Sarkokarp»).

c) Was versteht man unter einer Schließfrucht?

c) Frucht, die bei der Reife geschlossen bleibt.

d) Wie nennt man Früchte, die sich öffnen? Beispiele!

d) Streu- oder Öffnungsfrüchte, z.B. Balg, Hülse, Kapsel, Schote. (Seite 741)

487 Kennzeichnen Sie

a) den Balg;

a) Streufrucht aus 1 Fruchtblatt (Karpell), das sich an der Verwachsungsnaht (= Bauchnaht) öffnet; z.B. *Helleborus*, *Paeonia*;

b) die Hülse;

b) Streufrucht aus 1 Fruchtblatt, das sich an der Verwachsungsnaht (= Bauchnaht) **und** an der Mittelrippe (= Rückennaht) öffnet; z.B. Fabaceae;

c) die Kapsel;

c) Streufrucht aus coenokarpem Gynöceum; z.B. *Papaver*, Caryophyllaceae, *Tulipa*;

d) die Schote;

d) Sonderform der Kapsel aus 2 oder 4 parakarp miteinander verwachsenen Fruchtblättern, die sich klappig von ihren Rändern ablösen (bei Brassicaceae zusätzlich falsche Scheidewand); z.B. *Chelidonium*, Brassicaceae;

e) die Nuß;

e) trockene Schließfrucht mit meist 1 Samen, aus coenokarpem Gynöceum; z.B. Betulaceae, *Tilia*; mehrsamige Nuß: *Arachis* (Erdnuß);

f) das Nüßchen;

f) aus 1 Fruchtblatt bestehende, einsamige, trockene Schließfrucht; z.B. *Fragaria*, *Anemone*;

g) die Karyopse;

g) Sonderform der Nuß bei den Poaceae (aus oberständigem Fruchtknoten) mit inniger Verwachsung von Testa und Perikarp, «Getreidekorn»;

h) die Achäne;

h) einsamige Nuß der Asteraceae (aus unterständigem Fruchtknoten); (manchmal auch allgemein für einsamige Schließfrüchte verwendet);

i) die Beere;

i) fleischige oder saftige Schließfrucht: Exokarp häutig oder ledrig, Endokarp fleischig oder saftig; z.B. *Convallaria*, *Solanum*, Cucurbitaceae, *Musa* (Banane);

j) das Karpidium
und geben Sie jeweils Beispiele an!

j) Einblatt-Frucht eines chorikarpen Gynöceums; Balg oder Nüßchen; Ranunculaceae, Rosaceae/Rosoideae. (Seite 741)

488 Was sind Spalt- und Bruchfrüchte, was sind Klausen, wie unterscheiden sie sich? Geben Sie jeweils Beispiele an!

Spalt- und Bruchfrüchte sind Schließfrüchte, die bei der Reife in Teile zerfallen (Zerfallfrüchte); Spaltfrüchte zerfallen entlang der Verwachsungsstellen (Bauchnaht) der Karpelle, z.B. bei *Malva*, *Acer* (Ahorn), Apiaceen (Doldenblütler); Bruchfrüchte: Karpellwände brechen auf, z.B. Klausen der Lamiaceen und Boraginaceen. (Seite 742)

489 Was verstehen Sie unter
a) Zoochorie;
b) Anemochorie;
c) Hydropochorie;
d) Anthropochorie;
e) Autochorie?
Geben Sie jeweils Beispiele an!

Ausbreitung der Diasporen
a) durch Tiere;
b) durch den Wind;
c) durch das Wasser;
d) durch den Menschen als Kulturwesen, also exklusive des unabsichtlichen Transports durch Anhaften an Haut und Kleidung etc.;
e) durch Selbstausbreitung. (Seite 742)

490 Nennen Sie Beispiele für Fruchtverbände (d.s. Fruchtstände, die eine Einheit und damit eine einzige Diaspore bilden)!

Morus (Maulbeere), *Ficus* (Feige), *Ananas*, *Tilia* (Linde), *Arctium* (Klette). (Seite 742)

491 Geben Sie Beispiele an für
a) Endozoochorie;
b) Epizoochorie;
c) Myrmecochorie;
d) Anemochorie;
e) Hydrochorie;
f) Autochorie;
g) Anthropochorie!
Skizzieren Sie die entsprechenden Organe (Einrichtungen)!

a) *Prunus* (Kirsche u.a.), *Fragaria* (Erdbeere), *Rubus* (Brom- und Himbeere), *Ribes* (Johannis- und Stachelbeere), *Vitis* (Weinrebe), *Vaccinium* (Heidel- u. Preiselbeere), *Ligustrum* (Liguster), *Sambucus* (Holunder) etc.; die Diasporen besitzen Schutzeinrichtungen gegen die Zerstörung im Kauapparat und erlangen ihre Keimfähigkeit meist erst durch die Darmpassage;

b) *Galium aparine* (Klett-Labkraut), *Geum urbanum* (Gewöhnliche Nelkwurz), *Salvia glutinosa* (Kleb-Salbei); die Diasporen besitzen Einrichtungen zur Anheftung an (das Fell der) Tiere. *Arctium* (Klette) ist hauptsächlich Tierballist;

c) *Asarum* (Haselwurz), *Hepatica* (Leberblümchen), *Chelidonium* (Schöllkraut), *Corydalis* (Lerchensporn), *Viola odorata* (März-Veilchen), *Galanthus* (Schneeglöckchen), *Pulmonaria* (Lungenkraut); die Diasporen haben Elaiosomen (d.s. Anhängsel mit Lock- und Nährstoffen);

d) zahlreiche Compositen (= Asteraceae), *Epilobium* (Weidenröschen), Salicaceen (Weide, Pappel); Orchidaceen; *Tilia, Acer, Betula, Ulmus; Clematis, Stipa, Pulsatilla; Eryngium campestre*;

e) *Nymphaea* (Seerose), *Cocos*; *Sedum*; *Thlaspi*, *Prunella*;

f) *Impatiens* (Rührmichnichtan), *Oxalis* (Sauerklee), *Geranium* (Storchschnabel), *Cymbalaria muralis*, *Arachis* (Erdnuß);

g) gewisse Nutzpflanzen, Zierpflanzen, Ackerbeikräuter; Arten, die durch den Weltverkehr, Welthandel verschleppt werden. (Seite 742)

492 Stellen Sie Sippen einander gegenüber, bei denen auf verschiedener morphologischer Grundlage jeweils folgender funktionell gleichartiger Diasporen- bzw. Fruchttyp vorliegt:
a) kapselartiges Organ, aus dem der Wind die Diasporen herausschüttelt («Windstreuer»);
b) anemochore Diasporen mit einem Haarschopf als Flugorgan;
c) myrmecochore Diasporen mit Elaiosom;
d) große, schwere (barochore) Diasporen mit derber Schale, die aus einer wehrhaften (stacheligen) Hülle entlassen werden;

a) Kapsel bei *Primula* und Caryophyllaceen etc. mit den Samen als Diasporen; der Fruchtkelch bei Boraginaceen und Lamiaceen mit den Klausen als Diasporen;

b) Achäne der Compositen mit haarigem Pappus (der dem Kelch homolog ist); Samen mit Haarschopf (Testa!) bei Salicaceen, *Epilobium*, *Gossypium* (Baumwolle); Nuß mit haarförmigen Tepalen bei *Eriophorum* (Wollgras);

c) Samen bei *Corydalis*, *Chelidonium*, *Viola*, *Galanthus*, *Primula vulgaris*; Teilfrüchte (Klausen) bei *Pulmonaria*; einsamige Nüßchen bei *Hepatica*; einsamige Nüsse bei *Knautia*;

d) Nuß von *Castanea*; Same von *Aesculus* (Roßkastanie);

e) endozoochore Diasporen mit (vogel-) rot gefärbtem saftig-fleischigem Anteil;

e) *Prunus avium* (Kirsche; Exo- und Mesokarp der Einblattsteinfrucht); *Taxus* (Eibe; Arillus des Samens); *Fragaria* (Erdbeere; kegelförmiger Blütenboden); *Rosa* (krugförmiger Blütenboden); *Morus alba* (Weiße Maulbeere; Perigone des Fruchtstandes); *Vaccinium vitis-idaea* (Preiselbeere; Beere), *Berberis vulgaris* (Berberitze; Beere);

f) epizoochore Diasporen mit Widerhaken;

f) Nuß von *Circaea* (Hexenkraut); Nüßchen von *Geum* (Nelkwurz); Fruchtstand von *Arctium* (Klette) mit widerhakigen Hüllblättern; Teilfrüchte von *Galium* und *Sanicula*;

g) häutige Säume oder Flügel bei anemochoren Diasporen;

g) geflügelte Samen bei *Zanonia*, *Rhinanthus*, *Spergularia* etc.; geflügelte Nüsse bei *Ulmus*, *Betula* (Birke), *Fraxinus* (Esche); geflügelte Teilfrucht bei *Acer* (Ahorn);

h) sich durch hygroskopische Bewegungen in den Boden einbohrende Diasporen.

h) Teilfrucht bei *Erodium* (Reiherschnabel); Deckspelze mit Achäne bei *Stipa* (Federgras). (Seiten 739–743)

493 Was sind die wichtigsten Ausbildungen der Testa und welche Funktion haben sie?

Sarkotesta (fleischig): Arillus (Endozoochorie); Elaiosom: Myrmecochorie; Verschleimung (Myxotesta): Verankerung im Keimbett; haarige oder flügelige Fortsätze (Anhängsel): Anemochorie; harte Hülle: Schutz; Testa als Träger von keimungshemmenden Substanzen, die Keimverzug bewirken. (Seite 738)

494 a) Welche Vorteile hat die Zoophilie gegenüber der Anemophilie?

a) Wesentlich bessere, gezieltere, sparsamere Beförderung und Übertragung des Pollens, kleinere Populationen sind möglich (größere Evolutionsgeschwindigkeit!), eine größere Vielfalt an Standorten (z.B. windarmer Waldunterwuchs) kann besiedelt werden.

b) Worauf beruht der große evolutive Erfolg der Angiospermen?

b) Hauptsächlich auf der Zoophilie. (Seite 746)

495 a) In welcher Erdperiode finden sich die ersten (= ältesten) Angiospermenreste?

a) Unterkreide; aus Trias und Jura sind bis jetzt keine Belege bekannt.

b) Versuchen Sie zu erklären, warum die ersten Angiospermen paläobotanisch so schlecht belegt sind!

b) Schlechte Fossilisationsbedingungen in (sub)tropischen Bergländern. (Seite 745)

496 Welche Merkmalsausbildungen sind innerhalb der **Angiospermen** im allgemeinen als **ursprünglich** (= primitiv, plesiomorph), welche als **abgeleitet** (= fortgeschritten, apomorph) zu betrachten?

Die wichtigsten ursprünglichen Merkmale bei den A. sind (in Klammer folgen dazu jeweils die abgeleiteten): 2 Keimblätter (1), holzig (krautig), Blätter immergrün (?), sommergrün (?), gefiedert (ganz), fiedernervig (parallelnervig), schraubig angeordnet (wirtelig), sekundäres Dickenwachstum vorhanden (fehlend), Tracheiden (Tracheen), Blüten zwittrig (eingeschlechtig), zoogam durch pollenfressende Käfer (durch andere Tiere oder anemogam oder hydrogam oder autogam), Blütenboden konisch (flach oder ausgehöhlt), Blütenglieder schraubig angeordnet (wirtelig = zyklisch), untereinander frei (verwachsen), Pollenkörner anatrem und monokolpat (alle übrigen Formen), mit Pollenkitt (ohne), 2kernig (3kernig), Karpelle mit zahlreichen (1) atropen (anatropen oder campylotropen) Samenanlagen, 2 Integumente (1), Embryosack monosporisch, d.i. aus einer einzigen Megaspore entstehend (bi- oder tetrasporisch), mit 8 Kernen (4- oder 16kernig), mehrsamige Balgfrüchte (anders), Samen gefärbt mit Sarko- und Sklerotesta (anders), endozoochore Verbreitung (anders), Keimung epigäisch (hypogäisch). (Seite 747)

497 Warum betrachtet man heute die Merkmalsausbildungen «apetal» (d.i. ohne Petalen), «choripetal» (d.i. freikronblättrig) und «sympetal» (verwachsenkronblättrig; d.i. mit untereinander verwachsenen Petalen), die früher für die Untergliederung der Angiospermen verwendet wurden, als großsystematisch wenig relevant?

Weil es offenkundig im Laufe der Angiospermenevolution mehrmals konvergent zum Verlust der Krone und zur gegenseitigen Verwachsung der Kronblätter gekommen ist. (Seiten 745–748)

498 Was spricht für die Monophylie der Angiospermen?

a) Es gibt etliche allgemeine Angiospermenmerkmale, die schwerlich rein funktionell zu deuten sind und deren Korrelation ebenfalls kaum funktionell deutbar erscheint: z.B. die relative Anordnung der Staub- und Fruchtblätter innerhalb der Blüte (erstere immer unten, letztere immer oben), Staubblätter mit 2 Theken und 4 Pollensäcken, männlicher Gametophyt 3zellig, ziemlich konstanter Bauplan des weiblichen Gametophyten, doppelte Befruchtung und triploides Endosperm;
b) deutliche Diskontinuität außerhalb (Formenlücke, Fehlen von Zwischenformen gegenüber allen Nichtangiospermen), aber nicht innerhalb der Angiospermen (keine scharfen Zäsuren, da die 3 Klassen nicht sehr scharf voneinander getrennt sind). (Seite 745)

499 Welche sind die wichtigsten und häufigsten Merkmalsprogressionen innerhalb der Angiospermen?

Man beachte: Einige der im folgenden aufgezählten Progressionen sind bei manchen Sippen – gleichsam ausnahmsweise – in der umgekehrten Richtung abgelaufen!
Holzig → krautig; langlebig (Staude) → kurzlebig (Therophyt); Zwitterblüten → eingeschlechtige Blüten; schraubige Stellung der Blütenblätter → wirtelige; Euanthien → Pseudanthien; Tierbestäubung (= Zoophilie) → Windbestäubung (= Anemophilie); Blüten polysymmetrisch → monosymmetrisch; Pollenkorn 2kernig → 3kernig; Gynöceum chorikarp → coenokarp; Samenanlage mit 2 Integumenten → mit 1; crassinucellat → tenuinucellat; Frucht vielsamig → einsamig; Speicherung im sekundären Endosperm → im Embryo; Keimung epigäisch → hypogäisch. (Seite 747)

500 Was ist mit den Dikotylen geschehen? Gibt es sie nicht mehr? Warum werden nun innerhalb der Angiospermen 3 Klassen unterschieden?

Befunde aus der DNA-Analyse bestätigen die schon seit längerem gut begründete Hypothese, daß die «Dikotylen» (= Zweikeimblättrigen) heterogen und kein natürliches Taxon sind: Die bisherigen Magnoliidae sind mit den Monokotylen näher verwandt als mit den restlichen Dikotylen, die Dikotylen sind daher eine paraphyletische Gruppe. Dieser Situation wird eine Dreigliederung der Angiospermen besser gerecht als die bisher übliche Zweigliederung. (Seite 748)

I. Klasse: Magnoliopsida (s. str.), Einfurchenpollen-Zweikeimblättrige

501 Nennen und diskutieren Sie für die Magnoliopsida

a) deren wichtigste Differentialmerkmale (gibt es sie?; wenn ja, bezeichnen Sie sie mit M) und deren differentielle Merkmalskombination (also deren Unterschiede gegenüber den beiden Schwesterklassen) sowie

a) Absolute Differentialmerkmale gibt es kaum.
Keimblätter meist 2; Allorhizie; Eustele; Laubblätter meist einfach und meist netzadrig; nur 1 adossiertes Vorblatt (L); Blütenblätter oft schraubig angeordnet (M), wenn wirtelig, oft 3zählig (L); meist Perigon (L); Pollenkörner monosulcat (L); Gynöceum meist chorikarp (M); Fehlen von Therophyten.

b) deren Größe und Sippenstruktur! Geben Sie jene Merkmale an (L), die die Magnoliopsida mit den Liliopsida gemeinsam haben!

b) Die Magnoliopsida s. str. sind die weitaus kleinste (artenärmste) der drei Klassen (etwa 30 Familien, 300 Gattungen und 800 Arten); die Familien und Gattungen sind großteils artenarm (viele monospezifisch) und voneinander sehr isoliert; es handelt sich offenkundig um Reste phylogenetisch altertümlicher Sippen. (Seite 749)

502 Was bezeichnet man mit dem Jargonausdruck «Paleoherbs» (wörtlich: «alte Krautige»)?

Die überwiegend krautigen Ordnungen innerhalb der Magnoliopsida: Aristolochiales, Rafflesiales, Nymphaeales, Ceratophyllales. (Seiten 748, 750)

503 Welche Angiospermen-Familien haben die meisten primitiven Merkmale?

Die Winteraceae (südhemisphärisch, disjunkt, tracheenlos), Degeneriaceae (nur 1 Art, Fidschi-Inseln), Magnoliaceae, Austrobaileyaceae (NO-Australis, nur 1 Art). (Seite 749)

Frage	Antwort
504 Wo sind die Magnoliaceen verbreitet (rezent, im Tertiär)?	In Südostasien und in Amerika; in Europa wurden sie von den pleistozänen Eiszeiten vernichtet. (Seite 749)
505 Nennen Sie wichtigere Nutzpflanzen aus den Magnoliopsida! Geben Sie jeweils Heimat und Familie an!	*Annona* (tropisches Obst, trop. Amerika; Annonaceae); *Myristica* (Muskatnuß, Molukken; Myristicaceae); *Laurus* (Lorbeerbaum, Mediterraneis; Lauraceae); *Cinnamonum* (Kampferbaum und Zimtbäume, Süd- und Ostasien; Lauraceae); *Piper* (Pfeffer, Malaysia; Piperaceae). (Seite 749, Abb. 3-282, 3-284)
506 Was ist *Victoria regia*?	Ein Synonym (inkorrekter Name) für *Victoria amazonica*, das Seerosengewächs (Nymphaeacee) mit den größten Blättern, beheimatet im Amazonasgebiet. (Seite 751)

II. Klasse: Rosopsida («Eudicots»), Dreifurchenpollen-Zweikeimblättrige

1. Unterklasse: Ranunculidae

Frage	Antwort
507 a) Wieso zählt man die Ranunculaceen alle zu einer Familie, obwohl sie so stark verschiedenen Blütenbau aufweisen?	a) Sie sind untereinander durch Übergangsformen eng verbunden, so daß ihre enge verwandtschaftliche Zusammengehörigkeit außer Zweifel steht.
b) Nennen Sie einige wichtige Gattungen dieser Familie, die in der mitteleuropäischen Wildflora vertreten sind!	b) *Pulsatilla, Anemone, Hepatica, Clematis, Ranunculus, Caltha, Helleborus, Aquilegia, Aconitum, Delphinium.* (Seite 753)
508 Wieso sind die Ranunculaceen für systematisch-phylogenetisch-evolutive Gesichtspunkte interessant?	a) Weil sich innerhalb dieser Familie viele Progressionen finden, die für die Angiospermen überhaupt charakteristisch sind. b) Weil die Familie viele ursprüngliche Merkmalsausprägungen aufweist. (Seite 753)
509 a) Nennen Sie einige Progressionen innerhalb der Ranunculaceae!	a) Mehrsamige Karpelle (Balgfrüchte) → einsamige (Schließfrüchte); radiäre → zygomorphe Blüten; schraubige → zyklische Anordnung der Blütenglieder; Perigon → Kelch und Krone; Staubblätter → Nektarblätter → Kronblätter; Stauden → Einjährige.
b) Wo liegt das Hauptverbreitungsgebiet der Ranunculaceae?	b) In der Holarktis (= in den nördlichen extratropischen Gebieten). (Seite 753, Abb. 3-286)

3. Unterklasse: Caryophyllidae

Frage	Antwort
510 a) Für die **Caryophyllales** ist die Tendenz zu Sukkulenz charakteristisch; bei welchen Familien insbesondere? Geben Sie deren chorologische (geographische) Schwerpunkte an!	a) Aizoaceae (Südafrika), Cactaceae (Amerika), Chenopodiaceae (alle Erdteile), Didiereaceae (Madagaskar), Portulacaceae (bes. Amerika).
b) Welche seltenen Merkmale treten bei den Caryophyllales auf?	b) Siebröhrenplastiden vom P-Typ mit fädig-kristalloiden Proteineinschlüssen: zentrale Plazenta; Perisperm (Nucellus als Speichergewebe, S. 738); Betacyane und Betaxanthine («Betalaine»; alle nach der Gattung *Beta* benannt) statt Anthocyanen: einzigartig bei den Gefäßpflanzen! (Seiten 756–758)
511 An welcher Merkmalskombination erkennen Sie die meisten Caryophyllaceae?	Krautig, Blätter dekussiert (gegenständig), Infloreszenzen thyrsisch (dichasial), Blüte radiär, choripetal, pentazyklisch, fünfzählig, Kapselfrucht, Zentralplazenta. (Seite 756, 3-289)
512 Gibt es Cactaceae mit normal entwickelten Laubblättern?	Ja: *Pereskia* (und die mit ihr nicht näher verwandte *Pereskiopsis*). (Seite 756)
513 Welche physiologisch-ökologische Eigenschaft ist für die Caryophyllidae charakteristisch?	Die Bevorzugung von Mineralböden bei vielen Sippen; viele Xerophyten und Halophyten. (Seite 756)
514 a) Nennen Sie wichtigen Nutzpflanzen der Caryophyllidae, abgesehen von den Chenopodiaceae!	a) *Phytolacca* (Kermesbeere; Phytolaccaceae); *Fagopyrum* (Buchweizen; Polygonaceae); *Rheum* (Rhabarber; Polygonaceae).

b) Nennen Sie Gattungen mit wichtigen Zierpflanzen aus derselben Unterklasse! Geben Sie dazu jeweils die Familie an!

b) *Dianthus* (Nelke; Caryophyllaceae); *Mirabilis* (Wunderblume; Nyctaginaceae); *Bougainvillea* (Nyctaginaceae); *Amaranthus* (Fuchsschwanz; Amaranthaceae); *Limonium* (*Statice*; Plumbaginaceae). (Seiten 756–759)

515 a) Welche Familie der Caryophyllales liefert die meisten Nutzpflanzen?

b) Und zwar z. B.?

a) Chenopodiaceae.

b) *Beta* (Mangold, Runkelrübe, Futterrübe [Burgunderrübe], Rote Rübe, = Bete, Zuckerrübe); *Spinacia* (Spinat); *Atriplex hortensis* (Garten-Melde). (Seite 758)

4. Unterklasse: Rosidae sensu lato

516 Versuchen Sie, die **Rosidae** s. l. trotz ihrer großen Variation durch Merkmale zu charakterisieren, die für größere Teile der Unterklasse gelten und durch die sich diese von den anderen Unterklassen (wenn auch nicht durchgehend) unterscheidet! Geben Sie dabei für jedes Merkmal womöglich mindestens eine der größeren Familien als Beispiel an und suchen Sie auch nach Gegenbeispielen («Ausnahmen», mit A zu bezeichnen)!

Blüte meist radiärsymmetrisch (Rosaceae; A: Fabaceae); Blütenhülle doppelt (d.h. aus Kelch und Krone bestehend; Rosaceae, Fabaceae; A: Fagaceae, Euphorbiaceae); Petalen frei (Rosaceae, Brassicaceae; A: Cucurbitaceae); Andröceum 2wirtelig (Geraniaceae, Oxalidaceae, Linaceae, Rutaceae) oder polyandrisch (Paeoniaceae, Myrtaceae, Mimosaceae, Cistaceae, Malvales; A: Violaceae); Coenokarpie (Brassicaceae; A: Crassulaceae, Fabaceae); 2 Integumente (fast alle); Symbiose mit Luftstickstoff bindenden Prokaryoten (Fabaceae, Myricaceae). (Seiten 759–783)

517 Welche Familien der Rosidae s. l. sind standortsökologisch und/oder ökophysiologisch besonders hochspezialisiert (aberrant), inwiefern?

Haloragaceae (hydrophytisch), Podostemaceae (extrem hydrophytisch), Cephalotaceae (carnivor), Sonneratiaceae (halophytisch in Mangroven), Trapaceae (hydrophytisch), Zygophyllaceae (xerophytisch-sukkulent), Rhizophoraceae (halophytisch in Mangroven), Loranthaceae und Viscaceae (epiphytisch-parasitisch), Balanophoraceae und Cynomoriaceae (parasitisch). (Seiten 759–783)

518 Bei welchen Sippen der Rosidae s. l. gibt es

a) Symbiose mit luftstickstoff-fixierenden Prokaryoten;

b) Kletterpflanzen?

a) *Gunnera* (mit *Nostoc*), Fabales (mit *Rhizobium*), *Alnus* und *Myrica* (mit Actinomyceten);

b) Vitaceae, Fabaceae, Cucurbitaceae, Tropaeolaceae, Passifloraceae, Celastraceae. (Seiten 759–783)

519 Welche Taxa der Rosidae s. l. spielen besonders in der Trockenvegetation der Erde eine größere Rolle? Geben Sie zumindest den Kontinent an!

Myrothamnus (Afrika), Crassulaceae (weltweit), *Casuarina* (Australien), Genisteae (weltweit), *Acacia* (Afrika, Australien), Zygophyllaceae (weltweit), *Adansonia* (Madagaskar, Afrika), *Euphorbia* z. T. (bes. Afrika). (Seiten 759–783)

520 Welche Rosidae-Ordnungen bzw. Familien stellen mitteleuropäische Holzpflanzen? Geben Sie (nötigenfalls) auch die wichtigsten Gattungen an!

Grossulariaceae *(Ribes)*, Staphyleaceae, Rosaceae *(Sorbus, Crataegus, Prunus)*, Elaeagnaceae *(Hippophae)*, Vitaceae, Rhamnaceae, Fagales *(Fagus, Quercus; Alnus, Betula, Corylus, Carpinus)*, Myricaceae, Ulmaceae, Fabaceae *(Genista, Cytisus)*, Aceraceae, Tiliaceae, Thymelaeaceae *(Daphne)*, Celastraceae *(Euonymus)*. (Seiten 759–783)

521 Geben Sie Merkmalsprogressionen an, die bei den Rosidae s. l. auftreten! Nennen Sie für die ursprüngliche und die abgeleitete Situation jeweils mindestens eine Sippe als Beispiel!

Chorikarpie → Coenokarpie (Rosales – Geraniales; Crassulaceae – Saxifragaceae); Hypogynie (Fruchtknoten oberständig) → Epigynie (Frkn unterständig) (Rosaceae-Rosoideae – Rosaceae-Maloideae; Fabanae, Rutanae, Capparanae – Faganae, Cucurbitanae, Myrtanae); Ausfall (Abort) der Krone (bei Faganae, Urticanae, Salicaceae, Euphorbiaceae, Santalanae); holzig → krautig (Rosaceae-Prunoideae – Rosaceae-Rosoideae; Moraceae – Cannabaceae; Caesalpiniaceae – Fabaceae; Myrtaceae – Onagraceae; Bombacaceae – Malvaceae). (Seiten 759–783)

522 Kennzeichnen Sie die **Rosaceen**!

Holzig oder krautig; Laubblätter wechselständig, oft gefiedert, Nebenblätter meist vorhanden; polysymmetrische, aus 5zähligen Wirteln aufgebaute Zwitterblüten mit doppeltem Perianth; meist mehr als 10gliedriges Andröceum; wechselnde Zahl von Fruchtblättern, die oft noch chorikarp sind, Fruchtknoten ober-, mittel- bis unterständig (schöne Progression!); Blütenachse oft besonders umgebildet: z.B. fleischig verdickt oder ausgehöhlt; Früchte mannigfaltig. (Seite 761)

523 Welches sind wichtige Merkmalsprogressionen innerhalb der Rosaceae?

Balg → Nuß; flacher → ausgehöhlter Blütenboden; ober- → unterständiger Fruchtknoten. (Seite 761)

524 Nennen Sie ± agamospermische Gattungen der Rosaceae!

Rubus, *Alchemilla*, *Sorbus*. (Seite 761)

525 Geben Sie die typischen Fruchtformen für die einzelnen Unterfamilien der Rosaceae an und nennen Sie Beispiele!

Spiraeoideae: vielsamige Bälge in Sammel-Balgfrüchten (*Spiraea*); – Rosoideae: Nüßchen (= Einblatt-Nüsse) (*Potentilla* = Fingerkraut), Sammel-Nüßchenfrüchte (*Fragaria* = Erdbeere, *Rosa*), Sammel-Steinfrüchte (*Rubus* = Brombeere, Himbeere etc.); Maloideae: Steinfrüchte (*Crataegus* = Weißdorn), Apfelfrüchte (*Malus* = Apfel, *Pyrus* = Birne); – Prunoideae: Steinfrüchte (*Prunus* = Kirsche etc.). (Seite 761)

526 Geben Sie die Heimat einiger wirtschaftlich wichtiger Rosaceen an!

Malus (Apfel) und *Pyrus* (Birne) aus Mitteleuropa, *Cydonia oblonga* (Quitte) aus SW-Asien; *Prunus avium* (Kirsche) aus Mitteleuropa, *Prunus domestica* (Pflaume, Zwetsch(k)e) aus Mitteleuropa bis Vorderasien (hybridogen), *Prunus cerasus* (Sauerkirsche, Weichsel) aus Osteuropa bis Westasien, *Prunus dulcis* (= *Amygdalus communis* = Mandel) aus Mittel- bis Vorderasien, Aprikose (Marille, *Prunus armeniaca*) aus Mittel- bis Ostasien, Pfirsich (*Prunus persica*) aus China (nicht aus Persien!); *Fragaria* × *ananassa* (Ananas-Erdbeere), eine künstliche Hybride zweier westamerikanischer Arten; *Rubus idaeus* (Himbeere) und *R.* subg. *Rubus* sect. *Rubus* (Brombeere) aus Mitteleuropa. (Seite 761)

527 Vergleichen Sie die Gattungen Fingerkraut (*Potentilla*) und Hahnenfuß (*Ranunculus*)!

F.: Nebenblätter (= Stipeln) vorhanden, Laubblattspreite zusammengesetzt (Abschnitte = Blättchen getrennt!); Außenkelch vorhanden; Petalen nicht glänzend, ohne Nektargrübchen an der Basis; Blütenboden verbreitert;
H.: Nebenblätter fehlen; Laubblattspreite meist zerteilt; kein Außenkelch; Petalen lackartig glänzend, mit Nektargrübchen (-schuppe; Homologie mit den schlauchförmigen Nektarblättern anderer Ranunculaceen!) an der Basis; Blütenboden nicht verbreitert. (Seiten 761, 753, Abb. 3-296)

528 a) Was ist ein **Kätzchen**?

a) Ein blütenökologisch (nicht morphologisch!) definierter Blütenstandstyp: anemophil, meist aus vielen, kleinen, dicht angeordneten, eingeschlechtigen, schauapparatlosen (Perianth fehlend oder unscheinbar) Blüten bestehend, Blütenstand meist als Ganzes abfallend.

b) Inwiefern entsprechen die *Salix*-Kätzchen nicht vollständig der Charakterisierung (Definition) des Kätzchens (obwohl sie Anlaß für diese Bezeichnung sind)?

b) Sie sind entomophil (Nektardrüsen!).

c) Was versteht man unter «Amentiferen» (= Kätzchenblütler)?

c) Die Gesamtheit jener Familien, bei denen, zumindestens bei den männlichen Blütenständen, Kätzchen vorherrschen: Hamamelidaceae, Fagales, Juglandaceae, Myricaceae, Moraceae, Salicaceae.

529 a) Was ist *Nothofagus*?

a) Die einzige Gattung der Nothofagaceae, früher zu den Fagaceae gestellt.

b) Ist dieser Name glücklich gewählt?

b) Nein; bedeutet «Scheinbuche»; die deutsche Bezeichnung «Südbuche» ist treffender (das wäre griechisch-lateinisch «No*t*ofagus»!)

c) Wo ist diese Gattung vegetationsbestimmend?

c) Im antarktischen Florenreich (liegt nicht in der Antarktis!): südlichstes Südamerika und Südinsel Neuseelands. (Seiten 765, 924)

530 Wie sieht das dem Eichelbecher homologe Organ
a) bei der Buche (*Fagus*) und
b) bei der Edelkastanie (*Castanea*) aus?
c) Darf es Fruchthülle genannt werden?

a) Die *Fagus*-Cupula ist ein becherförmiges Organ, das sich bei der Reife mit 4 Klappen öffnet, um die 2 Nüsse («Bucheckern», ölreich) zu entlassen;
b) größer als bei *Fagus*, undeutlich vierteilig und außen sehr stachelig.
c) Nein, weil es nicht die Frucht, sondern einen Blüten- bzw. Fruchtstand umschließt (bei *Quercus* sind die weiblichen Blütenstände [1. Ordnung] 1blütig, dadurch umgibt die Cupula eine einzelne Frucht). (Seite 765)

531 Ist die Edelkastanie (*Castanea sativa*) in Mitteleuropa heimisch?

Nein; die antiken Römer haben sie als Obstbaum nach Mitteleuropa gebracht, wo sie sich in der Folge teilweise eingebürgert hat. Ihre Heimat sind wahrscheinlich die ostmediterran-südwestasiatischen Gebirge; in der Bergstufe der mediterranen Region ist sie vielleicht nur sekundär (eingebürgert). (Seite 765)

532 Von welcher Baumart wird Kork (Flaschenkork etc.) gewonnen? Wo ist sie beheimatet?

Von *Quercus suber*, der Kork-Eiche, einer westmediterranen immergrünen Art. (Seite 765)

533 a) Was ist der Grundbauplan der **Betulaceen**-Infloreszenz und
b) jener der Betulaceen-Blüte?

a) Thyrsus aus 3blütigen Dichasien, die sämtliche Vorblätter (also 6) enthalten;
b) 2 zweizählige Perigonwirtel, 2 zweizählige Staminalwirtel mit ungespaltenen Staubblättern, 2karpelliges coenokarpes Gynöceum mit unterständigem Fruchtknoten. (Seite 765, Abb. 3-300)

534 a) Welche Merkmalsprogressionen gibt es innerhalb der heimischen Betulaceen?
b) Wieso zählen Hainbuche (*Carpinus*) und Hasel (*Corylus*) in manchen Büchern (z.B. Rothmaler-Flora) **nicht** zu den Betulaceae?

a) Wechselnder Ausfall verschiedener Vorblätter, einzelner Blüten, einiger oder aller Tepalen, einzelner Staubblätter, fehlende oder verschieden weit gehende Spaltung der Staubblätter.
b) Weil dort diese Familie enger gefaßt und die Unterfamilie Coryloideae im Rang einer Familie (Corylaceae) behandelt wird. (Seite 765, Abb. 3-300)

535 Bei welcher heimischen Betulaceengattung sind die männlichen Teilinfloreszenzen und Blüten am vollständigsten, d.h. zugleich am ursprünglichsten, ausgebildet?

Bei *Alnus*, der Erle: Die männlichen Teilblütenstände sind gut als Cymen (Dichasien) erkennbar, weil (von ursprünglich 6) noch 4 Vorblätter erhalten sind; die männlichen Blüten haben (noch) ein 4zähliges Perigon, Staubblätter ungespalten. (Seite 765, Abb. 3-300)

536 Nennen Sie zwei **Faganae**-Taxa mit Actinomyceten-Symbiose!

Alnus (Betulaceae) und *Myrica gale* (Myricaceae). (Seiten 765–768)

537 Nennen Sie die wichtigsten Nutzpflanzen der Faganae, dazu Familie und genutztes Organ!

Quercus suber (Kork-Eiche, Fagaceae, Kork der Rinde), *Corylus* (Haselnuß, Betulaceae, Nuß), *Juglans regia* (Walnußbaum, Juglandaceae, Steinfrucht). (Seiten 765–768)

538 Nennen Sie die wichtigsten Nutzpflanzen der **Urticanae**, dazu Familie und genutztes Organ!

Morus alba (Weißer Maulbeerbaum, Moraceae, Laubblätter für die Seidenraupenzucht und Fruchtstand als Obst), *Artocarpus* (Moraceae, Jack- und Brotfruchtbaum als tropisches Obst, Fruchtstand), *Ficus carica* (Feige, Moraceae, Fruchtstand), *Humulus lupulus* (Hopfen, Cannabaceae, Lupulindrüsen als Bierwürze), *Cannabis sativa* (Hanf, Cannabaceae, Fasern, ölreiche Samen, Harz als Rauschgift). (Seiten 768–769)

539 Gibt es eine Moracee, deren Infloreszenz etwa intermediär zwischen jener des Maulbeerbaums und jener des Feigenbaums ausgebildet ist und die damit demonstriert, wie das «Syconium» (so heißt der aberrante *Ficus*-Blütenstand) entstanden sein könnte?

Ja: *Dorstenia* hat eine tellerförmige Infloreszenz. (Seite 770, Abb. 3-303 H)

540 Nennen Sie die wichtigsten Merkmale der **Fabales** (= Leguminosen = Hülsenfrüchtler)!

Laubblätter wechselständig, fiedrig zusammengesetzt, Nebenblätter vorhanden, Infloreszenz traubig, Gynöceum mit nur 1 Karpell, das sich meist zu einer Hülse entwickelt, Samen meist endospermlos, speichernde Cotyledonen, Wurzelknöllchen mit N-bindenden Rhizobien. (Seite 770, Abb. 3-304 bis 3-307)

541 Geben Sie (mindestens) eine charakteristische Eigenschaft, das natürliche Verbreitungsgebiet (Heimat) und die Familienzugehörigkeit der folgenden in Mitteleuropa nicht heimischen, aber als Zier- oder Nutzpflanzen gebauten bzw. bekannten Sippen an:

a) *Mimosa pudica*;

a) Seismonastie, Mimosaceae, pantropische Ruderalpflanze;

b) *Acacia*;

b) sehr artenreiche (ca. 800) Gattung, holzige Mimosacee, Trockengebiete Afrikas und Australiens;

c) *Ceratonia siliqua*;

c) Johannisbrotbaum = Karobe = Bockshörndlbaum, zweihäusig, kauliflor, Blüten perianthlos, Früchte fleischig, als Obst und Futtermittel etc. nutzbar, Caesalpiniaceae, Mediterraneis;

d) *Robinia pseudacacia*;

d) Robinie, «Falsche Akazie», anspruchsloser, trockenheitsliebender Baum mit hartem Holz, gefährlicher Boden-Eutrophierer, Zierbaum, Forstbaum, Fabaceae, Nordamerika;

e) *Gleditsia triacanthos*.

e) Gleditschie, Falscher Christusdorn, Stamm mit derben verzweigten Sproßdornen, Zierbaum mit zartem Laub («schattenloser Baum»), Caesalpiniaceae, Nordamerika. (Seite 770)

542 Woran erkennen Sie eine **Fabacee**?

Fabales-Merkmale: Blüte synsepal; Krone monosymmetrisch, meist choripetal, bestehend aus einer medianen «Fahne», 2 «Flügeln», einem zweiblättrigen «Schiffchen»; 10 synandrische Stamina (9 oder alle 10 an den Filamenten miteinander ± weit verwachsen). (Seite 771)

543 Charakterisieren Sie Bauplan und Abwandlungen der Laubblätter der Fabaceen und nennen Sie für jeden Typ ein Beispiel!

Bauplan: Spreite unpaarig gefiedert (*Astragalus, Robinia, Onobrychis*); davon lassen sich als Vereinfachung ableiten: paarig gefiedert (*Lathyrus vernus*), gefingert (= handförmig zusammengesetzt) (*Lupinus*), auf ein einziges Blättchen (dem Endblättchen entsprechend) reduziert (*Genista* = Ginster); oft werden Blättchen zu Ranken umgewandelt (*Lathyrus* = Platterbse, *Vicia* = Wicke, *Pisum* = Erbse). (Seite 771)

544 Warum treten die Fabaceen besonders an Pionierstandorten, auf trockenen und kalkreichen Böden auf?

Weil sie infolge ihrer Symbiose mit N-bindenden Bakterien zur Besiedlung solcher Standorte besonders befähigt sind. (Seite 772)

545 a) Worin liegt die wirtschaftliche Bedeutung der Fabaceen? Nennen Sie wichtige Arten und geben Sie jeweils die Heimat an!

a) Nahrungsmittel (Stärke und Eiweiß, bei *Arachis* und *Glycine* auch Öl): *Pisum sativum* (Erbse) und *Lens culinaris* (Linse) aus SW-Asien, *Phaseolus vulgaris* und *Ph. coccineus* (Garten- und Feuerbohne) und *Arachis hypogaea* (Erdnuß) aus Südamerika; *Glycine max* (Sojabohne) aus China, *Vicia faba* (Pferdebohne, Puffbohne, Saubohne, die eigentliche, europäische «Bohne» vor der Entdeckung Amerikas!) und *Lupinus* spp. (Lupinen) aus dem Mittelmeergebiet, *Cicer arietinum* (Kichererbse) aus Mittelmeergebiet/Orient; Futterpflanzen wie z. B. *Medicago sativa* (Luzerne, Alfalfa), *Trifolium* spp. (Klee-Arten) etc.; verschiedene Arten zur Gründüngung. (771)

b) Warum sind die Samen der Leguminosen (= Fabales) meist relativ proteinreich (und daher u. a. als Nahrungslieferanten für den Menschen wertvoll), im Unterschied zu denen der meisten anderen Ordnungen?

b) Die Leguminosen «können es sich leisten», mit den (bekanntlich stickstoffhaltigen) Proteinen «verschwenderisch umzugehen», da bei ihnen infolge der Rhizobien-Symbiose Stickstoff nicht im Minimum ist. (Seiten 770, 771)

546 Welches sind die höchsten Bäume der Erde? Gibt es unter ihnen eine **Myrtacee**? Was wissen Sie sonst über diese Gattung?

Sequoiadendron giganteum und *Eucalyptus amygdalina*; *Eucalyptus* ist eine Myrtacee, eine artenreiche (ca. 600!) Baum-Gattung der Australis (= des Australischen Florenreichs), im Mittelmeergebiet und in den Tropen und Subtropen als – ökologisch problematischer – Forstbaum kultiviert, Blätter aromatisch. (Seiten 706, 774)

547 a) Welches ist die wirtschaftlich wichtigste Gattung der **Rutaceae**?

a) *Citrus* (Agrumen);

b) Geben Sie die wichtigsten Obst- und Gewürzarten dieser Gattung an!

b) *C. sinensis* (Orange = Apfelsine), *C. aurantium* (Bitterorange = Pomereranze, für Orangenmarmelade), *C. medica* (Zitronat-Zitrone), *C. reticulata* s. l. (Mandarine, Tangerine, Satsuma), *C. (Fortunella) margerita* und *C. japonica* (Kumquat), *C. limon* (Zitrone), *C. maxima* (Pomelo, Pampelmuse), *C. paradisi* (Grapefruit), *C. aurantiifolia* (Limette).

c) Wo ist die Heimat der Gattung *Citrus*?

c) In Süd- und Südostasien.

d) Welchen morphologischen Fruchttyp verkörpert die *Citrus*-Frucht und woraus besteht ihr Fruchtfleisch?

d) Beere; das Fruchtfleisch besteht hauptsächlich aus saftigen Emergenzen (Saftschläuchen), die an der Innenseite des Endokarps entspringen und in die Fruchtfächer hineinwachsen und diese schließlich ganz ausfüllen; bei einigen Arten wird Mesokarp und/oder Exokarp verwendet (*C. aurantium, C. medica*) bei *C. margarita* beides. (Seite 775)

548 a) Welche Familien werden in der Ordnung **Capparales** vereinigt?

a) Capparaceae, Brassicaceae (= Cruciferae), Resedaceae.

b) Welches phytochemische Merkmal ist für diese Ordnung charakteristisch?

b) Myrosinzellen mit dem Enzym Myrosinase, das Senföl-Glycoside spaltet und dadurch den charakteristischen scharfen Geschmack bewirkt.

c) Was sind Kapern?

c) Blütenknospen von *Capparis spinosa* (Capparaceae), einem mediterran-vorderasiatischen Strauch. (Seite 776)

549 Charakterisieren Sie die **Brassicaceae** (= Cruciferae) in bezug auf

a) vorherrschende Wuchs- und Lebensformen;

a) Krautige: Hemikryptophyten und Therophyten;

b) vorherrschende Nutzpflanzentypen (mit Beispielen!);

b) Gemüse- und Futterpflanzen (*Brassica, Raphanus, Nasturtium, Lepidium*), Gewürzpflanzen (*Sinapis, Armoracia*), Ölpflanzen (*Brassica napus* = Raps), Zierpflanzen (*Erysimum, Matthiola, Iberis, Lunaria, Hesperis*);

c) hauptsächliche Verbreitung auf der Erde;

c) extratropisch-nordhemisphärisch, auch arktisch und im Hochgebirge;

d) die für die Gliederung der Familie wichtigen Merkmalsbereiche.

d) Fruchtform (Schote und Umbildungen), Lage des Embryos im Samen, Anordnung der Nektardrüsen der Blüten. (Seite 775, Abb. 3-313)

550 Nennen Sie Nutzpflanzen der **Malvales** und geben Sie Nutzungsweise und verwendetes Organ an!

Tilia (Linde), Blüten pharmazeutisch; – Malvaceae: *Gossypium* (Baumwolle), Samenhaare als Faser; *Malva* (Käsepappel) und *Hibiscus* und *Althaea* (Eibisch), pharmazeutisch, Zierpflanzen; *Abelmoschus* (Okra, Bamya), Früchte als Gemüse; – Bombacaceae: *Ceiba* (Kapok), Perikarphaare als Faser; – Sterculiaceae: *Theobroma cacao* (Kakao), Samen als Genußmittel; *Cola* (Kolanuß), Samen als anregendes Genußmittel (Coffein). (Seite 777, Abb. 3-314)

551 Vergleichen Sie die beiden Gattungen der **Salicaceae** (Gemeinsamkeiten und Unterschiede, evolutive Stellung)!

Gem.: Holzgewächse, kätzchenartige Infloreszenzen, Blüten eingeschlechtig, ± perianthlos, zweihäusig, Gynöceum zweikarpellig, Kapsel mit zahlreichen winzigen Samen mit Haarschopf;
Untersch.: *Salix* (= Weide): Nektardrüse pro Blüte, sekundäre Entomophilie, Infloreszenz meist steif; *Populus* (= Pappel): kein Nektar, Anemophilie, Kätzchen schlaff. (Seiten 779–780)

552 a) Woraus wird Flachs;

a) Aus den Bastfasern der Stengel von *Linum usitatissimum* (Linaceae);

b) woraus wird Leinöl hergestellt?

b) aus dessen Samen. (Seite 780)

553 a) Was ist ein Cyathium?

a) Zwitterblütenähnliches Pseudanthium der Gattung *Euphorbia*;

b) Wie läßt sich nachweisen, daß es sich dabei nicht tatsächlich um eine Zwitterblüte handelt?

b) Einschnürung zwischen Blütenstiel und Filament; bei der verwandten Gattung *Anthostema* sitzt an dieser Stelle noch ein Perianth. (Seite 781)

554 a) Geben Sie eine bestäubungsökologische Deutung für das Zustandekommen des Cyathiums bei ***Euphorbia***!

a) Erzeugung einer (funktionellen) «Zwitterblüte» im Zusammenhang mit der phylogenetischen Entwicklung (Rückkehr) von Anemophilie zu (sekundärer) Entomophilie.

b) Ist die Gattung *Euphorbia* eine charakteristische Euphorbiacee?

b) Nein, sie ist sehr aberrant; sie gab der Familie bloß den Namen, ist für sie aber nicht repräsentativ.

c) Diskutieren Sie die erstaunliche vegetative Plastizität der Gattung *Euphorbia*!

c) Die äußerst artenreiche Gattung (ca. 1600 Arten!) umfaßt Bäume, Dornsträucher, Stammsukkulente, Stauden, Therophyten; sie spielt nicht nur in Trockengebieten eine große Rolle. (Seite 781)

555 Wie kann man stammsukkulente *Euphorbia*-Arten vegetativ von Kakteen unterscheiden?

E.: Meist paarige Stacheln pro Knoten; Milchsaft; K.: Fast immer Büschel von Blattdornen; kein Milchsaft. (Seite 781)

556 Nennen Sie die drei wirtschaftlich wichtigsten Euphorbiaceae, ihre Heimat und die Nutzungsweise (das genutzte Organ)!

(a) *Manihot esculenta* (Maniok, Mandioca, Yucca, Cassava, Tapioca), tropisches Amerika, Wurzelknollen als einer der wichtigsten Stärkelieferanten der Tropen;

(b) *Hevea brasiliensis* (Pará-Kautschuk [benannt nach der brasilian. Stadt Pará]), wichtigster Naturkautschuk-Lieferant, Amazonien, Latex.

c) *Ricinus communis* (Rizinus, Wunderbaum), tropisches Afrika, alte Kulturpflanze, u.a. hochwertiges Samen-Öl insbesondere für technische Zwecke, Giftpflanze. (Seite 781)

557 Welche Formen des Parasitismus (Beispiele!) lassen sich innerhalb der **Santalales** erkennen?

Bei den Santalaceae terrestrische Halbschmarotzer (z.B. *Thesium* in Mitteleuropa), bei den Loranthaceae und den ähnlichen Viscaceae epiphytische Halbschmarotzer (auf Bäumen z.B. *Viscum* und *Loranthus* in Mitteleuropa, viele weitere in den Tropen). (Seite 782)

5. Unterklasse: Asteridae sensu lato

558 a) Durch welche überwiegende Merkmale und/oder Merkmalsprogressionen unterscheiden sich die **Asteridae** von den Rosidae?

a) Blüten oft verkleinert (Miniaturisierung), Bildung komplexer Infloreszenzen (oft Pseudanthien); Blütensymmetrie oft zygomorph (= dorsiventral); Sympetalie; nur noch 1 (oft oligomerer) Staminalwirtel (Blüte tetrazyklisch); Samenanlagen oft unitegmisch und tenuinucellat; starkes Überwiegen der Krautigen; Überhandnehmen von Iridoiden, Indol- und Steroid-Alkaloiden, Polyacetylenen und Sesquiterpenlactonen.

b) Welche der beiden Unterklassen ist insgesamt als abgeleitet zu beurteilen?

b) Die Asteridae. (Seite 783)

559 Nennen Sie (sub)tropisch zentrierte Familien der Asteridae, die in Mitteleuropa durch nur relativ sehr wenige Arten vertreten sind!

Apocynaceae, Rubiaceae, Verbenaceae, Araliaceae, Lobeliaceae.

560 a) Versuchen Sie eine ökologische Charakteristik der **Ericaceae**!

a) Holzige, oft zwergstrauchige, meist immergrüne, oft xeromorphe Pflanzen auf ökologisch ungünstigen Standorten, insbesondere auf rohhumusreichen Böden in nährstoffarmen (mineralstoffarmen) und oft auch klimatisch extremen Biotopen, wie subalpinen und arktischen Zwergstrauchheiden, Hochmooren, mediterranen Macchien etc.

b) Welche Symbiosebeziehung ermöglicht den Ericales die Besiedlung derartiger mineralstoffarmer Extrem-Standorte?

b) Eine besondere Form der endotrophen Mykotrophie (Ericaceen-Mykorrhiza).

c) Hat bei den Ericales die Tendenz zur Mykotrophie auch zu völliger Abhängigkeit von der Ernährung durch Pilze (Holoparasitismus) geführt?

c) Ja, bei den chlorophyllfreien, blattlosen, vollmykotrophen Monotropaceae (Fichtenspargelgewächsen). (Seite 785)

561 Nennen Sie die wichtigsten Nutzpflanzen der **Gentiananae**! Geben Sie jeweils Familie, Lebensform, Heimat (natürliches Verbreitungsgebiet) und Verwendungsweise an!

Loganiaceae: *Strychnos*, Brechnuß, Makrophanerophyt, Indien, Pfeilgift (Curare), pharmazeutisch; – Gentianaceae: *Gentiana lutea* etc., Gelb-Enzian, hemikryptophytische Hochstaude, subalpin, west- und südalpisch bis dinarisch, Rhizom und Wurzel (pharmazeutisch); – Apocynaceae: *Nerium oleander*, Oleander, Nanophanerophyt, mediterran, Zierpflanze; – Rubiaceae: *Coffea liberica*, *C. arabica*, *C. canephora* (= *C. robusta*), Kaffee, Phanerophyt, paläotropisch (afrikanisch), Samen (coffeinhaltiges Genußmittel). (Seiten 787–789)

562 Was ist eine Klemmfallenblume? Geben Sie ein Beispiel! Beschreiben Sie den Bestäubungsmechanismus!

Siehe Seite 789 (Asclepiadaceae)!

563 Nennen Sie je ein auffälliges phytochemisches Merkmal für die

a) Gentianales;

a) Indol-Alkaloide;

b) Gentianaceae;

b) Bitterstoffe;

c) Lamiaceae!

c) starker Gehalt an ätherischen Ölen sehr verbreitet;

d) Nennen Sie die wichtigsten Heil- und Gewürzpflanzen der Lippenblütler und geben Sie die Heimat und Nutzungsweise an (T = Tee, G = Gewürz)!

d) *Mentha* x *piperita* (Pfeffer-Minze, Westeuropa?, T); *Thymus vulgaris* (Thymian, Quendel, westmediterran, G); *Majorana hortensis* (Majoran, Südwest-Asien, G); *Salvia officinalis* (Echter Salbei, ostmediterran, G, T); *Rosmarinus officinalis* (Rosmarin, westmediterran, G); *Satureja vulgaris* (Bohnenkraut, Satrei, ostmediterran-südwestasiatisch, G); *Lavandula angustifolia* (Lavendel, mediterran, insektenvertreibend, Duftöl, Parfüm, G); *Ocimum basilicum* (Basilikum, Indien, G); *Origanum vulgare* (Dost, «Oregano», Mittel- u. Südeuropa, G); *Melissa officinalis* (Zitronenmelisse, südwestasiatisch, G, T); *Hyssopus officinalis* (Ysop, mediterran-südwestasiatisch, G, Duftöl). (Seiten 787–791)

564 Ist die Blattstellung bei *Galium* repräsentativ für die ganze Familie der **Rubiaceae**?

Nein: die Familie hat gegenständige (dekussierte) Beblätterung; die mehrzähligen Blattwirtel bei *Galium* kommen durch spreitenartig gewordene Nebenblätter und deren sekundäre Vermehrung zustande. (Seite 789)

565 a) Sind alle Nutzpflanzen der **Solanaceae** neuweltlicher Herkunft?

a) Nein: *Solanum melongena* (Eierfrucht, Aubergine, Melanzani) ist paläotropisch.

b) Sind alle Solanaceen giftig?

b) Nein.

c) Nennen Sie die wichtigsten weiteren Nutzpflanzen der Solanaceen und geben Sie dazu jeweils Heimat und Nutzungsweise an!

c) *Solanum tuberosum* (Kartoffel, Erdapfel; Anden; Gemüse, Futter, Stärkelieferant); *Lycopersicon esculentum* (Tomate, Paradeiser; Peru bis Mexiko; Gemüse und Obst); *Capsicum annuum* und *C. frutescens* (Paprika, Chilli, Cayenne-Pfeffer; Süd- und Mittelamerika; Gemüse, Gewürz); *Physalis peruviana* (Ananaskirsche, Kapstachelbeere; Peru; Obst); *Cyphomandra betacea* (Tamarillo, Baumtomate; Mittelamerika; Obst); *Nicotiana tabacum* (Virginischer Tabak; nordwestl. Argentinien) und *N. rustica* (Bauern-T.; südl. USA) (beide: Luftverpestung); *Petunia-Hybriden* (Petunie; Brasilien bis Argentinien; Zierpflanze); *Datura arborea* (Trompeten-Stechapfel; Chile, Peru; Zierpflanze); *Mandragora officinarum* (Alraune; mediterran; Zauber). – Pharmazeutisch (vor allem wegen der Tropan-Alkaloide Hyoscyamin, Atropin, Belladonnin, Scopolamin u.a.) genutzt werden insbesondere *Atropa belladonna* (Tollkirsche; Europa), *Datura stra-*

monium (Gewöhnlicher Stechapfel; neophytisch in Europa, Urheimat Amerika), *Scopolia carniolica* (Krainer Tollkraut; Slowenien, Südost- und Osteuropa), *Hyoscyamus niger* (Bilsenkraut; Mitteleuropa, Westasien), *Brunfelsia* (Neotropen), *Duboisia* (Australien). (Seite 789)

566 Vergleichen Sie **Boraginaceae** und **Lamiaceae** (Gemeinsamkeiten und Unterschiede)!

Die Gemeinsamkeiten in Gynöceum und Frucht sind konvergente äußerliche Ähnlichkeiten; gemeinsam sind ferner die cymösen Blütenstände (Teilinfloreszenzen); B.: Blüte meist radiär, A_5; Laubblätter wechselständig; – L.: Blüte zygomorph, A_4; Laubblätter gegenständig. (Seiten 791, 794, Abb. 3-333)

567 Wo liegt das sicherste praktische Differentialmerkmal zwischen **Lamiaceae** und **Scrophulariaceae**?

In Gynöceum und Frucht: **L.**: Fruchtknoten vierteilig, Frucht: Bruchfrucht (4 Teile = «Klausen»; – **S.**: Fruchtknoten einfach, Frucht: Kapsel. (Seiten 792, 794, Abb. 3-335)

568 Geben Sie ein Beispiel für eine (**merkmals**phylogenetische!) Reduktionsreihe im Blütenbau bei den Scrophulariaceen!

Reduktion des Andröceums: *Verbascum* → *Scrophularia* → *Linaria* → *Gratiola* → *Veronica* (A_5 → A_2 ; Staminodien!). (Seite 792, Abb. 3-335)

569 Welche ernährungsphysiologische Progression gibt es bei den Scrophulariaceen?

Autotrophie (*Verbascum*, *Veronica* etc.) → Hemiparasitismus (*Euphrasia*, *Rhinanthus*, *Pedicularis*, *Melampyrum* etc.) → Holoparasitismus (*Lathraea*). (Seite 794, Abb. 3-336)

570 Gibt es bei den Scrophulariales eine Familie, die zur Gänze vollparasitisch ist?

Ja: Orobanchaceae. (Seite 794, Abb. 3-336)

571 Welche zimmerpflanzenliefernde, tropisch zentrierte, in Mitteleuropa fehlende Familie hat reliktäre Vertreter in den mediterranen Gebirgen?

Die Gesneriaceae: Relikte: *Ramonda*, *Haberlea*, *Jankea*; Zimmerpflanzen: *Saintpaulia* (Usambaraveilchen), *Gloxinia*. (Seiten 794, 897, 898)

572 Nennen Sie die wichtigsten Nutzpflanzen der **Dipsacanae**, dazu jeweils Familie, Lebensform, Heimat, Verwendungsweise!

Sambucaceae: *Sambucus nigra*, Schwarzer Holunder, Nanophanerophyt, europäisch, Blüten (pharmazeutisch), Steinbeeren (Obst); – Valerianaceae: *Valeriana officinalis*, Baldrian, Hemikryptophyt, eurasiatisch, Wurzeln (pharmazeutisch); *Valerianella*, Rapunzel, Therophyt, eurasiatisch, Blattrosette (Salat); – Dipsacaceae: *Dipsacus sativus*, Weber-Karde, bienner Hemikryptophyt, nur als Kulturpflanze bekannt, Fruchtstand (zum Aufrauhen von Wollstoffen, historisch).

573 a) Geben Sie die wichtigsten Familienmerkmale der **Apiaceen** (= Umbelliferen) an!

a) Krautig, meist (oft mehrfach) fiedrig zusammengesetzte oder fiedrig zerteilte, wechselständige Laubblätter mit oft vergrößerter Blattscheide; Infloreszenz: meist (nämlich bei den Apioideae) Doppeldolde, oft als Pseudanthium; Blütenformel: * K5 C5 A5 $G\overline{(2)}$, Diskus, 1 anatrope Samenanlage; Frucht: «Doppelachäne» mit Rippen (manchmal Flügeln) und schizogenen Harzgängen mit ätherischen Ölen.

b) Nennen Sie die wichtigsten Nutzpflanzen dieser Familie!

b) *Carum carvi* (Kümmel), *Pimpinella anisum* (Anis), *Coriandrum sativum* (Koriander), *Anethum graveolens* (Dill), *Levisticum officinale* (Liebstöckel), *Foeniculum vulgare* (Fenchel), *Petroselinum crispum* (Petersilie), *Daucus carota* (Möhre, Gelbe Rübe, Karotte), *Apium graveolens* (Sellerie), *Pastinaca sativa* (Pastinak), *Anthriscus cerefolium* (Kerbelkraut). (Seite 796)

574 Welche Merkmale haben die **Campanulales** und die **Asterales**, somit die Hauptmasse der Asteranae gemeinsam?

Postgenital ± miteinander verwachsene Antheren (Filamente frei!), Fege- und Sammeleinrichtungen für Pollen an den Griffeln (sekundäre Pollenpräsentation!), Fruchtknoten unterständig, oft Pseudanthien, häufig Milchsaftröhren, Inulin. (Seite 797)

575 Warum halten wir die Campanulales für phylogenetisch ursprünglicher als die Asterales?

Wegen etlicher relativ ursprünglicher Merkmale: G_5 bis G_2; Fruchtknoten vereinzelt noch oberständig, Kapselfrüchte, Endosperm noch vorhanden, oft noch Einzelblüten. (Seite 797)

576 Wie sind die Pseudanthien der **Asteraceae** gebaut?

Kompaktes Köpfchen, das von Hochblättern («Hüllkelch» = Involucrum) umgeben ist; die randlichen strahlenden Elemente (Randblüten) sind verschiedener Natur: entweder zungenförmig (Zungenblüten) (häufigster Fall) oder vergrößerte Röhrenblüten (z.B. *Centaurea*) oder vergrößerte, gefärbte innere Involkralblätter (*Carlina*). (Seite 798)

577 Wie wird bei den Asterales Selbstbestäubung verhindert?

Proterandrische Blüten; der Pollen wird in die von den Antheren gebildete Röhre entleert; durch Fegehaare an der Außenseite oder Spitze des Griffels wird der Pollen aus der Röhre herausgeschoben: sekundäre Pollenpräsentation; danach spreizen die Narbenlappen auseinander und geben die empfängnisfähige Innenseite frei. (Seite 798)

578 Welche Gattungen der Asterales stellen die charakteristischen Schopfbäume der afrikanischen und südamerikanischen Hochgebirge?

Lobelia (Lobeliaceae), *Dendrosenecio* und *Espeletia* (Asteraceae). (Seiten 798, 924)

III. Klasse: Liliopsida (Monocotyledoneae), Einkeimblättrige Bedecktsamer

579 Welches sind die wichtigsten Kennzeichen der Liliopsida (Monocotyledoneae)?

1 Keimblatt, sekundäre Homorrhizie; Ataktostele; i.a. kein sekundäres Dickenwachstum; Sprosse meist nicht oder nur wenig verzweigt; Laubblätter oft einfach, ganzrandig, streifenadrig; Unterblatt oft scheidig; keine Stipeln; meist nur 1 Vorblatt in adossierter Stellung; Blüten oft aus 3zähligen Wirteln; Pollenbildung sukzedan; Pollenkörner meist monocolpat; Siebröhrenplastiden vom P-Typ; Vorkommen von Steroidsapogeninen; Fehlen von Ellagsäure; hauptsächlich Krautige. – Vergewissern Sie sich, daß Sie die angeführten Merkmalsbegriffe auch verstehen! (Seite 800)

580 a) Geben Sie Belege für die Auffassung an, daß die Liliopsida (= Monokotylen = Monocotyledoneae) von den Magnoliopsida abzuleiten sind!

a) Viele typische Monokotylen-Merkmale treten bei den Dikotylen vereinzelt innerhalb der Magnoliopsida auf, z.B. Einkeimblättrigkeit (*Ranunculus ficaria*); Unterdrückung des Wachstums der Hauptwurzel (besonders bei krautigen Magnoliopsida); Ataktostele und unterdrückte Kambiumtätigkeit (Piperales, Nymphaeaceae); ein adossiertes Vorblatt durch Verwachsung der beiden seitlichen (Annonaceae, Nymphaeaceae); 3zählige Blüten (Nymphaeales, Annonaceae); Siebröhrenplastiden vom P-Typ (Aristolochiaceae).

b) Gibt es (umgekehrt zu a)) Monokotylen, bei denen Dikotylen-Merkmale auftreten?

b) Ja: Zwei Cotyledonen (Dioscoreaceae), vierzählige Blüten (Trilliaceae: *Paris*), netz- und fiedernervige Blätter (Dioscoreaceae, Araceae), kreisförmig angeordnete Leitbündel (Dioscoreales). (Seiten 800–815)

581 Gibt es Hinweise auf ökologische Hintergründe für die Anagenese der Monocotyledonen, d.h., anders ausgedrückt: was war möglicherweise die evolutive Ursache für die Herausbildung der Monokotylen, oder, nochmals anders formuliert: Warum waren die Vorläufer der Monokotylen so erfolgreich, daß sie sich zu einer eigenen Klasse entwickelt haben?

Nach den heutigen Kenntnissen ist am plausibelsten die Annahme, daß die ursprünglichen Monokotylen Wasserpflanzen waren und die Monokotylen-Merkmale als Spezialisierung für (Anpassungen an) aquatische Standorte zu betrachten sind. Bei der sekundären Eroberung von Trockenstandorten war jener Wasserpflanzenmerkmalskomplex schon so fest verankert, daß sie ihn beibehalten mußten. Indizien für diese Hypothese: u.a. das Auftreten gewisser Monokotylen-Merkmale bei aquatisch lebenden Dikotylen; Konzentration von primitiven Merkmalen und von Wasserpflanzen bei den Alismatidae; viele Monokotylen-Merkmale bei den wasserbewohnenden Nymphaeaceae. (Seite 802)

1. Unterklasse: Alismatidae

582 Welche phylogenetisch ursprünglichen Merkmale weisen die **Alismatidae** auf?

Teils ohne, teils mit sehr primitiven Tracheen; Blüten schraubig bis radiär; Chorikarpie; oft zahlreiche oberständige Karpelle; oft Balgfrüchte. (Seite 803)

583 Charakterisieren Sie die Alismatidae

a) standortsökologisch;

b) blütenökologisch.

a) Die meisten sind Wasserpflanzen, teils wurzelnd, teils freischwimmend;

b) neben Entomogamie und Anemogamie kommt z.T. recht spezialisierte Hydrogamie vor. (Seite 803)

2. Unterklasse: Aridae

584 Nennen Sie die wichtigsten Nutzpflanzen der **Aridae** und machen Sie dabei jeweils folgende Angaben: deutscher Name, Familie, Lebensform, genutztes Organ, Heimat.

a) *Acorus calamus*, Kalmus, Acoraceae (früher Araceae), Rhizomstaude, Rhizom (als Droge), Ostasien (in Europa eingebürgert);
b) *Colocasia*, Taro, Araceae, Rhizomstaude, unterirdische Sproßknolle, trop. Südostasien;
c) verschiedene Araceae dienen als Zierpflanzen (Blattzimmerpflanzen), z.B. *Monstera* («Philodendron»), *Zantedeschia* («Calla»), *Dieffenbachia*, *Aglaonema*. (Seite 804)

585 Haben alle Araceae

a) ihre Infloreszenz als Gleitfallenblume ausgebaut?;

b) eine Spatha?

a) Nein;

b) ja, fast alle. (Seite 804)

586 Welche ist die kleinste Blütenpflanze? Zu welcher Familie gehört sie?

Wolffia; zu den Lemnaceae (Wasserlinsengewächsen). (Seite 804)

3. Unterklasse: Liliidae

587 Welchem Grundbauplan folgen die Blüten der **Liliidae**?

* P3 + 3 A3 + 3 G(3). (Seiten 804–805)

588 Vergleichen Sie (Gemeinsamkeiten und Unterschiede!)

a) die Tulpe (*Tulipa*) mit

b) dem Knabenkraut (*Orchis*) und geben Sie jeweils die taxonomische Stellung an!

Gemeinsamkeiten: Liliidae, Lilianae; Geophyten; entogam; Kapsel. – Unterschiede:

a) T.: *Tulipa*, Liliaceae, Liliales; Zwiebel; Blüte radiär (polysymmetrisch), pentazyklisch, zwei vollzählige Staubblattwirtel, Fruchtknoten oberständig: * P3 + 3 A3 + 3 G(3); Samen mit Endosperm; vollautotroph;

b) K.: *Orchis*, Orchidaceae, Orchidales; Wurzelknolle; Blüte zygomorph, tetrazyklisch, nur ein Staubblatt, Fruchtknoten unterständig, Gynostemium; ↓ P3 + 3 [A1 + 0 G(3)]; Samen ohne Endosperm; Keimling mykotroph. (Seiten 806–809)

589 Inwiefern sind die Iridaceae stärker abgeleitet als die Liliaceae?

Iridaceae: Ausfall des inneren Staubblattwirtels, unterständiger Fruchtknoten; z.T. stärker spezialisierte (vgl. *Iris*), z.T. zygomorphe (*Gladiolus*) Blüten. (Seiten 806–807)

590 Nennen Sie aus den **Lilianae**

a) Gemüsepflanzen;

b) wichtige Zierpflanzen;

c) pharmazeutisch wichtige Pflanzen und Drogen;

d) Giftpflanzen aus der mitteleuropäischen Flora;

e) Faserpflanzen.

Geben Sie jeweils die Familie an!

a) *Dioscorea batatas* (Yamswurzel, Dioscoreaceae); *Asparagus* (Spargel, Asparagaceae); *Allium* (Zwiebel, Knoblauch, Porree, Schnittlauch etc.; Alliaceae);

b) *Sansevieria* (Dracaenaceae); *Hyacinthus* (Hyacinthaceae); *Narcissus*, *Clivia* (Amaryllidaceae); *Tulipa*, *Lilium* (Liliaceae s. str.); *Gladiolus*, *Iris* (Schwertlilie, Iridaceae);

c) *Dioscorea* (Dioscoreaceae); *Convallaria majalis* (Convallariaceae; herzwirksame Glycoside); *Urginea maritima* (Hyacinthaceae); *Crocus sativus* (Echter Safran, Iridaceae);

d) *Paris* (Einbeere, Trilliaceae); *Convallaria majalis* (Maiglökkchen, Convallariaceae); *Veratrum* (Germer, Melanthiaceae); *Colchicum autumnale* (Herbstzeitlose, Colchicaceae);

e) *Phormium tenax* (Phormiaceae); *Agave sisalana*, *Yucca* (Agavaceae); *Sansevieria* (Dracaenaceae). (Seite 805)

591 Welche Vertreter der Lilianae haben
a) Rhizome;

a) *Asparagus* (Spargel), *Convallaria* (Maiglöckchen), *Maianthemum* (Schattenblume), *Paris* (Einbeere), *Polygonatum* (Salomonssiegel), *Veratrum* (Germer), *Iris* (Schwertlilie);

b) Zwiebeln;

b) *Allium* (Lauch), *Fritillaria* (Schachblume, Kaiserkrone), *Gagea* (Gelbstern), *Hyacinthus* (Hyazinthe), *Lilium* (Lilie), *Muscari* (Traubenhyazinthe), *Scilla* (Blaustern), *Tulipa* (Tulpe), *Galanthus* (Schneeglöckchen);

c) Sproßknollen?

c) *Colchicum autumnale* (Herbstzeitlose), *Crocus*. (Seite 805)

592 a) Wo sind die Agavaceae beheimatet;
b) welche Anpassungen zeigen sie;
c) welche Gattungen sind Ihnen bekannt;
d) welcher paläotropischen (afrikanischen) Gattung ähnelt *Agave*?

a) Amerikanische Trockengebiete;
b) Blattsukkulenz;
c) *Agave*, *Yucca*;
d) *Aloe* (Asphodelaceae). (Seite 807)

593 Vergleichen Sie *Colchicum* mit *Crocus*!

Gemeinsam: Sproßknollengeophyten; je einige Arten blühen ohne Laubblätter. – Unterschiede: *Colchicum*: A3 + 3, Fruchtknoten oberständig, Pflanze stark giftig (Colchicin); *Crocus*: A3 + 0, Fruchtknoten unterständig, Narben zerteilt und oft vergrößert. (Seiten 806–807, Abb. 3-348)

594 Erläutern Sie das Schicksal der **Liliaceen** im traditionellen, weiten Sinn, wie sie auch heute noch in vielen Büchern (z.B. Florenwerken wie «Flora Europaea», Schmeil & Fitschen, Rothmaler, Oberdorfer) umgrenzt werden, angesichts der vorliegenden Strasburger-Auflage!

Neuere morphologische, anatomische, embryologische, phytochemische u.a. Befunde haben erwiesen, daß die «alten» Liliaceen s. l. zu weit gefaßt und außerdem sehr heterogen sind, so daß sie als eine einzige Familie falsch zusammengefaßt und zu niedrig bewertet sind. Die vordergründig auffallenden Gemeinsamkeiten am Blütenbau beruhen offensichtlich nicht auf Verwandtschaft, sondern auf Plesiomorphie und auf Konvergenz. Die ehemaligen Unterfamilien (u. sogar einzelne Triben) mußten daher zu Familien aufgewertet werden. Diese sind anscheinend miteinander z.T. so wenig verwandt, daß sie auf 2 Ordnungen verteilt werden mußten: Trilliaceae, Smilacaceae, Melanthiaceae, Colchicaceae und Liliaceae s. str. bilden die Liliales; die übrigen, also Convallariaceae, Asparagaceae, Dracaenaceae, Phormiaceae, Agavaceae, Asphodelaceae, Hyacinthaceae und Alliaceae, bilden zusammen mit den auch früher schon (wegen des unterständigen Fruchtknotens) als Familie behandelten Amaryllidaceae und Iridaceae (diese wegen des unterständigen Fruchtknotens und des zusätzlichen Ausfalls eines Staubblattwirtels) die Asparagales. (Seite 806)

595 Welche blütenbiologische Differenzierung zeigen die Blüten der Gattung *Iris*?

Meranthien. (Seite 807, Abb. 3-348)

596 a) Woran erkennen Sie eine zu den **Orchidales** (Orchideen) gehörende Sippe?

a) Monosymmetrische, z.T. resupinierte Blüten, stets in traubigen Blütenständen; Andröceum auf 2 oder 1 Staubblatt reduziert, mit Griffel und Narbe verwachsen (Gynostemium!); Fruchtknoten unterständig; Samen winzig, sehr zahlreich.

b) Wo sind die Orchideen hauptsächlich verbreitet? In welcher Lebensform?

b) Tropen und Subtropen; Epiphyt.

c) Wie viele Arten umfaßt diese Familie der Orchidaceae s. str. ungefähr?

c) Ca. 17 500. (Seite 807)

597 Erläutern Sie die ökologisch-evolutiven Zusammenhänge zwischen den folgenden wichtigen Merkmalen der Orchidales: Mykotrophie; sehr zahlreiche, winzige, endospermlose Samen; Pollinien und Pollinarien; spezialisierte Entomogamie; zygomorpher Blütenbau; Epiphytismus.

Die Zygomorphie der Blüte hängt mit der hochspezialisierten Tierbestäubung zusammen; die Pollinien ermöglichen es, mit einem einzigen Bestäubungsakt die große Zahl der Samenanlagen zu bedienen; die große Zahl der Samenanlagen und Samen hängen mit ihrer geringen Größe zusammen; die geringe Größe mit dem Fehlen von Endosperm und dieses mit der Mykotrophie, die Mykotrophie mit der Möglichkeit der Besiedlung extremer, insbesondere mineralarmer, rohhumusreicher Böden, z.B. epiphytische Standorte. (Seite 807)

598 a) Welche ökologische Gemeinsamkeit haben Orchideen (**O.**) und Bromeliaceen (**B.**)?

a) Epiphytismus bei sehr vielen (**O.**) bzw. fast allen (**B.**) Arten.

b) Wie lösen sie das Wasserbeschaffungsproblem?

b) **O.**: Sproßknollen, Luftwurzeln mit Velamen radicum; **B.**: Saugschuppen auf den Blättern.

c) Wie unterscheiden sie sich chorologisch (in ihren Verbreitungsgebieten)?

c) **O.**: pantropisch und temperat; **B.**: ausschließlich neotropisch. (Seiten 807, 811)

599 Gibt es in der Familie der Orchidaceen außer den vielen Zierpflanzen auch eigentliche Nutzpflanzen?

Nur die Vanille (*Vanilla planifolia*), Heimat Mexiko. (Seite 809)

4. Unterklasse: Arecidae s. str.

600 Gibt es in Europa wildwachsende **Arecaceae** (= Palmen)?

Ja, zwei Arten: *Chamaerops humilis* (Zwergpalme), südwestmediterran; *Phoenix theophrastii* (Theophrast-Dattelpalme), endemisch und selten auf Kreta. (Seite 810)

601 Nennen Sie und charakterisieren Sie die wichtigsten Nutzpflanzen der Familie Arecaceae (= Palmae)! (Deutscher Name, genutzes Organ, Heimat!)

a) *Phoenix dactylifera*, Dattelpalme, einsamige Einblatt-Beere, Arabische Halbinsel und Nordafrika;
b) *Areca catechu*, Betelnußpalme, Same (= «Betelnuß»), Hinterindien;
c) *Cocos nucifera*, Kokospalme, Steinfrucht, wahrscheinlich Südost-Asien;
d) *Elaeis guineensis*, Ölpalme, Steinfrucht: Mesokarp (Palmöl) und Same (Palmkernfett), wahrscheinlich West-Afrika. (Seite 810)

5. Unterklasse: Commelinidae

602 a) Wo liegt die Heimat der Banane?

a) Im tropischen Südostasien.

b) Taxonomische Stellung der Banane?

b) *Musa*, Musaceae, Zingiberales, Bromelianae, **Commelinidae**.

c) Wie ist der Stamm einer Bananenpflanze aufgebaut?

c) Scheinstamm aus den dicht geschlossenen Scheiden der großen Blätter.

d) Charakterisieren Sie die Wuchsform der Bananenpflanze!

d) Riesenstaude. (Seite 811)

603 Geben Sie Beispiele für die

a) wirtschaftliche Bedeutung der **Commelinanae**;

a) Commelinaceae: Wichtige Zimmerzierpflanzen, z.B. *Zebrina* («Tradescantia»); Poaceae: Getreidearten (*Triticum aestivum*, *Zea mays*, *Oryza sativa*, *Secale cereale*, *Hordeum vulgare*, *Avena sativa*, *Setaria*, *Panicum*, *Pennisetum*, *Sorghum*), Zuckerrohr (*Saccharum*); Futtergräser (*Lolium*, *Phleum*, *Poa*, *Dactylis*, *Trisetum*, *Arrhenatherum*, *Festuca* u.a.);

b) vegetationsökologische Bedeutung der **Poaceen**!

b) Poaceae sind wichtiger Bestandteil insbesondere vieler baumfreier Formationen bzw. Gesellschaften: der Savannen, Steppen, alpinen Rasen sowie der anthropogenen Wiesen und Weiden; Koevolution mit pflanzenfressenden Großsäugern! (Seite 812)

604 Beantworten Sie für einige Organe der **Poaceen** je folgende Fragen: Gehört es zur Blüte? Was ist es morphologisch gesehen (bzw. mit welchem Teil der Lilianae-Blüte ist es homolog)?

a) Ährchen;

a) Nein; Teilblütenstand (Partialinfloreszenz);

b) Ährchenspindel;

b) nein; Achse des Ährchens;

c) Hüllspelzen;

c) nein; Hochblätter;

d) Deckspelze;

d) nein; Tragblatt der Blüte;

e) Vorspelze;

e) nein; wahrscheinlich das Vorblatt auf dem Blütenstiel;

f) Lodiculae;

f) ja; Reste das Perigons;

g) Ligula.

g) nein; Blatthäutchen am Übergang von der Scheide zur Spreite des Laubblattes. (Seite 813, Abb. 3-352)

605 Warum stimmt bei den Süßgräsern (Poaceae) die Zahl der Blüten in den Ährchen mit jener der Deckspelzen überein?

Weil die Deckspelze das Tragblatt der Blüte (= das Deckblatt) ist. (Seite 813, Abb. 3-352)

606 a) Nennen Sie die 3 weltweit kulturgeschichtlich wichtigsten Getreidegattungen und deren Heimat (und alte Hochkultur)!

a) (1) Weizen (*Triticum*), Vorderasien; (2) Reis (*Oryza*), Südostasien; (3) Mais (*Zea*), Mittel- und Südamerika.

b) Was verstehen Sie unter «Hirse»?

b) Diese Bezeichnung bedeutet kein bestimmtes Taxon, sondern ist eine zusammenfassende Bezeichnung für sehr verschiedene Poaceen-Getreidegattungen und/oder -arten, deren Karyopsen keine Längsfurche haben und meist kein backfähiges Mehl liefern, sondern als Grütze und/oder Brei genossen werden: *Panicum* (Rispenhirse, Millet), *Eragrotis tef* (Zwerghirse), *Eleusine coracan* (Korakan, Fingerhirse), *Digitaria exilis* (Foniohirse, Hungerreis), *Pennisetum glaucum* (Perl- oder Rohrkolbenhirse), *Setaria italica* (Kolben- oder Borstenhirse), *Sorghum* (Mohrenhirse) u. a. (Vgl. Frage 608!) (Seite 813)

607 Durch welche Merkmale sind die Kulturformen der Getreidearten gegenüber den Wildformen ausgezeichnet?

Vermehrung und Vergrößerung der Karyopsen (Früchte = «Körner»), Verlust der Brüchigkeit der Ähren- bzw. Ährchenspindel, Lösung der Spelzen von der Frucht; Einjährigkeit.

608 a) Welche Poaceen, abgesehen vom Getreide und von den Futterpflanzen, haben als Nutzpflanzen wirtschaftliche Bedeutung? Welche Art von Produkten liefern sie bzw. wozu werden sie verwendet?

a) *Saccharum officinarum* (Zucker); *Phragmites* und *Arundo* («Schilf»), *Lygeum* und *Stipa* sp. («Esparto»): Baumaterial und andere technische Zwecke; verschiedene Bambusoideae (Baumaterial, Gemüse); *Cymbopogon* («lemon grass»; Zitronell-Öl!).

b) Nennen Sie Getreide-Poaceen, die lokale oder historische Bedeutung haben!

b) *Eragrotis tef* (Äthiopien); *Zizania* (Wasserreis, Wildgetreide nordamerikanischer Indianer); *Eleusine coracana* (Korakan; Afrika, Südasien); *Glyceria* (Schwaden; Europa: historisch); *Digitaria* (Bluthirse; Europa: historisch).

c) Welche nicht zu den Poaceen zählende Getreidepflanzen kennen Sie?

c) *Fagopyrum* (Buchweisen; Polygonaceae); *Chenopodium quinoa* (Quinoa, Reismelde), *Ch. pallidicaule* (Canihua): beide Anden, Chenopodiaceae; *Amaranthus* («grain amarants», Inkaweizen; Anden und Indien; Amaranthaceae). (Seite 813, Abb. 3-353)

609 Wie unterscheiden sich die **Juncaceen**

a) von den Liliaceen;

a) (Blütenformel gleich,) J. aber windblütig, mit unscheinbarem, meist trockenhäutigem Perigon und stärkehaltigem Endosperm;

b) von den Poaceen?

b) (beide windblütig, Blätter grasartig;) Laubblätter dreizeilig ($^1/_3$-Stellung), Perigon noch vollständig, Andröceum oft noch 2wirtelig, Frucht: Kapsel. (Seiten 806, 813)

610 Wie lassen sich die **Cyperaceen** vegetativ von den Poaceen (Gramineen) unterscheiden?

C.: Stengel oft dreikantig, dreizeilig beblättert, nicht hohl und Knoten meist nicht knotig hervortretend; Blattscheiden meist geschlossen; P.: Stengel (= «Halm») stielrund, hohl, Knoten knotig verdickt, 2zeilig (distich) beblättert; Blattscheiden meist offen. (Seiten 813, 815)

611 a) Wodurch unterscheidet sich die wichtige Gattung *Carex* (Segge) von den übrigen Gattungen ihrer Familie?

a) Durch den Schlauch (= Utriculus), eine fruchtknotenartige Hülle um den Fruchtknoten, aus deren Spitze die Narben herausragen, sie ist dem Tragblatt der perianthlosen weiblichen Blüte homolog.

b) Welche ist diese ihre Familie?

b) Cyperaceae.

c) Warum ist diese Gattung *Carex* wichtig?

c) Weil sie sehr artenreich ist (in Mitteleuropa etwas mehr als 100 Arten) und sehr viele mitteleuropäischen Pflanzengesellschaften durch eine oder mehrere Arten gekennzeichnet sind. (Seite 815)

612 Wodurch läßt es sich belegen, daß es sich beim Utriculus von *Carex* um das Tragblatt der weiblichen Blüte handelt?

Durch den Vergleich mit der verwandten Gattung *Kobresia* (*Elyna*). (Seite 815, Abb. 3-354)

Fragen über die gesamten Angiospermen

613 Welche sind die 5 artenreichsten Familien der Angiospermen?

Asteraceae (21 000), Orchidaceae (17 000), Fabaceae (11 000), Rubiaceae (10 000), Poaceae (9 000).

614 Welche der größeren Familien stellen besonders viele und wichtige Kulturpflanzen?

(Reihenfolge taxonomisch:) Chenopodiaceae, Rosaceae, Fabaceae, Cucurbitaceae, Rutaceae, Brassicaceae, Malvaceae, Solanaceae, Apiaceae, Asteraceae, Arecaceae, Poaceae.

615 a) Welche größeren heimischen Familien sind durch je beinahe einen einzigen (weitgehend einheitlichen) Fruchttyp charakterisiert? Nennen Sie ihn!

a) Caryophyllaceae (Kapsel); Fabaceae (Hülse, allerdings abgesehen von den nicht allzu seltenen «Gliederhülsen», die keine Hülsen, sondern Bruchfrüchte sind); Apiaceae (Spaltfrucht); Brassicaceae (Schote bzw. Schötchen, abgesehen von den nicht allzu seltenen «Bruchschoten» und den zu Nüssen gewordenen Schötchen); Lamiaceae und Boraginaceae (Klausen); Scrophulariaceae (Kapsel); Asteraceae (Achäne); Orchidaceae (Kapsel); Poaceae (Karyopse).

b) Welche wichtigeren heimischen Familien fallen durch je verschiedene Fruchttypen auf?

b) Ranunculaceae (Balg, Nüßchen etc.), Rosaceae (siehe Abb. 3-296), Solanaceae (Kapsel, Beere).

616 Nennen Sie aus den folgenden Ordnungen je eine tropisch/subtropisch und eine temperat zentrierte Familie:

a) Fabales, — a) Caesalpiniaceae und Fabaceae;

b) Myrtales, — b) Myrtaceae und Onagraceae;

c) Araliales, — c) Araliaceae und Apiaceae;

d) Lamiales, — d) Verbenaceae und Lamiaceae;

e) Capparales. — e) Capparaceae und Brassicaceae.

617 a) Was fällt Ihnen auf, wenn Sie innerhalb jedes Familienpaares der vorigen Frage (616) die vorherrschende Wuchsform beachten?

a) Bei den tropischen Gliedern handelt es sich fast durchweg um Holzige, bei den temperaten dagegen hauptsächlich um Krautige.

b) Versuchen Sie eine evolutive Deutung!

b) Die tropischen Holzigen sind phylogenetisch ursprünglicher als die temperaten Krautigen.

618 a) In welchem Grad sind Edelkastanie (E.) und Roßkastanie (R.) miteinander verwandt?

a) In recht geringem (innerhalb der Angiospermen): sie gehören zur selben Klasse (Rosopsida) und Unterklasse (Rosidae s. l.), aber zu verschiedenen Überordnungen (Faganae und Rutanae).

b) Warum haben sie (fast) denselben deutschen Namen?

b) Die Ähnlichkeit ist sehr äußerlich und verwandtschaftlich irrelevant: die **Früchte** der Edelkastanie (*Castanea*) ähneln entfernt den **Samen** der Roßkastanie (*Aesculus*), dazu kommt die grobe Ähnlichkeit zwischen der stacheligen Cupula (E.) und der schwach stacheligen Kapselwand (R.).

619 Welche heimischen größeren Familien sind durch monosymmetrische (zygomorphe) Blüten ausgezeichnet?

Fabaceae, Scrophulariaceae, Lamiaceae, Orchidaceae.

620 Nennen Sie Sippen, bei denen die Laubblätter reduziert bis abortiert sind und die Sproßachsen die Phytosynthese-Funktion übernehmen («Rutengewächse»)!

Equisetum; *Ephedra*; Cactaceae; *Casuarina*; manche *Euphorbia*-Arten; viele Genisteae (Ginster-Verwandte, Fabaceae); *Stapelia*, *Ruscus* u.v.a.

621 Nennen Sie Sippen, die durch Sukkulenz (Achsen- [= Stamm-] oder Blattsukkulenz) ausgezeichnet sind oder deutliche Progressionen in diese Richtung aufweisen!

Familien: Chenopodiaceae (bes. Blatt-S.), Aizoaceae (Blatt-S.), Cactaceae (bes. Achsen-S.), Didiereaceae (Achsen- und Blatt-S.), Crassulaceae (Blatt-S.), Zygophyllaceae (Blatt- und Achsen-S.), Asclepiadaceae (bes. Achsen-S.); – Gattungen: *Euphorbia* (Achsen-S.), *Senecio* (Achsen-S.); suchen Sie selber weiter!

622 Nennen Sie Ordnungen bzw. Familien mit Hemi- und/oder Holoparasitismus und achten Sie dabei auf das Vorhandensein von Progressionen bzw. auf die nächst verwandten nicht-(voll-)parasitischen Familien!

Santalales: Santalaceae (*Thesium*: hemiparasitisch), Loranthaceae und Viscaceae (Olacaceae autotroph!); Balanophorales (*Cynomorium*), Rafflesiales (*Rafflesia*, *Cytinus*); Scrophulariales: Scrophulariaceae (Progression!), Orobanchaceae; Cuscutaceae (Convolvulaceae autotroph); Monotropaceae (Pyrolaceae mykotroph!); Burmanniaceae, Orchidaceae (Mykotrophie! Progression!).

623 Aus welchen Pflanzen wird bzw. wurde (Natur-)Kautschuk gewonnen?

Milchsaft von *Castilloa elastica* (Cartagenakautschuk) und *Ficus elastica* (Assamkautschuk) (beide Moraceae), *Hevea brasiliensis* (Parákautschuk) (Euphorbiaceae), *Landolphia heudelotii* (Lianenkautschuk) (Apocynaceae), *Taraxacum kok-saghyz* (Koksaghys) (Asteraceae); – außer *Hevea* sind alle anderen Arten heute weltwirtschaftlich ohne Bedeutung.

624 Diskutieren Sie die evolutionsbiologischen Phänomene Konvergenz und Parallelismus!

a) Nennen Sie carnivore Sippen!

a) Sarraceniaceae, Nepenthaceae, Droseraceae (*Drosera*, *Dionaea*), Cephalotaceae (Cunoniales), Lentibulariaceae (*Utricularia*, *Pinguicula*).

b) Nennen Sie Beispiele für Konvergenz und für Parallelismus (samt Begründung)!

b) *Drosera* (Sonnentau) und *Dionaea* (Venusfliegenfalle) fangen ihre Opfer auf ganz verschiedene Weise, ähnlich stark verschieden wie *Utricularia* und *Pinguicula*: Parallelismus insofern, als die ökomorphologischen Carnivorie-Merkmale zwei- oder mehrmals getrennt, aber bei nahe verwandten Sippen (jeweils verschiedene Gattungen derselben Familie) entstanden sind (überlegen Sie, wo die auf Verwandtschaft begründeten gemeinsamen [plesiomorphen] Voraussetzungen liegen!). Zwei von den drei zuerst genannten Familien gehören zur selben Ordnung: es liegt also (falls diese Systematik stimmt) auf diesem Niveau Parallelismus vor, die Sarraceniaceen hingegen sind konvergent. Die große Ähnlichkeit zwischen den Fangkannen von *Nepenthes* und jenen von *Cephalotus* (siehe Morphologie-Kapitel [nicht im Systematik-Kapitel]) beruht auf Konvergenz.

c) Erläutern Sie die standortsökologisch-ernährungsphysiologischen Zusammenhänge!

c) Carnivorie steht immer im engen Zusammenhang mit Oligo- bis Dystrophie der Standorte (besonders Stickstoffmangel).

625 a) Nennen Sie Familien, bei denen in größerem Ausmaß Kletterpflanzen vorkommen!

a) Polygonaceae, Fabaceae, Vitaceae, Passifloraceae, Cucurbitaceae, Convolvulaceae, Dioscoreaceae, Araceae.

b) Nennen Sie darüber hinaus heimische Kletterpflanzen und geben Sie die Lebensform und die Art und Weise des Kletterns an!

b) *Clematis vitalba* (Liane, Laubblattrhachis-Ranken); *Fallopia dumetorum* (therophytischer Winder); *Humulus lupulus* (geophytischer Winder), *Hedera helix* (Liane, achsenbürtige Kletterwurzeln: «Haftwurzelkletterer»); *Galium aparine* (spreizklimmender Therophyt); *Solanum dulcamara* (windende Liane); *Lonicera caprifolium* (windende Liane). (Liane = holzige Kletterpflanze, Kletterstrauch.)

626 Nennen Sie Familien oder Ordnungen, die in folgender Hinsicht spezialisiert sind oder zumindest (parallele) Evolution in diese Richtung zeigen:

a) Besiedlung aquatischer Standorte (Helo- und Hydrophyten = Sumpf- und Wasserpflanzen);

a) Nymphaeales, Nelumbonales, Podostemaceae, Trapaceae, Haloragaceae, Menyanthaceae, Hippuridaceae (monospezifisch!), Callitrichaceae, Alismatales, Hydrocharitales, Najadales, Pontederiaceae, Typhaceae, Lemnaceae u. a.

b) Besiedlung von xerischen (Trocken-) Standorten, Ausbildung von Xerophyten;

b) Aizoaceae, Cactaceae, Polygonaceae, Crassulaceae, Zygophyllaceae, Cistaceae, Lamiaceae, Agavaceae, Asphodelaceae, Dracaenaceae, Eriocaulaceae, Poaceae u. a. (Xerophyten sehr verschiedenen Grades!)

c) Besiedlung salzreicher Standorte (Halophyten);

c) Chenopodiaceae, Plumbaginaceae, Fabaceae, Zygophyllaceae, Tamaricaceae, Rhizophoraceae, Sonneratiaceae u. a.

d) Epiphytismus;

d) Piperaceae, Bromeliaceae, Orchidaceae, Araceae u. a.

e) Besiedlung nährstoffarmer (oligo- bis dystropher) Standorte;

e) Droseraceae, Sarraceniaceae, Nepenthaceae, Ericaceae u. a.

f) Besiedlung von Hochgebirgsstandorten (Orophyten).

f) Ranunculaceae, Caryophyllaceae, Rosaceae, Brassicaceae, Primulaceae, Gentianaceae, Asteraceae, Poaceae, Cyperaceae.

627 Was sind Ameisenpflanzen? Geben Sie Beispiele (Familienzugehörigkeit?; nennen Sie nötigenfalls auch die Ordnung!)

Pflanzen, die in ± enger Symbiose mit Ameisen leben und dazu entsprechende Strukturen entwickelt haben: *Myrmecodia* und *Hydrophytum* (beide tropische Rubiaceae), *Cecropia* (Cecropiaceae [früher Moraceae], Urticales), *Acacia* (Mimosaceae, Fabales).

Rückblick auf die Stammesgeschichte des Pflanzenreiches

628 Skizzieren Sie in Grundzügen die Evolution pflanzlicher Organismen! Was waren die entscheidenden Evolutionsschritte?

Primäre Heterotrophie; Autotrophie (anaerobe Photosynthese, anaerobe Chemosynthese, aerobe Photosynthese; Bakterien, Cyanophyceen, Flagellaten); aerobe Atmung, sekundäre Heterotrophie (Saprophytismus und Parasitismus); Parasexualität; eukaryotische Zelle (Kern, Mitose, Chloroplast, Mitochondrium); echte Sexualität (inkl. Meiose); monadale → capsale → coccale → trichale → thallös/plectenchymatische Alge; Generationswechsel; Oogamie; Eroberung des Landes durch Algen, Pilze, Sproßpflanzen; Sproß (Leitsysteme, Cuticula, Stomata); Heterosporie; Verlagerung des Gametophyten in den Sporophyten; Holz (baumförmige Wuchsform); Samenbildung; sekundär krautige Wuchsform (Entwicklungsbeschleunigung, Kurzlebigkeit!); Zoogamie; Sukkulenz, CAM-, C4-Stoffwechsel. (Seite 815, Abb. 3-355)

629 Sind die Bakterien und Cyanophyceen, die Chlamydomonadales und die Oomycota wirklich stärker «umweltabhängig» als die Compositen, Palmen, Orchideen, Süßgräser und Wasserlinsen? (Seite 819)

Vielleicht müßte man auch hier, wie so oft in der Wissenschaft, zunächst die Begriffe klären, analysieren und schärfer definieren, in diesem Fall den schwammigen der «Umweltunabhängigkeit»! (Seite 819)

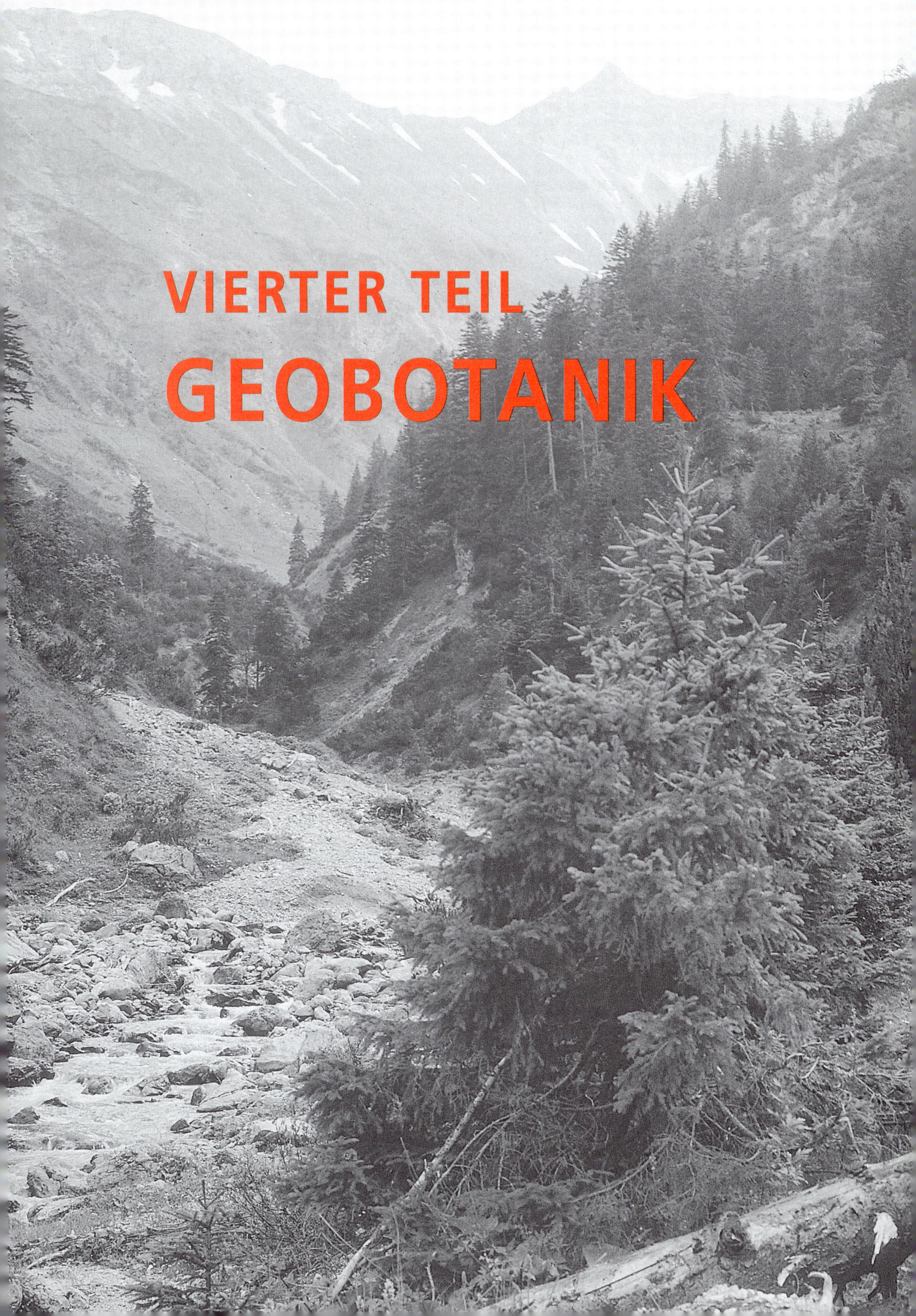

VIERTER TEIL
GEOBOTANIK

Einführung

1 Was ist der inhaltliche Unterschied zwischen «Pflanzengeographie» und «Geobotanik»?

Gar keiner. Früher wurde das Thema innerhalb der Geographie (von Geographen) behandelt, heute (vorteilhafterweise) innerhalb der Botanik; daher die Namensänderung. (Seite 823)

2 a) Umreißen Sie das Aufgabengebiet der **Geobotanik**!

a) Beschäftigung mit den Ursachen und Gesetzmäßigkeiten der Verteilung und des Zusammenlebens der Pflanzen auf der Erde.

b) Welche Themen werden in den Teilgebieten der Geobotanik behandelt?

b) **Arealkunde = Chorologie = Floristische Geobotanik:** Untersuchung der Verbreitungsgebiete der Pflanzensippen und der Floren der Länder und Kontinente. (Engl.: «phytogeography».)
Vegetationskunde = Pflanzensoziologie = Zönologie = Zönologische Geobotanik: Untersuchung der Pflanzengemeinschaften (Pflanzengesellschaften). (Engl.: «ecology».)
Standortlehre = Ökologische Geobotanik: Untersuchung der Beziehungen zwischen den Pflanzen und ihrer Umwelt.
Floren- und Vegetationsgeschichte = Historische Geobotanik: Untersuchung der erdgeschichtlichen Entwicklung der Floren und der Pflanzengesellschaften.
Spezielle Geobotanik: Beschreibung der Floren- und Vegetationsgebiete der Erde. (Seite 823)

3 Was ist der Unterschied zwischen **Flora** und **Vegetation**?

Flora: Gesamtbestand an Pflanzensippen eines bestimmten Gebietes.
Vegetation: Das aus Pflanzengemeinschaften (Phytozönosen) aufgebaute Pflanzenkleid eines bestimmten Gebietes. (Seite 823)

4 Wie läßt sich die **Biosphäre** unserer Erde gliedern?

Oberster Teil der Lithosphäre (Gesteinsmantel), Pedosphäre (Boden), Hydrosphäre (Wasser), unterster Teil der Atmosphäre (Luft). (Seite 824, Abb. 4-1)

5 Worin liegt der Unterschied zwischen dem «**Standort**» einer Pflanze und deren «**Fundort**»?

Standort: Gesamtheit aller äußeren (abiotischen und biotischen) Bedingungen, die für das Gedeihen der Pflanzen im konkreten Fall maßgeblich sind; Gesamtheit aller Ökofaktoren (= Standortfaktoren). (Vgl. Frage 6!)
Fundort: Topographischer (geographischer) Ort des Vorkommens. (Seite 823)

6 Was verstehen Sie unter «**Biotop**»?, «**Habitat**» und «**Biogeozönose**»?

Der (auch: das) **Biotop** ist ein bestimmter Ausschnitt der Biosphäre, eine bestimmte (geographisch konkrete) Stelle in der Landschaft, im Gelände mit einer bestimmten Biozönose, anders ausgedrückt: ein Bestandesindividuum auf einem bestimmten **Standort** (= **Habitat** = **Biotoptyp**; vgl. Antw. 5), d.h. mit einer bestimmten Ökofaktorenkonstellation. Die Biozönose samt den dazugehörigen biotischen und abiotischen Ökofaktoren ist die **Biogeozönose.** Standort ist also kein Ort, sondern die abstrakte Gesamtheit von Ökofaktoren (= Standortsfaktoren), z. B. «steile südexponierte subalpine Kalk-Regschutthalde» oder «Verlandungszone eines submontanen eutrophen stehenden Gewässers». (Seite 823)

7 a) Erläutern Sie die Unterschiede und Zusammenhänge, Sinn und Unsinn der Begriffe «Biotop», «Biotyp» und «Biotoptyp»;
b) gibt es einen «Biotyptop»?

a) Siehe Frage 6 und 3. Teil, Frage 28; ein Garten-Ziertümpel ist ein künstliches Biotop, aber nicht jedes Biotop ist ein Tümpel!;

b) nein (aber wenn Sie alles richtig beantworten, sind Sie in Bio tipptopp).

8 Warum sind viele wichtige waldbildende Baumarten ökologisch schlechte Zeigerarten, wogegen die meisten Arten der Krautschicht viel bessere Zeigereigenschaften haben, viel genauere Bioindikatoren sind (und daher auch für die Charakterisierung von Waldgesellschaften viel wichtiger sind als die Bäume)?

Diese Beobachtung gilt nur für Mitteleuropa. Die Zahl unserer Baumarten ist durch die geohistorischen Ereignisse (pleistozäne Eiszeiten!) stark dezimiert worden (im Vergleich zu den großklimatisch ähnlichen Gebieten Ostasiens und Nordamerikas). Die wenigen Überlebenden teilten sich den «ökologischen Raum» und haben daher relativ weite ökologische Amplituden. Die Krautschicht ist hingegen vergleichsweise wesentlich artenreicher, ihre Arten weisen engere Amplituden auf, ihr Zeigerwert ist größer.

9 Wie erklären Sie sich, daß die Stiel-Eiche (*Quercus robur*) im **Ökogramm** (Abb. 4-3, 4-4, vgl. auch 4-41) an drei recht verschiedenen Stellen auftritt? Ist sie ein schlechter (ungenauer oder unzuverlässiger) Standortszeiger oder ungehorsam gegenüber ökologischen Naturgesetzen?

Für das **synökologische** Verhalten der Arten ist grundsätzlich die Konkurrenzsituation mit anderen Arten in der Pflanzengesellschaft (neben den **autökologischen** Standortfaktoren) sehr maßgeblich; in besonders hohem Maß gilt das für viele heimische waldbildende Baumarten. (Vgl. dazu Frage 8!) *Quercus robur* ist im Vergleich zu *Fagus sylvatica* weniger anspruchsvoll und wird daher in ungünstigere (extreme, im Ökogramm randliche) Standortsbereiche abgedrängt: sauer/feucht; sauer/mäßig frisch; mäßig sauer/trocken) (Abb. 4-3). Beachten Sie, daß zufolge Abb. 4-4 der autökologische Optimalbereich der Stiel-Eiche dort liegt, wo sie (in der Vegetation, in der Konkurrenzsituation, also synökologisch) überhaupt nicht vorkommt! Sie ist demzufolge ein relativ schlechter Standortszeiger; ihr Verhalten entspricht jedoch einer grundlegend wichtigen Gesetzmäßigkeit. (Vgl. dazu Fragen 8 und 10!) (Seiten 824–826, Abb. 4-3, 4-4)

10 Wieso erscheint *Pinus* (die Kiefer = Föhre) in drei Eckpositionen des Ökogramms Abb. 4-3, 4-4 (wenn auch nur in Klammern)?

Es gilt dasselbe wie für *Quercus robur* (Frage 9), allerdings in noch prononcierterer, deutlicherer, extremerer und damit modellhaft eindrücklicherer Weise: Die konkurrenzschwache Gattung *Pinus* (dasselbe gilt, noch ausgeprägter, übrigens für die Art *Pinus sylvestris* = die Wald-Kiefer = Rot-Föhre) wird infolge ihrer Konkurrenzschwäche und Genügsamkeit (Anspruchslosigkeit) synökologisch in extreme Standortsbereiche abgedrängt. (Vgl. dazu Frage 9!) (Seite 826, Abb. 4-3, 4-4)

11 Erklären Sie den gesetzmäßigen Zusammenhang zwischen der **Konkurrenzkraft** einer Art, ihren ökologischen Ansprüchen und ihrer synökologischen Amplitude!

Arten mit hoher Produktivität (Phytomasseproduktion pro Zeiteinheit) sind i.d.R. anspruchsvoll (in bezug auf die Wachstumsbedingungen: Nährstoff- und Feuchtigkeitszufuhr usw.) und konkurrenzstark, sie wachsen nur auf günstigen Standorten, dort verdrängen sie Arten geringerer Produktivität (langsamer wachsende), ihre autökologische Amplitude ist meist relativ eng. Die gegenteiligen Eigenschaften gelten für die gering-produktiven Anspruchslosen mit großer **aut**ökologischer Amplitude, die es erlaubt, daß sie in ungünstige Extrempositionen abgedrängt werden, wo sie als Spezialisten (d.h. **syn**ökologische Amplitude gering) erscheinen, obwohl sie tatsächlich bloß genügsam sind. (Vgl. Frage 10!) (Seite 825, Abb. 4-3, 4-4)

Erster Abschnitt
Arealkunde

A. Erfassung und Darstellung der Areale

12 a) Was ist das **Areal** einer Sippe?

a) Das Verbreitungsareal, d.h. das geographische Wohngebiet einer Sippe.

b) Durch welche Faktoren werden Areale geformt und begrenzt?

b) Durch die ökogeographische und ökophysiologische Konstitution (einschließlich Anpassungsfähigkeit) und die Konkurrenzkraft einer Sippe, durch den Konkurrenzdruck der übrigen Sippen der Pflanzengemeinschaft sowie durch das Vorkommen geeigneter Standorte und durch die historische (florengeschichtliche) Situation und schließlich durch die Eingriffe des Menschen (synanthrope Areale). (Seiten 824–828)

B. Arealtypen und Geoelemente

13 Aufgrund welcher Kriterien kann man Areale zu **Arealtypen** zusammenfassen?

Folgende Eigenschaften der Areale sind als Kriterien für eine Klassifikation zu beachten: (a) geographische Position (absolute Lage auf der Erdoberfläche und relativ zum floristischen System (der Florengebiete)), (b) Ausdehnung (Größe), (c) Kontinuität (geschlossen oder disjunkt), (d) interne Sippenmannigfaltigkeit (z.B. Zahl der Arten bei einem Gattungsareal, der Unterarten bei einem Artareal), (e) Lagebeziehung zu den Arealen der nächst verwandten Sippen (gleicher Rangstufe), (f) taxonomischer Isolationsgrad (d.h. taxonomischer Rang der Nächstverwandten); auch (g) die Besiedlungsdichte (Häufigkeit innerhalb des Areals) sollte eigentlich berücksichtigt werden. (Seite 832)

14 a) Was versteht man unter «**Endemiten**»?

a) Sippen oder Taxa (einer bestimmten Rangstufe!) mit einem relativ kleinen Areal (unrichtige Definition: «auf ein bestimmtes Gebiet beschränkte Sippen», denn dies würde für alle außer den kosmopolitischen zutreffen; wesentlich ist vielmehr die Größe des Areals). Da meist als Relativ-Begriff verstanden, muß jeweils das betreffende Gebiet angegeben werden: z.B. «Endemit Australiens», «Endemit der Balkanhalbinsel», «Endemit Sardiniens», «Endemit der Ostalpen», «Endemit des Ätna». – Selten wird «Endemit» als absoluter Begriff verwendet, dann bedarf es gewisser Festlegungen, z.B. des Bezugs zum System der Florengebiete: «Art-Endemiten haben ein Areal, das nicht größer ist als eine Florenprovinz, Gattungs-Endemiten eines, das höchstens so groß wie eine Florenregion ist». Für den Begriff «mit vergleichsweise kleinem Areal» empfiehlt sich das Wort «**stenochor**».

b) Was sind Paläo-, was Neoendemiten?

b) **Paläoendemiten** sind verwandtschaftlich sehr isoliert, offenkundig alt und reliktär; **Neoendemiten** sind durch einen engen Verwandtschaftsanschluß und durch ein geringes Alter gekennzeichnet. (Seite 828)

c) Welche Gegenden sind im allgemeinen endemitenreich?

c) Geographisch und/oder ökologisch isolierte Gebiete wie Inseln und Gebirge mit paläogeographisch und/oder paläoklimatisch (ökologisch) relativ wenig gestörter Geschichte. (Seiten 828–832)

15 Was ist der Unterschied zwischen «**Verbreitung**» und «**Ausbreitung**»?

Verbr. = geographische Ausdehnung, Gebiete, in denen eine Sippe vorkommt (Fundstellen hat), Areal; englisch: «distribution»; ein chrologischer (arealkundlicher) Begriff.
Ausbr. = Vorgänge des Transportes von Pflanzen, Pflanzenteilen oder Diasporen im ökologischen und geographischen Raum; engl.: «dispersal»; ein ökologischer Begriff (Ausbreitungsökologie). – Die beiden Begriffe wurden (früher) oft beide mit demselben Wort «Verbreitung» bezeichnet, was zu Mißverständnissen Anlaß gab und daher besser vermieden werden sollte. (Seite 832)

16 Was sind Kosmopoliten, was Ubiquisten? Kennen Sie Beispiele?

Kosmopoliten (chorologischer Begriff) sind weltweit oder fast weltweit verbreitete Sippen, d.h. ihr Areal umfaßt fast die gesamte Erdoberfläche. Unter den Spermatophyten gibt es nur sehr wenige Arten (die meisten davon sind synanthrop, also anthropogene Kosmopoliten, z.B. Segetal- und Ruderalarten), dagegen einige Gattungen und mehrere Familien. – Ein **Ubiquist** (vegetationsökologischer Begriff) ist eine auf allen Standorten (Biotoptypen) wachsende Sippe. Unterhalb der Rangstufe der Gattung gibt es keine strengen Ubiquisten (wegen des Prinzips der Ökoradiation und ökologischen Spezialisierung). (Seite 828)

C. Ausbreitung und Stammesgeschichte

17 a) Was versteht man unter **Disjunktion** bzw. unter disjunkten Arealen?

a) Das Areal der Sippe ist nicht geschlossen (= ununterbrochen), sondern in **Teilareale** aufgeteilt, d.h. die Lücken zwischen den Verbreitungsgebieten sind so groß, daß sie mit den üblichen Ausbreitungsmitteln der Sippe nicht mehr überbrückt werden können, weswegen man von **Areallücken** spricht. Weit abliegende Teilareale kann man Exklaven nennen.

b) Wie erklärt man sich das Zustandekommen von Disjunktionen?

b) Durch (1) Reduktion geschlossener Areale etwa infolge von Umwelt-, z.B. Klimaveränderungen; durch (2) außergewöhnliche Fälle von Fernausbreitung; durch (3) polytope (= unabhängig an mehreren Stellen) Entstehung der Sippe (in diesem Fall entspricht die Sippe allerdings nicht den strengen Kriterien eines phylogenetischen Systems!)

c) Was sind vikariierende Sippen?

c) Miteinander nah verwandte Sippen, die einander geographisch (verschiedene Areale) oder ökologisch (verschiedene Biotoptypen) vertreten. Vgl. Frage 24! (Seite 829)

18 a) Was sind Mannigfaltigkeitszentren («Genzentren») und

a) Gebiete mit großem Formenreichtum (Sippenreichtum): z.B. größte Variabilität innerhalb einer Art oder größte Artenzahl bei einer Gattung;

b) wie lassen sie sich deuten?

b) als Entfaltungs- oder Erhaltungszentren. (Seite 830, Abb. 4-8)

19 a) Was versteht man unter einem **Geoelement**?

a) Geographisches Florenelement («Florenelemente» sind Bestandteile der Flora aufgrund irgendeines Klassifikationsprinzips); zusammenfassende Bezeichnung für Sippen mit in bestimmter Hinsicht gleichen oder ± ähnlichen Arealen. Die Unterscheidung von Geoelementen gründet sich auf die Einteilung der Erde nach Florengebieten (Frage 28). Ein Areal, das seinen Schwerpunkt in einem bestimmten Florengebiet hat, repräsentiert das entsprechende, gleichnamige Geoelement. Weitere chorologische Klassifikationsprinzipien sind die Herkunft (der Ursprung einer Sippe: dementsprechend «Genoelement») und der Zeitraum der Entstehung der Sippe (dementsprechend «Chronoelement») und von deren Wanderung (dementsprechend «Migroelement»). (Seite 830–834)

b) Nennen und erläutern Sie die wichtigsten am Aufbau der Flora Mitteleuropas beteiligten Geoelemente!

b) Neben dem mitteleuropäischen lassen sich ein boreales, ein atlantisches, ein sarmatisches, ein pannonisch-pontisches und ein submediterranes Geoelement unterscheiden. Vgl. auch Frage 155! (Seiten 830–832, Abb. 4-11, 4-17)

20 Warum ist der Klimafaktor Ozeanität/Kontinentalität in der Geobotanik so wichtig?

Weil er eine Kombination der für Pflanzenwachstum wichtigsten Ökofaktoren ausdrückt: Wärme, Feuchtigkeit und deren Jahresgang. (Seite 832, Abb. 4-10)

21 Wovon hängt die Wandergeschwindigkeit einer Pflanzensippe ab?

Von der Populationsstruktur, von der Fortpflanzungsbiologie (z.B. Generationsdauer, Zahl der produzierten Diasporen, deren Ausbreitungsökologie [Dispersionsmodus]), von der ökophysiologischen Konstitution, von Gegebenheiten des Lebensraums, von der Möglichkeit der Einnischung der Keimlinge und Jungpflanzen. (Seite 832)

22 Führen Sie je ein Beispiel an für

a) postglaziale Arealerweiterung und

a) *Fagus sylvatica*;

b) Wanderbewegungen und Einbürgerungen im letzten Jahrhundert!

b) *Senecio vernalis*, *Impatiens glandulifera* (Seite 833, Abb. 4-12)

23 Nennen Sie Gründe für **Arealschrumpfung**!

Klimaänderungen, Verlust an Biotypenmannigfaltigkeit (Verarmung an Genotypen, «genetische Erosion», dadurch verminderte Anpassungsfähigkeit, «Verlust evolutiver Plastizität», phylogenetische «Erstarrung» [noch nicht ausreichend erforscht]), biotische Faktoren (Konkurrenzdruck von seiten anderer Sippen, auch Schädlingskalamitäten), menschliche Einflüsse (Standortsvernichtung). (Seite 833, Abb. 4-14)

24 Nennen Sie Beispiele für

a) ökologischen und

a) *Gentiana clusii* und *Rhododendron hirsutum* auf basischen Böden (über Kalk) im Vergleich zu *G. acaulis s. str.* (= *G. kochiana*) und *Rhododendron ferrugineum* auf sauren Böden (über Rohhumus oder kalkfreiem Gestein);

b) geographischen **Vikariismus**!
(Vgl. Frage 17c!)

b) *Primula clusiana* in den nordöstlichen Kalkalpen gegenüber *P. wulfeniana* in den südöstlichen Kalkalpen und anderen Arten in wieder anderen Alpenteilen; die Unterarten der Schwarz-Kiefer (*Pinus nigra*). (Abb. 3-36 bis 3-38)

D. Arealgestalt und heutige Standortfaktoren

25 Zeigen Sie an einem Beispiel, wie Arealgrenzen von einem komplexen Faktorengefüge aus Klima, ökologischer Konstitution und dem Konkurrenzphänomen abhängen!

Ilex aquifolium: Sommertrockenheit, Strenge der Winter. Entscheidend sind die tiefsten Winterminima, die vor allem bei Keimlingen drastische Frostschäden hervorrufen und dadurch Konkurrenzunterlegenheit bedingen. (Seite 837, Abb. 4-16)

26 Wodurch ist es Arten möglich, ihr Areal über makroklimatisch verschiedenartige Bereiche auszudehnen?

Durch ökologische Kompensation («Gesetz der relativen Standortskonstanz»), z.B. durch Wechsel von oberen zu unteren Höhenstufen, von kühleren zu wärmeren Standorten; durch Ausbildung verschiedener Ökotypen. (Vgl. Frage 47!) (Seite 837)

27 a) Geben Sie Beispiele für sog. «bodenstete» Arten an!

a) Salzpflanzen, z.B. *Salicornia europaea* agg. (Chenopodiaceae); Sandpflanzen, z.B. *Corynephorus canescens* (Poaceae); kalkstete, z.B. *Rhododendron hirsutum* (Ericaceae); kalkfliehende (= kalkmeidende), z.B. *Rh. ferrugineum*, *Cytisus [Sarothamnus] scoparius*; Serpentinpflanzen, z.B. *Asplenium cuneifolium*. (Seite 837)

b) Warum ist der Ausdruck «bodenvag» problematisch?

b) Weil er meistens nur auf den pH-Wert bezogen wird, als ob dies der einzige ökologische Faktor des Bodens wäre. Es empfiehlt sich daher, statt «bodenvag» etwa «pH-indifferent» zu sagen. (Seiten 871–875)

E. Diversität und floristische Gliederung der Biosphäre

28 a) Welche Kriterien werden zur Definition von Florengebieten herangezogen?;

b) welche Ursachen sind für die Ausbildung von Grenzzonen zwischen Florengebieten verantwortlich?

a) Homogenität der Flora (= des Sippenbestandes), Florengefälle, Florenkontrast;

b) hauptsächlich historische (paläogeographische) und klimatische Faktoren. (Seiten 838)

Zweiter Abschnitt

Vegetationskunde

A. Populationen und ihre Dynamik

29 a) Erläutern Sie die Rolle der Populationsökologie (= «Populationsbiologie», einschließlich Populationsgenetik) in der Vegetationskunde!

a) Seiten 840–842.

b) Wie verläuft in der Natur das Wachstum der Populationen?

b) Das oft exponentielle Anfangswachstum jeder Population wird früher oder später durch die Umwelt begrenzt.

c) Von welchen Faktoren hängt die Wachstums- bzw. Kapazitätsgrenze einer Population ab?

c) Siehe Seite 840, Abb. 4-19.

B. Struktur der Pflanzengemeinschaften

30 Was ist eine

a) Pflanzen**gemeinschaft**,

a) Eine gesetzmäßig von ihrer Umwelt und von der gegenseitigen Konkurrenz abhängige Kombination von miteinander am selben Standort lebenden Pflanzensippen.

b) eine Pflanzen**gesellschaft**?

b) Eine Pflanzengemeinschaft, die mit der Methodik der Pflanzensoziologie (nach J. Braun-Blanquet) erfaßt worden ist. (Seiten 840–848)

31 Welche Gesichtspunkte, welche Charakteristika spielen bei der Beschreibung, Erfassung, Analyse einer Pflanzengemeinschaft eine Rolle?

Der Artenbestand, das Mengenverhältnis der einzelnen Arten und deren Vitalität, die Schichtung (vertikale Ordnung), die Lebens- und Wuchsformen, die horizontale Ordnung (Deckungsgrad, Mosaik), das phänologische Verhalten (jahreszeitliche Periodizität, z.B. Blattaustrieb, Blütezeiten), die Blüten- und Fruchtökologie, das Arealtypenspektrum. Außerdem müssen natürlich die Standortfaktoren (Boden-, Makro- und Mikroklima, biotische Umwelt) erfaßt werden. (Seiten 842–848)

32 a) Welche Möglichkeiten gibt es, Vegetationseinheiten (-typen) zu unterscheiden (zu definieren)?

a) Auf der Grundlage des Artenbestandes (= floristisch): Pflanzen**gesellschaften**; nach der Physiognomie: Pflanzen**formationen**; nach der Vegetationsentwicklung: **Sukzessionsstadien**. (Seiten 840, 852)

b) Welche sind die wichtigsten Charakteristika der von J. Braun-Blanquet begründeten «**Pflanzensoziologie**»?

b) Floristisch (durch «**Charakterarten**») definierte Gesellschaften; eine bestimmte floristische **Aufnahmemethode**; ein hierarchisches System der Gesellschaften («**Syntaxonomie**»). (Seite 852)

33 Was versteht man unter

a) Abundanz;

a) Zahl der Individuen der einzelnen Arten in der Probefläche;

b) Dominanz;

b) Maß für die Dominanz sind Deckungsgrad (Flächendeckung der einzelnen Arten), Gewicht oder auch Volumen;

c) Artmächtigkeit;

c) Mengenangabe nach Braun-Blanquet, vereinigt die Parameter Individuendichte (Abundanz) und Deckungsgrad; wird im wesentlichen mittels einer 5stufigen Skala ausgedrückt;

d) Geselligkeit = Soziabilität;

d) Angabe über die Wuchsweise, z.B. truppförmig;

47 a) Wieso verhalten sich manche (gar nicht wenige) Arten in verschiedenen geographischen Gegenden soziologisch, standortsökologisch verschieden (zeigen unterschiedlichen Gesellschaftsanschluß, besiedeln verschiedene Pflanzengesellschaften)?

b) Führen Sie Beispiele an!

a) Als Folge des verschiedenen Makroklimas: Makroklimatische Unterschiede können von vielen Arten durch die Besiedlung verschiedener Standorte (Meso- und Mikroklima) in einem gewissen Ausmaß kompensiert (ausgeglichen) werden: «**Gesetz der relativen Standortskonstanz**».

b) Feuchtigkeit liebende Arten, die in kühlen und klimafeuchten Gegenden weit verbreitet sind, beschränken sich in weniger feuchten Lagen auf kühl-schattige Schluchten oder edaphisch (= boden-) feuchte Standorte; Arten, die in der (relativ feucht-kühlen) Montan-Stufe großflächig an durchschnittlichen Waldstandorten vorkommen, treten in der relativ trocken-warmen Kollin-Stufe nur an überdurchschnittlich feuchten Standorten wie etwa in Auen auf; Arten, die in trockenen Klimalagen als schattenliebend nur im Wald auftreten, verhalten sich in feuchterem Großklima lichtliebend; Kalkzeiger in kühl-feuchten Gebieten sind in xerothermen Gebieten pH-indifferent («bodenvag»); wärmeliebende ziehen sich in kühleren Landstrichen auf südexponierte Sonderstandorte zurück etc. (Vgl. Frage 26!) (Seiten 854, 878)

48 Der Laie teilt die Wälder nach der vorherrschenden Art der Baumschicht ein. Was macht demgegenüber der vegetationskundliche Fachmann?

Er zieht **alle** Arten, also hauptsächlich (weil zahlreicher) jene der Krautschicht heran; die Baumschicht ist außerdem oft sehr unzuverlässig, weil sie vom Förster stammen kann, der Geobotaniker aber primär Naturforscher ist und sich deshalb für die natürliche Situation interessiert. (Seiten 842–848)

49 Was versteht man unter einer **Assoziation**?

Grundeinheit im hierarchischen System der floristisch definierten Pflanzengesellschaften: die kleinste Einheit, welche noch mindestens eine Art besitzt, die in ihr ihren eindeutigen Schwerpunkt hat. (Seite 853)

50 Welche Verbände mitteleuropäischer Laubwälder werden unterschieden?

Quercion robori-petraeae (bodensaure Eichen-Birken-Wälder), Quercion pubescenti-petraeae (wärme-gebundene Eichenmischwälder), Alno-Padion (Auenwälder), Carpinion (Eichen-Hainbuchen-Wälder), Tilio-Acerion (Linden-Ahorn-Schluchtwälder), Fagion (Buchenwälder). (Seite 853, Abb. 4-41)

51 Welche Probleme treten bei hierarchischen Gruppierungsversuchen in der Pflanzensoziologie auf?

Dem System der Pflanzengesellschaften («Syntaxonomie») liegt – im Gegensatz zur Sippensystematik – in der Natur kein unabhängig vom Menschen vorgegebenes, ausgezeichnetes System zugrunde (wie in der Sippensystematik aufgrund der Keimbahnzusammenhänge, d.h. der Verwandtschaft, der Phylogenie!), sondern es liegen vieldimensionale Zusammenhänge vor, aus denen der forschende Mensch (der Geobotaniker) einige besonders aussagekräftige abstrahiert; die Syntaxonomie hat daher prinzipiell stärker künstlichen Charakter als die Sippentaxonomie. Die Sukzession etwa einer Waldblöße verläuft durch mehrere Vegetationsklassen! (Seite 852)

52 Nennen Sie Beispiele für konvergent entstandene Formationen!

Mediterranoide Hartlaubgehölze unter wintermilden und gleichzeitig sommerdürren Klimabedingungen in Südeuropa, Kalifornien, Mittel-Chile, Südwest-Australien und im Kapland. (Seite 856)

53 Was versteht man unter der **potentiellen natürlichen Vegetation**?

Die Vegetation, die sich einstellen würde, wenn der menschliche Einfluß wegfiele und die Vegetation Zeit fände, sich bis zu ihrem Endzustand zu entwickeln. (Seite 859, Abb. 4-44)

54 Welche Standortfaktoren würden Sie als die beiden wichtigsten auswählen für eine zweidimensionale Darstellung (ein sog. «**Ökogramm**») der ökologischen Verteilung von Sippen (ihrer synökologischen Bereiche) oder von Gesellschaften?

Boden-pH (± parallel damit die Nährstoffversorgung) (z. B. als Abszisse) und Bodenfeuchtigkeit (z. B. als Ordinate). (Seite 826, Abb. 4-3, 4-4, 4-41)

55 Welche angewandte Bedeutung kommt der Vegetationskunde zu?

Grundlage für nachhaltige Land- und Forstwirtschaft, Landschaftsökologie und Naturschutz.

Dritter Abschnitt

Standort und Ökosystem

56 a) Welches sind die wichtigsten **Standortfaktoren**?

a) Boden und Klima: **Licht** und **Temperatur**, deren Tages- und Jahresgang, **Wasser** (Boden- und Luftfeuchtigkeit), Verdunstungsbedingungen, chemische Faktoren (**Nährstoffe** und **pH-Wert** des Bodens, CO_2- und **O_2-Gehalt** des Bodens, des Wassers), mechanisch wirkende Faktoren (z.B. **Wind**, **Schnee**), **Feuer**.

b) Was spielt bei der Entstehung der Pflanzengemeinschaften außerdem eine wesentliche Rolle?

b) Die ökophysiologische **Konstitution** der Sippen und der **Wettbewerb** zwischen ihnen, die Tierwelt, Eingriffe des Menschen; die **Geschichte** (sowohl kurzfristige: Sukzession! wie langfristige: Vegetationsgeschichte!) und nicht zuletzt die **Flora** (d.h. die vorhandenen Sippen). Vgl. Frage 205! (Seite 860, Abb. 4-45)

57 Nennen und erläutern Sie landschaftsökologisch-vegetationskundliche Begriffe, deren geobotanische **Fachbedeutung** von jener des Alltags, des Laien stark **abweicht**!

«Saure Wiesen» des Alltags sind feuchte bis nasse Wiesen. – «Unkraut» schließt die Ruderalflora ein. – Die «Rasen» des Laien sind meist Kunstrasen (Parkrasen), in der Vegetationskunde dagegen ein sehr viel weiter gefaßter Begriff für von krautigen Pflanzen dominierte Vegetation. – «Frisch» bezieht sich in der Alltagssprache meist auf die Lufttemperatur, in der Geobotanik ist ein bestimmter Feuchtigkeitsgrad (zwischen mäßig trocken und feucht) gemeint. – Die laienhafte «Verkarstung» meint meistens Bodenerosion (Verkarstung im wissenschaftlichen Sinn bezeichnet das geomorphologische Phänomen der exklusive unterirdischen Entwässerung – darüber wächst oft üppiger Karstwald). Suchen Sie weitere derartige Fälle und beherzigen Sie diese Unterschiede bei der Kommunikation mit Nicht-Geobotanikern! (Seiten 860–876)

58 a) Was sind ökologische **Zeigerarten**? Geben Sie je ein Beispiel!

a) Arten, die eine hohe Bindung an einen bestimmten Standortfaktor zeigen und daher als Indikator für diesen verwendet werden können. Z.B.: Kalkzeiger (*Lilium martagon*), Säurezeiger (*Calluna vulgaris*), Frischezeiger (*Ajuga reptans*), Nährstoffzeiger (*Urtica dioica*), Sandzeiger (*Corynephorus canescens*), Trockenzeiger (*Sedum acre*), Moderzeiger (*Monotropa hypopitys*), Zeiger für wechselnasse, dichte Tonböden (*Myosurus minimus*), Magerkeitszeiger (*Pimpinella saxifraga*), Lehmzeiger (*Veronica hederifolia*), Wärmezeiger (*Ceterach officinarum*) etc. (Seiten 837, 854, 861–876)

b) Was ist dabei zu beachten? Wovon ist der Zeigerwert abhängig?

b) Großklima!

A. Klimatische und edaphische Faktoren

1. Allgemeines zu Klima und Boden

59 Wie kommen die verschiedenen großklimatisch bedingten Vegetationseinheiten der Erde zustande?

Durch das Ausmaß und die jahreszeitliche Verteilung von Wärmezufuhr (Durchschnitts- und Extremtemperaturen) und Niederschlägen. (Seite 861, Abb. 4-49)

60 a) Welche Werte müssen in **Klimadiagrammen** enthalten sein?

a) Hauptsächlich die Jahresgänge (monatlich) von Niederschlag und Temperatur; Jahressumme (N.) und Jahresmittel (T.), Extremwerte. (Abb. 4-47)

b) Welche sind für die Pflanzenwelt besonders wichtig?

b) Die Temperaturextreme und die Niederschläge. (Seite 861)

61 Warum ist für die Charakterisierung der Wasserversorgung eines Klimagebietes die durchschnittliche Jahresniederschlagsmenge ungenügend?

Weil das pflanzenverfügbare Wasser vom Ausmaß der Evaporation und damit vom Wärmeklima abhängig ist. (Seite 861)

62 Wie kommt die räumliche und zeitliche Verteilung der Niederschläge auf der Erde zustande?

Durch den jahreszeitlichen Sonnenstand und die globale Luftzirkulation in der Troposphäre (unteren Atmosphäre). (Seite 863, Abb. 4-49)

63 Welche Faktoren wirken bei der Bodenentstehung zusammen?

Anorganische und organische: Gesteinsuntergrund (Mineralogie, Chemismus), klimabedingte Verwitterung, klima- und orographisch bedingtes Edaphon (Bodenorganismen), Zeit (Bodenentwicklung), Vegetation (Laubstreu!, Licht!). (Seite 860, Abb. 4-46)

2. Strahlung

64 Welche Faktoren bestimmen die Schichtung und die Zonierung der Algen im Plankton und Benthos der Gewässer?

Die Veränderung der Intensität und Zusammensetzung des Lichtes mit zunehmender Wassertiefe und die Temperatur. (Seite 865, Abb. 4-52)

65 An welchen Standorten haben **C4-Pflanzen** Konkurrenzvorteile? Worauf beruhen Sie?

An lichten, zugleich trockenen und heißen Standorten. – Vgl. Abschnitt Physiologie (siehe Register)! (Seite 866)

66 An welche Standorte sind **CAM-Pflanzen** angepaßt?

An trockene. (Seite 870)

3. Temperatur und Wärme

67 Welche Mechanismen sind bei Pflanzen ausgebildet, um Temperaturschäden zu vermeiden? Wovon sind die Letalgrenzen für Pflanzen bzw. für Organe und Gewebe abhängig?

(Seite 867)

4. Wasser

68 a) Was sind **poikilohydrische** Pflanzen und welche Rolle spielen sie in der terrestrischen Vegetation? Nennen Sie poikilohydrische Sippen!

a) Sie können austrocknen, ohne völlig abzusterben: «Trockenstarre»; bei Befeuchtung nehmen sie ihre Lebenstätigkeit wieder auf. Flechten, Moose, aber nur sehr wenige Gefäßpflanzen: z.B. gewisse Farnpflanzen wie *Ceterach officinarum*, *Selaginella lepidophylla*; noch weniger Samenpflanzen: *Myrothamnus flabellifolia*, manche Gesneriaceen und Grasartige. (Seite 868)

b) Wie heißt das Gegenteil von poikilohydrisch?

b) Homoiohydrisch.

69 Wie setzt sich die langfristige Wasserbilanz der Pflanzenbestände zusammen?

Aus der Niederschlagssumme, dem Wasservorrat, der Evapotranspiration von Boden und Vegetation sowie der Abfluß-Zufluß-Bilanz. (Seite 870, Abb. 4-56)

70 In welchen Pflanzenbeständen können die Evaporation und die Transpiration zusammen über 100% der Niederschlagssumme erreichen?

In Pflanzenbeständen mit Zufluß, z.B. hohe Grundwasserversorgung (Röhricht, Auwälder). (Seite 870)

71 a) Erklären Sie an einem Beispiel, wie sich der Wasserfaktor auf das Konkurrenzverhalten von zwei nah verwandten Arten auswirkt!

a) *Quercus pubescens* (laubwerfend), *Q. ilex* (immergrün): Bei guter Wasserversorgung hat die laubwerfede *Q. pubescens* eine höhere Stoffproduktion als *Q. ilex*. Bei ausgeprägter Sommertrockenheit hat die immergrüne (auf das gesamte Jahr gesehen) eine höhere Stoffproduktion. (Seite 871, Abb. 4-58)

b) Geben Sie dazu ein vegetationskundliches Beispiel!

b) Im mediterranen Auwald wächst die sommergrüne *Platanus orientalis*; in der zonalen, sommertrockenen Vegetation daneben herrschen immergrüne Hartlaubgewächse.

5. Chemische Faktoren

72 Von welchen Stoffen ist Menge, Zusammensetzung und jahreszeitliche Rhythmik der benthischen und planktischen Pflanzenwelt vor allem abhängig?

Vor allem vom Gehalt an Stickstoff und Phosphor; (vgl. Ernährungsphysiologie-Kapitel!).

73 Was heißt **eutroph, mesotroph, oligotroph** und **dystroph**? (Diese Begriffe gelten keineswegs nur für Gewässer!!)

Eutroph = nährstoffreich (= fett); mesotroph = mäßig nährstoffreich; oligotroph = nährstoffarm (= mager); dystroph = extrem nährstoffarm. (Vgl. Frage 27!) (Seiten 871–875)

74 Skizzieren Sie den Kreislauf des Kohlenstoffs und des Sauerstoffs auf der Erde!

(Seite 871, Abb. 4-59)

75 Wie verläuft die jahreszeitliche Entwicklung des Phytoplanktons in wechselwarmen Gewässern?

Nach der Frühjahrszirkulation (gute Nährstoffzufuhr und günstige Temperatur-Verhältnisse) hohe Werte, Absinken im Sommer (Nährstoff-, O_2-Verbrauch), Anstieg im Herbst (Wasserbewegung), Tiefstand im Winter. (Seite 872)

76 Wann entstehen in Gewässern Faulschlammablagerungen?

Bei starkem Organismenbestand und unzureichender Durchmischung entstehen durch die Tätigkeit von heterotrophen Zersetzern sauerstoffarme bis -freie Faulschlammablagerungen. (Seite 872)

77 Unter welchen Klimaten entstehen

Unter

a) Latosole (lateritische Rotlehme);

a) Tropenklimaten;

b) Braunerden;

b) feucht-gemäßigten Klimaten;

c) Bleicherden (Podsole);

c) niederschlagsreichen, kühlen bis kalten Klimaten; Bildung eines A-B-C-Profils: A_1: Humushorizont, A_2: Quarzsand (Bleichsand, Auswaschungshorizont), B: Ortstein (Ausfällungshorizont), C: anstehendes Muttergestein;

d) Schwarzerden (Tschernoseme);

d) trockenen und warm-kontinentalen Steppen- und Prärieklimaten: A-C-Böden mit tiefschwarzem und mildem (= basischem) Humushorizont;

e) Grauerden (Seroseme);

e) extrem ariden Klimaten (Wüsten); wenig Humusanteil;

f) und Salzböden?

f) ariden Klimaten; in abflußlosen Senken und Becken kommt es durch den von unten nach oben aufsteigenden Grundwasserstrom zum Ausblühen von Salzen an der Oberfläche. (Seite 873, Abb. 4-51)

78 a) Worauf ist die **Versauerung** von Böden zurückzuführen?

a) Abgabe von Säuren (bzw. Protonen) durch Pflanzenwurzeln (Ionenaustauschvorgänge bei der normalen Nährstoffaufnahme) und Mikroorganismen; Bildung von Humussäuren im Boden; Auswaschung von Basen aus dem Boden (in niederschlagsreichem Klima). Wichtig ist über basenarmem Gestein die fehlende Pufferung durch Basen.

b) Von welchen Ökofaktoren wird sie bestimmt?

b) Basengehalt (Kalkgehalt) des Gesteinsuntergrunds; Länge der günstigen (warmen) Vegetationsperiode (wegen der Aktivität des Edaphons [= der Bodenorganismen, d.i. der «Destruenten»]: mit zunehmender Höhenlage nimmt die Tendenz zur Versauerung zu); Niederschlagsmenge; Qualität des Bestandsabfalls (Anteil an Nadelhölzern; sie erhöhen die Versauerungstendenz wegen der schlechteren Abbaubarkeit der

Nadelstreu; z.B. forstliche Einbringung von Nadelhölzern auf Laubwaldstandort); anthropogene Einflüsse wie Entfernung der Streuschicht für landwirtschaftliche Zwecke. (Seite 873, Abb. 4-60)

79 a) Warum treten Leguminosen (= Fabales) in Trockenrasen, Steppen und Savannen gehäuft auf?

a) Die biologische Nitrifikation wird durch die Trockenperioden gehemmt. Die Leguminosen sind dank ihrer Symbiose mit stickstoffbindenden Knöllchenbakterien (Rhizobien) davon unabhängig.

b) Warum findet sich über Serpentin- und Galmei-Gesteinen meist eine sehr spezifische Vegetation und Flora?

b) In den Böden über solchen Gesteinen reichern sich toxische Schwermetalle an. (Seite 874)

80 Wie beeinflußt der **Kalkgehalt** die physikalischen und chemischen Eigenschaften der Böden?

Krümelstruktur, Wasserdurchlässigkeit, Trockenheit, Wärme, pH-Wert, Bindung von Humussäuren. (Seite 874)

81 Warum sind Flora und Vegetation über kalkreichem von jener über kalkarmem, silikatischem Gestein deutlich verschieden?

(Seite 874)

82 Wie wirkt sich die Anreicherung von **Salzen** im Bereich der Meeresküsten und semiarider bis arider Beckenlandschaften des Binnenlandes auf die Vegetation und ihre Zonierung in diesen Gebieten aus?

(Seite 874, Abb. 4-64)

6. Feuer und mechanische Einflüsse

83 a) In welchen Klimaten wird eine Feueranpassung der Gewächse gefördert?

a) In Trockengebieten: in Offenwäldern und Grasländern treten regelmäßig Brände auf.

b) Welche Eigenschaften zeichnen Pyrophyten (feuerresistente und feuerbegünstigte Pflanzen) aus?

b) Starke Borkenbildung, Knospenschutz, teilweise unterirdische, zur Regeneration befähigte Stammkörper (Xylopodien), Laubabwurf, Horstbildung bei Gräsern, Öffnung der Früchte erst nach Feuereinwirkung. Geophyten und Therophyten haben Vorteile. (Seite 875)

84 Nennen Sie mechanische Standortfaktoren!

Wind, Wasserströmung, Schneedruck, Eis, Bodenbewegungen (Bodenfließen = Solifluktion). (Seite 876)

85 Wie entgehen die Bewohner von Schutthalden und beweglichen Dünen dem Zugeschüttetwerden?

Durch entsprechende Wuchsformen wie Schuttstauer, Schuttkriecher u.a. (Seite 876, Abb. 4-27)

B. Biotische Wechselwirkungen

86 Geben Sie die wichtigsten Interferenzen (biotischen Wechselwirkungen) an!

Konkurrenz, Parasitismus, Fraß (phytophage Tiere, Beweidung), Symbiose, Kommensalismus. (Seite 876)

87 Welche biotischen Wechselwirkungen treten zwischen autotrophen Pflanzen auf? Zeigen Sie an Beispielen die Komplexität der Verhältnisse auf!

Kampf um Licht und Nährstoffe und Wasser, Veränderungen des Bestandesklimas, chemische Wirkstoffe. (Seite 876)

88 Welches Altersstadium ist im Konkurrenzkampf am stärksten gefährdet? Worauf ist dies zurückzuführen?

Keimlinge und Jungpflanzen. Konkurrenzdruck von seiten der etablierten Vegetation und Fraßdruck von seiten der Tierwelt (klein und leicht erreichbar; zarte, unverholzte Gewebe) sind größer. (Seite 876)

89 Zeigen Sie die Vielfältigkeit der Beziehungen zwischen autotrophen und heterotrophen Pflanzen auf!

(Seite 876, dort weitere Seitenverweise)

90 Wie wehren sich die Pflanzen gegen Tierfraß?

Vor allem durch chemische «Kriegsführung»: Anreicherung von Scharf-, Bitter- und Giftstoffen; aber auch mechanisch durch Bildung von Dornen, Stacheln, Brennhaaren. (Seite 877)

91 Wo haben sich symbiontische Beziehungen zwischen Pflanzen und Tieren herausgebildet?

Bei Samenpflanzen vor allem im Bereich der Blüten- und Diasporenökologie; zwischen Samenpflanzen und Ameisen; zwischen Algen und Invertebraten. (Seite 877)

92 Durch welche Mechanismen wird der oft sehr starke Verlust von Samen infolge Tierfraßes kompensiert?

Verstärkte Samenproduktion nur in «Mastjahren», die in unregelmäßigen Abständen aufeinander folgen (nicht im Einklang mit dem Entwicklungszyklus parasitierender Insekten); Bildung von zahlreichen ungiftigen oder wenigen giftigen Samen. (Seite 878)

93 Nennen Sie Beispiele von Arten, die in ihrem ursprünglichen Ökosystem eine untergeordnete Rolle spielen, sich aber in einem «fremden» aggressiv ausbreiten!

Ulex europaeus (europäisch-atlantisch) in Neuseeland, *Hypericum perforatum* (europäisch) in Nordamerika, *Opuntia inermis* (neotropisch) in Australien, *Elodea canadensis* (nordamerikanisch) in Europa, *Eichhornia crassipes* (neotropisch) in Afrika. (Seite 878)

C. Leistung und Dynamik der Ökosysteme

94 a) Was ist das «Betriebskapital» für jedes Ökosystem?

a) Die Menge an organischer Substanz, die durch grüne Pflanzen unter Bindung von Strahlungsenergie aus anorganischen Stoffen gebildet wird (Primärproduktion, Bruttoproduktion).

b) Worin unterscheiden sich Brutto- und Nettoproduktion?

b) Nettoproduktion = Bruttoproduktion abzüglich Atmung.

c) Wovon hängt die Veränderung der Phytomasse außerdem ab?

c) Verlust durch tierische Konsumenten und Bestandesabfall. (Seite 879)

95 a) Erklären Sie, was unter Sekundärproduktion verstanden wird!

a) Der Stoffaufbau durch Konsumenten und Zersetzer.

b) Was sind die Primärproduzenten?

b) Die grünen Pflanzen. (Seite 882, Abb. 4-72, Tab. 4-3)

96 Welche Anteile nehmen die verschiedenen Konsumenten und Zersetzer an der Sekundärproduktion ein?

Konsumenten: Herbivoren nehmen den größten Teil ein, danach Carnivoren, Übercarnivoren und Parasiten; im gesamten aber geringer Anteil. Zersetzer: große Bedeutung, oft über 95 % der Sekundärproduktion. (Seite 882, Abb. 4-72)

97 Von welchen Faktoren hängt das Ausmaß der primären Produktivität ab?

Von der Menge der eingestrahlten Energie, der Ausdehnung der absorbierten Photosyntheseflächen, der Versorgung mit CO_2, O_2, Wasser und Mineralstoffen, der Länge der Vegetationszeit, der Temperatur. (Seite 881, dort weitere Seitenverweise!)

98 In welchem Bereich liegen die Werte der primären Produktivität von Ökosystemen?

In tropischen Regenwäldern bis zu 3500, in künstlichen Algenkulturen bis zu 10 000 $g/m^2/a$. (Seite 881, Tab. 4-3, Abb. 4-75)

99 Zeigen Sie an einem Beispiel den Stoff- und Energiefluß eines Ökosystems auf!

(Seiten 879, 882, Abb. 4-46, 4-68, 4-74)

100 Wie läßt sich die starke Ansammlung toter organischer Substanz in kalten Klimaten erklären?

Die Zersetzer kommen hier mit dem Abbau nicht nach. Der Streu- und Humusanteil beträgt in borealen Nadelwäldern 60–70 %. (Seite 882)

101 a) Welche Phasen laufen beim Aufwachsen eines einheitlichen Pflanzenbestandes ab?

a) Z. B. Baumbestand: Aufbauphase: Zunahme von Brutto- und Nettoproduktion, Zunahme der Phytomasse größer als Verlust durch Konsumenten und Abfall. Reifephase: Nettoproduktion stabilisiert sich, Zunahme der Phytomasse ist ungefähr gleich dem Verlust, Zuwachs = Null. Altersphase: Nettoproduktion sinkt, Verlust ist größer als die Zunahme der Phytomasse.

b) Womit hängen die Veränderungen zusammen?

b) In höherem Alter ändert sich das Verhältnis von «produktiven» Laubblättern und «unproduktiven» Achsen und Wurzeln. (Seiten 879–885, Abb. 4-73)

102 a) Welche natürlichen Formationstypen erbringen die größte Primärproduktion?

a) Wälder. Sie nehmen nur 1/3 – 1/4 der Landfläche ein, erbringen aber mehr als die Hälfte der terrestrischen Primärproduktion.

b) Wie ist das Verhältnis zwischen Phyto- und Zoomasse?

b) Phytomasse ca. 99,9%, davon ca. 0,9% pflanzliche Heterotrophe; ca. 0,1% Zoomasse. (Seite 884, Abb. 4-75)

D. Nutzung und Veränderung durch den Menschen

103 a) Wieviel pflanzliche und tierische Nahrungsmittel verbraucht die Menschheit pro Jahr?

a) 1200×10^6 t an Getreide und anderen pflanzlichen Lebensmitteln, 72×10^6 t tierische Nahrungsmittel aus der Landwirtschaft, $16{,}5 \times 10^6$ t aus der Fischereiwirtschaft.

b) Welchem Anteil an der gesamten terrestrischen Primärproduktion entspricht der pflanzliche Anteil an den menschlichen Nahrungsmitteln?

b) Etwa 10%. (Seite 885)

104 Durch welche Maßnahmen griff und greift der Mensch in die Ökosysteme ein?

Entnahme bzw. Zufuhr von organischem Material und Mineralstoffen, Verseuchung durch Giftstoffe, Änderungen der Vegetation und des Artengefüges, Errichtung von Bauten, Entwässerung und Bewässerung. Dadurch entstanden aus Naturlandschaften Kulturlandschaften. (Seite 886)

105 Beschreiben Sie die Folgen einer intensiven Nutzung von Wald und Weide!

Degradation bis zu Substratsteppen. (Seite 886, Abb. 4-77)

106 Welche Nutzungs- und Wirtschaftsformen der Wälder folgen in Mitteleuropa seit dem Mittelalter aufeinander? Wie entstanden diese? Welche Wirtschaftsformen werden heute bevorzugt?

(Seite 886)

107 Geben Sie einen Überblick über die Maßnahmen, die in Mitteleuropa zu drastischen Veränderungen in den Vegetationsverhältnissen der Flußlandschaften geführt haben! Welche Vor- und Nachteile ergaben sich daraus?

(Seite 886)

108 a) Wann begann der Mensch mit dem Nutzpflanzenanbau?

a) Etwa 8000 v. Chr. im Vorderen Orient, in Ostasien und in Mittelamerika.

b) Wieviel % der Landoberfläche der Erde umfaßt heute das Kulturland?

b) Etwa 10% der gesamten Landoberfläche der Erde. (Seite 888)

109 Machen Sie Angaben über die heutige Nutzpflanzenproduktion! Welche Nutzpflanzen spielen dabei die größte Rolle?

(Seite 888, Tab. 4-4)

110 Welche Pflanzengemeinschaften sind als Folge von Kulturmaßnahmen und Vernichtung natürlicher Vegetation entstanden?

Durch menschliche Aktivitäten (Rodung, Beweidung, Mahd) sind Mähwiesen und Weiderasen entstanden, desgleichen die Segetal- und Ruderalgesellschaften (Siedlungstätigkeit) und auch die großflächigen Waldschlaggesellschaften (durch Ausweitung aus natürlichen Waldlichtungsfluren in «Umtriebslücken»). (Seiten 887–890)

111 Welche hauptsächliche Strategien und Lebensformen sind in **Segetalfluren** (= Ackerbeikrautgesellschaften) begünstigt? Geben Sie Beispiele aus der mitteleuropäischen Vegetation!

(1) Entgehen dem Pflug durch den Rückzug auf das Diasporen-Stadium: die Annuellen (Therophyten): z. B. *Agrostemma githago, Consolida regalis, Viola arvensis, Papaver rhoeas, Centaurea cyanus.*

(2) Entgehen dem Pflug durch tiefliegende und regenerationsfähige Rhizome, Ausläufer oder Wurzeln (Wurzelsproß-

bildung!), deren Zerstückelung durch den Pflug eine vegetative Vermehrung bedeutet. (Seite 889)

112 a) Wodurch sind **Ruderalstandorte** ausgezeichnet?

b) Wie verläuft die Sukzession von Ruderalfluren?

c) Nennen Sie Beispiele für Ruderalpflanzen (Arten, samt Angabe der Familienzugehörigkeit)!

a) Durch einen hohen Mineralstoff- (besonders Stickstoff-) gehalt («nitrophile» Pflanzen, «Nitrophyten»).

b) Therophytenreiches Initialstadium → staudenreiche Gemeinschaften → Gebüsche.

c) *Urtica dioica*, *U. urens* (Urticaceae), *Chelidonium majus* (Papaveraceae), *Geum urbanum* (Rosaceae), *Alliaria petiolata* (Brassicaceae), *Ballota nigra* (Lamiaceae), *Malva neglecta* (Malvaceae), *Chenopodium album* (Chenopodiaceae), *Atriplex patula* (Chenopodiaceae), *Artemisia vulgaris* (Asteraceae), *Arctium lappa* (Asteraceae), *Bromus sterilis* (Poaceae), *Hordeum murinum* (Poaceae). (Seite 890)

113 Welche synökologischen Auswirkungen hatte der Einsatz von **Herbiziden** in den Segetalfluren?

Starke Veränderung der Segetalgesellschaften und von deren Flora: Für die jeweiligen Herbizide empfindliche Arten wurden zurückgedrängt oder verschwanden weitgehend, resistente Arten (gegen *Galium aparine* gibt es längst Spezialpräparate) breiteten sich stark (explosionsartig) im konkurrenzschwach gewordenen Raum aus, neue wanderten aus anderen Gesellschaften und anderen Floren (Neophyten!) ein; resistente Ökorassen wurden selektioniert. Der Lebensraum wurde ökologisch extremer: weniger Arten, diese aber oft sehr individuenreich. Der Indikatorwert der Segetalgesellschaften für den geobotanisch gebildeten Landwirt sank stark. (Seite 890)

114 a) Wie kommt es zur anthropogenen Eu- bzw. Hypertrophierung von Flüssen und Seen?

b) Wie wirkt sich dies auf die Lebewelt aus?

a) Durch die übermäßige Zufuhr nitrat- und phosphatreicher Abwässer, übermäßige landwirtschaftliche Düngung und zu hohe Dichte von Viehzuchtbetrieben (Exkrement-Entsorgung!).

b) Ursprüngliche Arten werden geschädigt, Plankton-Cyanophyceen erfahren oft eine sehr starke Entwicklung. Danach nehmen die organischen Abfälle und die Aktivität der Zersetzer zu. Es kommt zur fortschreitenden Sauerstoffverarmung, zum Fischsterben und zum Zusammenbruch des Ökosystems. (Seite 890)

115 Wie wirken sich giftige Industrie-, Heizungs- und Autoabgase (CO, SO_2, nitrose Gase, Halogenwasserstoffe, Rauchpartikel), Giftstoffe (Blei, Quecksilber, radioaktiver Phosphor, Strontium und Jod) sowie Insektizide und Herbizide auf die Pflanzen und die Umwelt aus?

Störungen der Photosynthese und des Wasserhaushalts, verringertes Wachstum und Absterben, Ansäuerung des Regenwassers; dadurch kommt es zum Auswaschen von Nährstoffen aus den oberen Bodenschichten. Akkumulation der Giftstoffe in den Nahrungsketten. Störungen in den Nahrungsketten und der Ökosystemzusammenhänge. (Seite 890)

Vierter Abschnitt

Floren- und Vegetationsgeschichte

A. Methoden

116 a) In welchen Ablagerungen bleiben Pflanzenreste erhalten?

a) Fossile Pflanzenreste erhalten sich vor allem in marinen und limnischen Sedimenten und in Torfen.

b) Nennen Sie die Erhaltungsweisen und erklären Sie diese!

b) Direkte Erhaltung von Skelettelementen und organischen Kalkablagerungen (z.B. Diatomeen und Corallinaceen); Inkohlung: langsamer Prozeß des «Zu-Kohle-Werdens», dabei erhalten sich am besten verholzte Zellen, Cuticulen und die Exine von Sporen und Pollenkörnern; Versteinerungen oder Inkrustationen: wenn Mineralstoffe (Kieselsäure, Karbonate) das organische Material der Zellwände bzw. des Zellinneren ersetzen; Abdrücke, Innenausgüsse. (Seite 892)

117 Nennen Sie die Möglichkeiten zur absoluten Altersbestimmung von Pflanzen- und Tierresten!

Z.B. Bleimethoden, Radiokarbonmethode, Auszählung von Bändertonen, Dendrochronologie, aufgrund von datierbaren vor- und frühgeschichtlichen Gegenständen. (Seite 892)

B. Protero- und Paläophytikum

118 a) Aus welcher Zeit stammen die ältesten Spuren von Lebensgemeinschaften?

a) Drei bis eine Milliarde vor der Gegenwart (Proterozoikum, Archaikum).

b) Wie war damals das Lebensmilieu beschaffen?

b) Wäßriges Milieu mit CO_2, CH_4, NH_3, H_2, viele organische Verbindungen, ohne bis wenig O_2 .

c) Um welche Organismen handelt es sich?

c) Bakterien- und blaualgenähnliche Prokaryoten, zuletzt einzellige eukaryotische Algen und Protozoen.

d) Aus welchem Teil der Erde stammen die ältesten organismenführenden Schichten?

d) Südafrika (Fig-Tree-Serie); die Schichten sind etwa 3×10^9 Jahre alt. (Seite 893)

119 a) Wie waren die ersten Landökosysteme zusammengesetzt?

a) Psilophyten dominieren in den ältesten Schichten, später kamen Vorläufer der höheren Pteridophytengruppen hinzu. Zersetzer (Bakterien, Pilze) sind nachgewiesen; Tiere fehlten offensichtlich noch.

b) Wann traten diese auf?

b) An der Wende vom Silur zum Devon (vor etwa 400–370 Mio. Jahren).

c) Wie hoch war damals der Sauerstoffgehalt der Atmosphäre und der Salzgehalt der Meere?

c) O_2-Gehalt: 10% des heutigen Wertes; die Meere waren salzarm. (Seite 893)

120 a) Wo liegen die Kerngebiete der **Steinkohlenwälder**?

a) In Europa und im östlichen Nordamerika, abgesetzte Bildungsräume lagen in Sibirien und Ostasien.

b) Aus welcher Zeit stammen sie?

b) Aus dem Karbon (vor 345–280 Mio. Jahren); es waren die ersten umfangreichen Wälder der Biosphäre.

c) Welches Klima herrschte damals?

c) Humid-tropisch bis -subtropisch.

d) Weshalb starben diese Wälder aus?

d) Weil das Klima im Perm zu trocken wurde. (Seiten 893–894, Abb. 4-81)

121 Welche Befunde sprechen für die Existenz eines Südkontinents «Gondwana»?

(Seite 894)

C. Mesophytikum

122 Aufgrund welcher Gegebenheiten konnten sich die Gymnospermen im Mesophytikum stark ausbreiten?	Verbesserung des Leitgewebesystems, xeromorpher Bau. Dadurch konnten trockene Standorte erobert werden. (Seite 895)
123 Worauf ist die weltweit gleichartige Ausbildung der Floren von der Trias bis in die untere Kreide zurückzuführen?	Auf die vom Paläophytikum bis in den Jura andauernde räumliche Nähe der Kontinentalschollen und das Vorherrschen gleichartiger Klimate. Dadurch waren günstige Möglichkeiten für die Ausbreitung gegeben. (Seite 895, Abb. 4-82)

D.–E. Älteres und Mittleres Neophytikum: Oberkreide und Tertiär

124 a) Wann begann die **Entfaltung der Angiospermen** (Magnoliophytina)?	a) Gault bzw. Barrem bis Cenoman (von der Unteren zur Oberen Kreide), vor etwa 125 Mio. Jahren.
b) In welchem Zeitraum übernahmen sie die Vorherrschaft in den terrestrischen Biozönosen?	b) Innerhalb von etwa 25 Mio. Jahren. (Seite 895)
125 Welche Bedeutung hat die Kontinentaldrift und Plattentektonik für die Differenzierung der Florenreiche und Pflanzenareale?	(Seite 896)
126 a) Welche Vegetationstypen wechselten im Laufe des Tertiärs in Mitteleuropa ab?	a) **Alttertiär:** im zentralen Teil Europas immergrüne tropisch-subtropische Regenwaldfloren, nach Norden artenreiche sommergrüne Laub- und Nadelmischwaldfloren (bis 81°45'N [Grinell-Land] belegt) (arktotertiäre Flora). Eozän, Miozän: Braunkohlenwälder in Mitteleuropa; die wärmebedürftigsten Arten gehen zurück. – **Jungtertiär** (Miozän und Pliozän): Verschiebung der Floren und Vegetation nach Süden; wärmeliebende Arten ziehen sich nach Süden zurück, die arktotertiäre Flora gelangt zur Vorherrschaft. Am Ende des Tertiärs starben auch die wärmeliebenden arktotertiären Sippen aus.
b) Wodurch ist dieser Wechsel bedingt?	b) Durch die fortschreitende Klimaverschlechterung. Alttertiär: überdurchschnittlich warmes und ausgeglichenes (sub)-tropisches Klima. Im Jungtertiär erfolgt weltweit eine fortschreitende Abkühlung. Diese erreicht in den pleistozänen Eiszeiten ihren Höhepunkt. (Seite 896)
127 a) Wo liegen die Rückzugsgebiete (= **Refugialgebiete**) für die «nördlichen» tropisch-subtropischen Arten und die wärmeliebenden arktotertiären Arten?	a) Wärmeres Nordamerika, Ostasien, Ostküste des Schwarzen (Kolchis) und Südküste des Kaspischen Meeres (Hyrkanien).
b) Geben Sie einige Sippen an, die in Europa ausgestorben sind!	b) *Ginkgo*, *Taxodium*, *Magnolia*, *Liriodendron*; weitere Beispiele auf Seite 897!
128 Führen Sie einige Leitformen der tertiären **Braunkohlenwälder** auf! Welche Gattungen sind heute noch im wärmeren Nordamerika bzw. Ostasien vorhanden?	(Beispiele auf Seite 898!)
129 Warum ist Europa heute viel ärmer an arktotertiären Arten als die klimatisch vergleichbaren Bereiche Ostasiens und des östlichen Nordamerikas?	(Seite 898)
130 a) Welche Beispiele europäisch-ostasiatisch-nordamerikanisch bzw. ostasiatisch-nordamerikanisch disjunkt verbreiteter Sippen können Sie nennen?	a) Z.B. *Fagus*, *Carpinus*, *Hepatica*; *Tsuga*, Magnoliaceae, *Hamamelis* usw.

b) Was drücken diese Disjunktionen aus?

b) Einen ehemals engeren Zusammenhang der Verbreitungsgebiete auf der Nordhalbkugel. (Seite 898)

131 Nennen Sie die Fundstellen bekannter tertiärer Floren in Mitteleuropa!

Z.B. Mainz, Geiseltal bei Halle/S., baltische Bernsteinflora (Alttertiär), Öhningen (Obermiozän), Frankfurt/Main (Unterpliozän) (Seite 897).

132 a) In welcher Zeit erfolgte die Ausbildung der typisch mediterranen Hartlaubflora?

a) Im mittleren Tertiär aus der dortigen immergrünen Regenwaldflora.

b) Worauf ist dies zurückzuführen?

b) Ausbildung eines wärmeren sommertrockenen Klimas mit Winterniederschlägen; mehrmaliges Austrocknen des Mittelmeeres während des Miozäns.

c) Nennen Sie einige xerotropische Abkömmlinge!

c) Z.B. *Myrtus communis*, *Smilax aspera*, *Nerium oleander*, *Olea europaea*. (Seiten 897, 899)

133 Womit steht die fortschreitende Differenzierung der Trockenfloren waldfreier Savannen, Steppen und (Halb-)Wüsten während des Tertiärs im Zusammenhang?

Mit der zunehmenden Austrocknung und Kontinentalisierung der Binnenräume während des Tertiärs. (Seite 898)

F. Jüngstes Neophytikum: Quartär

134 a) Welche Zeitspanne umfaßt das Quartär?

a) Die letzten 1,5 Mio. ± 0,5 Mio. Jahre.

b) Wie wird es gegliedert?

b) Pleistozän (= Diluvium, Eiszeitenperiode); Holozän (= Alluvium, Nacheiszeit, Postglazial), Beginn vor etwa 10 000 bis 12 500 Jahren.

c) Um wieviel sanken die mittleren Jahrestemperaturen während der **Kaltzeiten** (Eiszeiten) ab?

c) In Mitteleuropa um 8–12 °C, in eisferneren und tropischen Gebieten um 4–6 °C. Die Schneegrenze wurde bedeutend herabgedrückt. (Seite 900)

135 Welche Vegetationsverhältnisse herrschten während der Kaltzeiten des Pleistozäns in Europa?

Siehe Seite 901 und Rekonstruktionsversuch Abb. 4-88.

136 Welche Bedeutung haben die in tonigen Ablagerungen von Seen gefundenen «**Dryasfloren**»?

Rekonstruktion der pleistozänen Vegetationsverhältnisse. Nach den Ablagerungen zu schließen, waren während dieser Kaltzeiten Zwergstrauchtundren und Kältesteppen, staudenreiche Rasen, Seggenmoore und verarmte Wasserpflanzengesellschaften verbreitet. Benennung nach der Leitart, der arktisch-alpinen Silberwurz, *Dryas octopetala*. (Seite 901)

137 a) Wie verlief die Vegetationsentwicklung im eisfreien Teil Europas während der Eiszeiten?

a) Siehe Seite 900, Abb. 4-87.

b) Wo liegen die Rückzugsgebiete für die immergrüne Vegetation?

b) Nordafrika?, SW-Asien, besonders die Süd- und Ostküsten des Schwarzen (euxinische und kolchische Flora) und die Südküste des Kaspischen Meeres (hyrkanische Flora). (Seite 900)

138 Wie lassen sich die alpinen und arktisch-alpinen **Disjunktionen** sowie das Vorkommen von arktisch-alpinen und borealen Arten als **Glazialrelikte** außerhalb ihres Hauptverbreitungsgebietes erklären? Nennen Sie Beispiele!

(Seite 902, Abb. 4-90)

139 Wie hängt die divergente Evolution von montanen bis alpinen Sippen (z.B. *Valeriana celtica*, *Soldanella*, *Biscutella*, *Papaver alpinum* agg.) mit der eiszeitlichen Vergletscherung zusammen?

(Seite 903)

140 Wie sah die Pflanzendecke in den pleistozänen Warmzeiten in Mitteleuropa aus?	Ähnlich der heutigen, jedoch in den früheren Interglazialen mit wärmeliebenden tertiären Arten, wie z. B. *Brasenia schreberi*, *Cedrus*, *Rhododendron ponticum*. (Seite 903)
141 Wie verlief die Vegetations- und Klimaentwicklung im Holozän in Mitteleuropa?	(Seite 903, Abb. 4-92 bis 4-95)
142 Aus welchen anemophilen Sippen setzen sich die Kältesteppen der **Späteiszeit** hauptsächlich zusammen?	Poaceen, Cyperaceen, *Artemisia*, *Ephedra*. (Seite 904)
143 Welche Indizien sprechen für eine postglaziale Wärmezeit?	Anstieg der Waldgrenze in den Gebirgen, wärmeliebende Gehölze, Wasser- und Sumpfpflanzen, thermophile Landtiere und marine Mollusken waren jenseits ihrer heutigen Nordgrenze verbreitet. (Seite 905)
144 Aus welchen Gebieten stammen die **thermophilen** Arten der Felsheiden und Trockenrasen Zentraleuropas? In welcher Zeit wanderten sie ein und welche Wanderwege benutzten sie?	Aus dem Süden (submediterrane Elemente) und aus dem Osten (südsibirisch-pontische Elemente). Früher machte man die postglaziale Wärmezeit für deren Wanderung nach Westen verantwortlich. Neuerdings mehren sich die Befunde, daß diese Wanderungen im wesentlichen nicht klimatisch, sondern hauptsächlich anthropogen bedingt sind (Rodung der Wälder, Öffnung und damit «Xerothermisierung» der Landschaft). Zudem war die postglaziale Wärmezeit nicht trocken, sondern eher feucht. (Seite 905)
145 Wie sah die natürliche Vegetation Mitteleuropas vor Beginn der geschichtlichen Zeit aus?	(Seiten 905–906 Abb. 4-96)
146 a) Ab wann wirkt sich der Einfluß des Menschen auf das Vegetationsbild in Mitteleuropa aus?	a) Ab der späteren Jungsteinzeit (ab 3000 v.u.Z.) mit dem Seßhaftwerden des Menschen («neolithische Revolution»).
b) Wie wirkt sich dies in den Pollendiagrammen aus?	b) Auftreten von Getreide- und Unkrautpollen. (Seite 905)
147 Woher kamen die vielen für die mitteleuropäischen **Wiesen-** und **Weiderasengesellschaften** so charakteristischen Arten, da jene Vegetationstypen doch anthropogen und höchstens wenige tausend Jahre alt sind?	(1) Einwanderung aus den wenigen und kleinflächigen natürlichen **heliophilen** (Rasen-)Gesellschaften auf **Sonderstandorten Mitteleuropas** besonders im Gebirge (Lavinarrasen, Hochstaudenfluren, Waldsaumgesellschaften, kurzlebige Pionierrasen in den Flußauen, Verlandungsgesellschaften, edaphische Trockenrasen, Felsrasen); (2) Einwanderung aus entsprechenden Vegetationstypen **außerhalb Mitteleuropas**, insbesondere aus submediterranen (südlichen) und subkontinentalen (östlichen) Gegenden; (3) **Überdauern** von Besiedlern postglazialer heliophiler, waldfreier Vegetation und früher Übertritt in anthropogene Vegetation (Beispiel: Kornblume/*Centaurea cyanus*); (4) meist hybridogene (oft allopolyploide!) **Neuentstehung** (Evolution) von Arten aus der Kombination von mediterran-submediterranen, kontinentalen, subalpin-alpinen Sippen und solchen der oben angeführten Typen (1) bis (3). Beispiele: *Dactylis glomerata*, *Anthoxanthum odoratum*, *Lotus corniculatus*, *Galium album*, *Galium pumilum*, *Veronica chamaedrys*, *Scabiosa columbaria*, *Campanula patula*, *Leucanthemum ircutianum*, *Achillea millefolium*. (Seite 906 u.a.)

Fünfter Abschnitt
Floren- und Vegetationsgebiete der Erde

148 a) Aufgrund welcher Kriterien läßt sich die Erde in **Florengebiete** gliedern?

a) Aufgrund von Ähnlichkeiten und Unterschieden im Sippenbestand. Es lassen sich Diskontinuitäten (± starkes «Florengefälle») feststellen: bestimmte Arealtypen wiederholen sich besonders oft. Jedes Florengebiet läßt sich durch endemische Taxa charakterisieren.

b) Die Florengebiete lassen sich hierarchisch ordnen. Wie heißen die wichtigsten Rangstufen?

b) Florenreich – Florenregion – Florenprovinz – Florenbezirk – Florendistrikt. (Vgl. Frage 28!) (Seite 907)

149 Von welchen Faktoren wird die Flora und Vegetation der Erde großräumig geprägt?

Durch das aktuelle Großklima und durch die Florengeschichte (also das historische Klima und die Evolution der Sippen).

A. Das Holarktische Florenreich (= die Holarktis)

150 a) Welche Gebiete der Erde umfaßt das Holarktische Florenreich?

a) Die nördliche extratropische Hemisphäre zwischen der meridionalen und der arktischen Zone.

b) Welche Familien sind im wesentlichen auf die Holarktis beschränkt?

b) Z.B. Pinaceae, Betulaceae, Salicaceae, Fumariaceae, Pyrolaceae, Caprifoliaceae;

c) Welche haben dort ihren Verbreitungsschwerpunkt?

c) Z.B. Ranunculaceae, Brassicaceae, Caryophyllaceae, Saxifragaceae, Rosaceae, Fabaceae, Apiaceae, Primulaceae, Campanulaceae. (Seite 907)

151 a) Warum ist die **Holarktis** so groß?

a) Wegen der bis ins Quartär andauernden räumlichen Nähe der nördlichen Landmassen, die eine intensive Florendurchmischung während des Jungtertiärs und Quartärs bewirkte.

b) Was hat die Holarktis mit der Arktis zu tun?

b) Nichts. (Seite 907)

c) Warum heißt sie so?

c) Um die Studenten zu verwirren. Gemeint sind (außer der fast pflanzenlosen Arktis) die temperaten Zonen südlich der Arktis, im Gegensatz zur Antarktis. (Seite 307)

152 Was sind **Florenzonen**?

Die Florenregionen lassen sich, entsprechend ihrer Abhängigkeit von den **Klimazonen**, zu Florenzonen gruppieren. Vgl. dazu Abb. 4-10 auf Seite 832!

1. Die Mitteleuropäische Region (untere Höhenstufen)

153 a) Wie weit reicht die Mitteleuropäische Florenregion?

a) Von Irland und NW-Spanien nach Osten unter allmählicher Verengung bis zum Ural. (Seite 908, Abb. 4-17)

b) Wie ist sie klimatisch gekennzeichnet?

b) Die unteren Höhenstufen weisen eine Vegetationszeit von 6–9 Monaten auf, im Winter längere Kälteperioden, Niederschlagsmaxima im Sommer, mittlere Jahrestemperaturen 5–15°C, Niederschläge >500 mm/Jahr.

c) Welche Formationen dominieren?

c) Klimax-Formationen: sommergrüne Laubwälder; in der oberen Bergwaldstufe und im NE höherer Anteil an Nadelhölzern. (Seite 908)

154 Durch welche Leitarten läßt sich die Mitteleuropäische Florenregion charakterisieren?	Leitarten der sommergrünen Laubwälder wie *Quercus robur, Acer platanoides, Fraxinus excelsior, Tilia cordata, Corylus avellana, Anemone nemorosa, Ranunculus ficaria, Lamiastrum galeobdolon* agg. (Seite 909)
155 In welche Florenprovinzen wird die Mitteleuropäische Florenregion eingeteilt? Nennen Sie für jede Provinz 2 bezeichnende Arten!	Atlantische (*Ulex europaeus, Erica tetralix*), subatlantische (*Cytisus [Sarothamnus] scoparius, Digitalis purpurea*), zentraleuropäische (*Fagus sylvatica, Atropa belladonna*) und sarmatische (*Euonymus verrucosa, Melampyrum nemorosum*) Provinz. (Seite 909)
156 Welche sind die Klimaxgesellschaften der mitteleuropäischen Region in den niederen Lagen?	Rotbuchenwälder, Eichen-Hainbuchen-Mischwälder, wärmeliebende Eichenmischwälder, bodensaure Eichen-Kiefern-Wälder. (Seite 910)
157 Was versteht der Geobotaniker unter Mischwald?	Einen Wald, in dem zwei oder mehr Baumarten dominieren, also etwas anderes als in der Alltagssprache (Mischung von Laub- und Nadelhölzern)!
158 Was verstehen Sie unter «Weide»?	(1) [in der Idiobotanik, Taxonomie:] die Angiospermengattung *Salix*; (2) [in der Geobotanik:] einen Vegetationstyp (besser «Weiderasen»): Rasen, der durch anthropogene Beweidung geprägt ist, d.h. extensiv bis intensiv über längere Zeit für Haustiere als Viehweide be- und genutzt wird.
159 a) Was ist ein Moor?	a) Lagerstätten von Torf und ihre Vegetationsdecke.
b) Was sind die Unterschiede zwischen Hoch- und Niedermoor?	b) Hochmoore haben keinen Kontakt zum mineralischen Untergrund und sind daher extrem nährstoffarm (= dystroph) und sehr sauer; Niedermoore sind nicht dystroph und weniger bis gar nicht sauer; Kontakt zum Gesteinsuntergrund ist meist vorhanden.
c) und zwischen Nieder- und Flachmoor?	c) Keine! (Synonyme!) (Seite 912)
160 Beschreiben Sie die Vegetationsentwicklung an der **Nordseeküste**!	Watt → Besiedlung durch extreme Halophyten → Ablagerung von Schlick → Marschen bzw. Andelwiesen → salzfreie Trockenwiesen. (Seite 913, Abb. 4-102)
161 Aufgrund welcher Kriterien wird zwischen Primär-, Weiß-, Grau- und Braundünen unterschieden?	(Seite 913, Abb. 4-102)
162 a) Was sind **Edellaubwälder**?	a) Mäßig nährstoffreiche (mesotrophe), frische (mesophytische) Laubwälder, die also weder zu trocken noch zu feucht, weder zu nährstoffarm oder zu sauer noch überdüngt sind, etwa Fagion und Carpinion.
b) Nennen Sie Edellaubwald-Zeigerarten!	b) *Galium odoratum, Lamiastrum montanum, Pulmonaria officinalis, Symphytum tuberosum, Dentaria bulbifera, Polygonatum multiflorum, Daphne mezereum, Mercurialis perennis, Viola reichenbachiana, Melica uniflora, Brachypodium sylvaticum, Festuca altissima, Lilium martagon* u.v.a. (Seiten 854, 910)
163 Nennen Sie einige wichtige **Säurezeiger** der mitteleuropäischen Wälder!	*Avenella flexuosa, Luzula luzuloides, Veronica officinalis, Antennaria dioica, Genista germanica, Calluna vulgaris, Vaccinium myrtillus, Melampyrum pratense.* (Seite 910)
164 a) Warum sind auf **Waldschlägen** (künstlichen Lichtungsfluren, Kahlschlägen) die Vegetationsbedingungen im allgemeinen besser als im entsprechenden Wald?	a) Weil der Boden i.a. nährstoffreicher und besser mit Feuchtigkeit versorgt ist. Größere Wärme, Durchlüftung und Feuchtigkeit aktiviert im Edaphon die Reduzenten, beschleunigt dadurch die Mineralisierung (Abbau der organischen Bodenkomponenten) und führt daher zu Nährstoffanreicherung.
b) Warum sind Waldschläge i.a. besser durchfeuchtet, wo doch die Einstrahlung (Insolation) und damit die Verdunstung (Evapotranspiration) größer ist als im Wald?	b) Die größere Evapotranspiration wird überkompensiert durch die fehlende Transpiration der Bäume («Wasserpumpen»!) und die fehlenden Interzeptionsverluste (das ist der Regen, der nicht den Boden erreicht, weil er vom Laubwerk der Bäume abgefangen wird und von dort aus verdunstet).

165 a) Sind nährstoffreiche Wiesen (Fettwiesen) oder nährstoffarme Wiesen (Magerwiesen) artenreicher?	a) Nährstoffarme.
b) Warum?	b) Nährstoffarmut ist in der Biosphäre sozusagen der Normalfall, die Organismen haben sich im Lauf der Evolution darauf eingestellt. Natürliche nährstoffreiche Biotoptypen sind selten (Auwälder, Viehlägerfluren).
166 Warum ist es schwierig, bei geobotanisch und ökologisch Ungebildeten Verständnis dafür zu finden, daß ein **Magerrasen** ökologisch und naturschützerisch wertvoller ist als eine Fettwiese?	Weil deren Denken durch die traditionelle landwirtschaftliche Perspektive geprägt und korrumpiert ist: «Je mehr Dünger, umso besser».
167 Was sind Hochstaudenfluren?	Gesellschaften mit dominierend hochwüchsigen, meso- bis hygrophilen (großblättrigen) Stauden an nährstoffreichen, frischen bis feuchten, waldfreien Standorten, besonders im Gebirge.
168 Wo gibt es in Mitteleuropa salzreiche (= **halophytische**) Vegetation? Nennen Sie dazu jeweils einige charakteristische Arten und Unterarten! Woher kommt jeweils das Salz?	An den Meeresküsten (Meersalz, hauptsächlich NaCl): Salzmarschen (*Salicornia europaea agg.*, *Puccinellia maritima*, *Artemisia maritima*, *Aster tripolium*, *Glaux maritima*) und Küstendünen (*Cakile maritima*, *Honkenya peploides*, *Eryngium maritimum*); – im Binnenland über salzführenden geologischen Schichten unter kontinentalen (semihumiden bis ± ariden) Klimabedingungen (verschiedene Salze) (*Lepidium crassifolium*, *Artemisia santonicum*, *Puccinellia peisonis*); – im Kulturland in Ruderalstandorten entlang der Straßen (anthropogen: winterliche Straßensalzung!) (*Puccinellia distans*). (Seite 912)
169 a) Welche Ökofaktoren wirken sich bei der Besiedlung von Felsen, Hangschutt und Sand stark aus?	a) Extremtemperaturen, unzureichende oder unregelmäßige Wasserzufuhr.
b) Welche Formationen sind an solchen Standorten verbreitet?	b) Vor allem Trockenrasen, Zwergstrauchheiden und Offenwälder.
c) Welche Geoelemente sind in diesen Vegetationseinheiten stark vertreten?	c) Viele östliche und südliche Sippen, die vor allem im Spät- und frühen Postglazial eingewandert sind. (Seite 913)
170 Wie entstanden die meisten Zwergstrauchheiden der niederen Höhenstufen West- und Zentraleuropas?	Anthropogen durch Vernichtung des Waldes; dessen Wiederaufkommen wird durch Weide und Brand verhindert. (Seite 913)
171 a) Was versteht man unter «Wiesen»?	a) Gehölzarme oder gehölzfreie Rasen auf mäßig oder stärker durchfeuchteten Böden, in denen Grasartige (Poaceen, Cyperaceen) und Stauden vorherrschen.
b) Wo kommen natürliche Wiesen vor?	b) In den Gebirgen an und oberhalb der Waldgrenze, auf Salzstandorten.
c) Wie sind die meisten Wiesen entstanden?	c) Anthropogen als Ersatzgesellschaft statt Wald: durch Mahd: Mähwiesen. (Vgl. Frage 147!) (Seite 914)

2. Die Gebirge der mitteleuropäischen Region

172 Zeigen Sie die Entstehung der Alpenflora und Ihre Beziehungen zu den anderen Gebieten der Erde und zur Arktis auf! Wohin weisen die Verwandschaftsbeziehungen?	(Seite 914)
173 Welche Faktoren sind für die **Höhenstufung** der Vegetation in den Alpen verantwortlich?	Abnahme der Temperatur, Verkürzung der Vegetationszeit, Zunahme der Niederschläge und der Windstärke, Verlängerung der Schneebedeckung, Veränderung der Lichtqualität. (Seite 915, Abb. 4-43, 4-44, 4-99)

174 In welchen Höhenstufen (Mitteleuropas einschließlich der Alpen) wird
a) Almwirtschaft;
b) Weinbau;
c) Forstwirtschaft;
d) Skitourismus betrieben?

a) subalpin;
b) planar-collin;
c) planar bis montan;
d) montan und subalpin. (Seite 915)

175 Warum ist für die Charakterisierung des altitudinalen (=«vertikalen») Verhaltens einer Sippe die Angabe der Höhenstufe sinnvoller als die beliebte von Höhenmetern?

Weil die Höhenstufen klimatisch-ökologisch (und nicht barometrisch) definiert sind und sich die Pflanzen nach den Ökofaktoren und weder nach dem Luftdruck noch nach der Entfernung vom Erdmittelpunkt richten. Bei Höhenmeterangaben müßte man zumindest jeweils die Alpenteile (insbes. Rand- oder Innenalpen: klimatisch stark verschieden!), für die sie gilt, angeben. (Seite 915, Abb. 4-99)

176 Worauf ist die höhere Lage der Waldgrenze in den inneren Alpen (=«Innenalpen») zurückzuführen?

Auf deren subkontinentales Klima (die «Randalpen» sind dagegen subozeanisch). (Seite 915, Abb. 4-99)

177 a) Welcher ist der drittwichtigste Faktor für die Gliederung der Gebirgsvegetation in den Alpen nach Höhenstufung und anthropogener Beeinflussung?

a) Der Klimagradient von subozeanisch (Randalpen) über subkontinental (Innenalpen) zu subozeanisch (Randalpen) quer durch die Alpen.

b) Nennen Sie Baumarten, die diesen (gesuchten und gefundenen) Gradienten anschaulich illustrieren!

b) Rotbuche (*Fagus sylvatica*): nur in den Randalpen (montan, selten bis subalpin); Zirbe (*Pinus cembra*): hauptsächlich in den Innenalpen (obermontan bis subalpin). (Seite 915, Abb. 4-99)

178 a) Worauf ist die mosaikartige Anordnung der alpinen Pflanzengemeinschaften zurückzuführen?

a) Verstärkte Erosion, erschwerte Bodenbildung, ungleichmäßige Schneeverfrachtung, Windwirkung, Frostwirkung, Differenzierung nach Hangneigung, Solifluktion, Bodenmächtigkeit und Wasserverteilung.

b) Welche alpinen Pflanzenformationen sind die wichtigsten?

b) Zwergstrauchheiden, Rasen, Schuttfluren, Felsspaltenfluren, Schneetälchen. (Seite 916)

179 Was war die ursprüngliche Vegetation anstelle der heutigen subalpinen Almen?

Lärchen-Zirbenwälder und/oder aufgelockerte Fichtenwälder und/oder Krummholzgebüsche (Leg-Föhre/*Pinus mugo*, Grün-Erle/*Alnus alnobetula* = *A. viridis*) mit Hochstaudenfluren. (Seite 916)

180 Mit welchen Argumenten würden Sie aus fachlicher Sicht einem Laien widersprechen, der das Edelweiß für eine typische «Alpenpflanze» hält?

Der laienhafte, vage Begriff «Alpenpflanze» verlangt in fachlicher Sicht eine Differenzierung: Vegetationskundlich ist *Leontopodium alpinum* eine Art alpiner basenreicher Rasen; in floristischer Hinsicht ist es ein ureinheimisches Element der Flora der Alpen; in florengeschichtlicher Hinsicht ist es jedoch ein eiszeitlicher Einwanderer aus Zentralasien, gehört nicht zum autochthonen Grundstock der Alpenflora; in taxonomisch-chorologischer Hinsicht ist die Art ein untypischer, weil geographisch aberranter Vertreter einer hauptsächlich zentralasiatischen Gebirgsgattung.

3. Die circumarktische Region

181 a) Welche Bedingungen herrschen in der circumarktischen Region?

a) Vegetationszeit maximal 3 Monate, Mitteltemperatur des wärmsten Monats unter +10°C, Dauerfrostböden sind verbreitet (die Region umfaßt die nördlich der polaren Waldgrenze liegenden Bereiche Eurasiens und Nordamerikas).

b) Welche ist die bezeichnende Pflanzenformation?

b) Tundra.

c) Wie ist diese aufgebaut?

c) Vor allem aus gegen Kälte widerstandsfähigen, vielfach immergrünen und kleinblättrigen Zwergsträuchern, Cyperaceen, Gräsern, Flechten, Moosen. Nach Norden zu stärker offene Vegetation von Kryptogamen und krautigen Pionierpflanzen. (Seite 916)

4. Die circumboreale Region

182 a) Charakterisieren Sie die circumboreale Region!

a) Nadelwälder der Nordhemisphäre, «Taiga», die Vegetationszeit dauert 6 Monate, nur 1–4 Monate haben eine Mitteltemperatur von mehr als 10 °C.

b) Nennen Sie bezeichnende Arten und Artengruppen!

b) *Juniperus communis*, *Betula humilis* aff., *Alnus alnobetula*-(= *A. viridis*-)Gruppe, *Ledum palustre*.

c) Welche Arealdisjunktion ist für das boreale Geoelement charakteristisch?

c) Viele haben abseits der borealen Region Teilareale in der montanen Stufe der holarktischen Gebirge. (Seite 916)

5. Die pontisch-südsibirische Region

183 a) Welches Gebiet umfaßt die pontisch-südsibirische Region?

a) Vom ukrainischen und südostrussischen Steppengebiet am Nordrand des Schwarzen Meeres (= pontische Provinz) nach Osten bis an den Westfuß des Altai-Gebirges und nach Westen über Ungarn bis in das östliche Österreich.

b) Nennen Sie Leitarten dieser Region, die noch Zentraleuropa erreichen!

b) *Adonis vernalis*, *Prunus fruticosa*, *Oxytropis pilosa*, *Stipa capillata*.

c) Wie würden Sie diese Region vegetationskundlich und klimatisch charakterisieren?

c) Waldsteppen- und Steppenbereich mit kontinentalem Klima. (Seite 917, Abb. 4-104, 4-105)

184 Was versteht man unter einer **Steppe**?

Sammelbegriff für relativ klimatrockene, baumlose, außertropische Vegetationseinheiten, in denen xeromorphe Gräser, Stauden, niedrige Halbsträucher und Zwergsträucher, daneben auch Geophyten und Einjährige eine ± geschlossene Pflanzendecke bilden. (Seite 918)

6. Die makaronesisch-mediterrane Region

185 a) Welche Gebiete umfaßt die Makaronesisch-Mediterrane Florenregion?

a) Die ostatlantischen (= «makaronesischen») Inseln, Südeuropa, die Inseln des Mittelmeeres, die westlichen und südlichen Küstenlandschaften Kleinasiens und küstennahe Teile Nordafrikas. (Vgl. Abb. 4-17!)

b) Wo liegt das Mediterrangebiet i. e. S. (= Mediterrane Unterregion, eumediterraner Bereich) und wie ist es klimatisch ausgezeichnet?

b) Küstenlandschaften und Inseln des Mittelmeeres; Niederschläge im Herbst und Frühjahr oder im Winter; Winter mild und frostfrei, Sommer heiß und trocken.

c) Nennen Sie einige typische mediterrane Hartlaubgehölze!

c) *Quercus ilex* (Stein-Eiche), *Q. suber* (Kork-Eiche), *Q. coccifera* (Kermes-Eiche), *Olea europaea* (Ölbaum), *Ceratonia siliqua* (Johannisbrotbaum), *Myrtus communis* (Myrte), *Arbutus unedo* (Erdbeerbaum), *Pistacia lentiscus* (Mastixstrauch). (Seite 919)

186 Nennen Sie Leitgattungen der Makaronesisch-Mediterranen Florenregion!

Cistus, *Phillyrea*, *Lavandula*, *Spartium*, *Calycotome*. (Seite 919)

187 Charakterisieren Sie die Submediterrane Unterregion!

Sommerwarm und -trocken, aber winterliche Fröste; an die mediterranen (= «eumediterranen») Küstengebiete landeinwärts und im Gebirge oberhalb der immergrünen Zone anschließend; sommergrüne Laubwälder; Leitarten: *Quercus pubescens* (Flaum-Eiche), *Ostrya carpinifolia* (Hopfenbuche), *Fraxinus ornus* (Blumen-Esche), *Castanea sativa* (Edelkastanie). (Seite 920, Abb. 4-106)

188 Durch welche Eigenheiten setzt sich die Makaronesische Unterregion von der Mediterranen deutlich ab?

Im Gebirge relativ warm-feuchter Lorbeerwald mit *Laurus azorica* u.a.; phylogenetische Stammformen mediterraner Sippen. (Seite 919)

189 Wieso reichen die Areale etlicher submediterraner Arten in Westeuropa weit nach Norden über die Mediterrane Region hinaus?

Wegen des dort betont ozeanischen (wintermild-feuchten) Klimas (Golfstrom!). Das mediterrane Klima ist durch derartige Winter gekennzeichnet («ozeanische Komponente»). (Seite 919)

190 Wo gibt es die meisten submediterranen Arten

a) innerhalb Deutschlands;

b) innerhalb Österreichs;

c) innerhalb der Schweiz?

Führen Sie Beispiele an!

a) Vor allem im äußersten Südwesten: besonders im südlichen oberrheinischen Hügelland (Kaiserstuhl) (subozeanisch-submediterran); *Acer opalus*, *Aceras anthropophorum*, *Himantoglossum hircinum*;

b) vor allem am Alpenostrand südlich von Wien (subkontinental-submediterran); *Quercus cerris*, *Q. pubescens*, *Cotinus coggygria*, *Himantoglossum adriaticum*;

c) vor allem am Alpensüdfuß (im Tessin) («insubrisch»); *Celtis australis*, *Adiantum capillus-veneris*, *Orchis provincialis*, *Aristolochia rotunda*.

B.–D. Die übrigen Florenreiche

191 Nennen Sie einige charakteristische

a) pantropische,

b) paläotropische und

c) neotropische Familien!

a) Lauraceae, Myrtaceae, Melastomataceae, Araceae, Orchidaceae, Arecaceae (Palmen);

b) Pandanaceae, Nepenthaceae;

c) Cactaceae, Bromeliaceae. (Seite 920)

192 Welche Klimabedingungen herrschen in der tropischen Zone?

Echte Jahreszeiten fehlen, Tageszeitenklima (in Berglagen), vielfach aber Wechsel von Regen- und Trockenzeiten, bei hohen mittleren Temperaturen ist das Wasser der wichtigste Faktor für Biomasse und Produktivität. (Seite 920, Abb. 4-107)

193 a) Charakterisieren Sie den **tropischen Regenwald**!

b) Nennen Sie epiphytische Sippen des tropischen Regenwaldes!

a) Siehe Seite 920, Abb. 4-108.

b) Moose, Flechten, Lycopodiaceen, Farne, Orchidaceen, Bromeliaceen.

194 Womit hängt die in den Tropen häufig auftretende **Kauliflorie** zusammen?

Mit dem großen Gewicht der Früchte, mit den Bestäubungsverhältnissen (Wirbeltierbestäubung: Vögel, Fledermäuse). (Seite 921)

195 In welcher Hinsicht stellen die Monsunwälder ein ökologisches Gegenstück zu den sommergrünen Laubwäldern dar?

Sie sind regengrün. (Seite 921)

196 a) Welche Formationen bezeichnet man als **Savanne**?

b) Welche Bedingungen herrschen vor?

a) Von Bäumen und Bauminseln durchsetzte (sub-)tropische Grasfluren.

b) Ausgeprägte Trockenzeiten; feinkörnige (= hochdisperse, dichte, tonige), relativ viel Wasser speichernde Böden, die vom Wurzelsystem der Gräser gut durchwurzelt werden können; Brände. (Seite 922)

197 a) Charakterisieren Sie die **Wüste**!

a) Jahresniederschläge < 200 mm bzw. starke Evaporation, Produktivität und Biomasse erreichen niedrigste Werte, geringe Bedeckung des Bodens mit Pflanzen, ausgeglichener Wasserhaushalt sehr erschwert, Salze reichern sich an der Oberfläche an, extreme Temperaturgegensätze, starke Strahlungsintensität.

b) Nennen Sie Anpassungen der Pflanzen an die Wüstenbedingungen!

b) Thero- und geophytische Lebensweise, Sukkulenz, Laubabwurf, Assimilation mit der Sproßachse, mächtiges Wurzelsystem, CAM-Mechanismus. (Seite 923)

198 a) Unter welchen Bedingungen bilden sich **Mangroven**? b) Welche Anpassungen zeigen die Mangrove-Pflanzen? c) Nennen Sie wichtige Arten!

(Seite 923)

199 a) Geben Sie Kulturpflanzen an, die ihr ursprüngliches Verbreitungsgebiet (= ihre Heimat) in der Paläotropis;

a) Reis, Zuckerrohr, Tee, Kaffee, Pfeffer, Kokosnuß, Banane;

b) in der Neotropis haben!

b) Mais, Kartoffel, Erdnuß, Kakao, Paprika, Tomate, *Phaseolus*.

c) Sind deshalb (vgl. Teilfrage b)) Kartoffel, Tomate, Bohnen tropische Gewächse?

c) Nein, denn bei b) ist «tropisch» nicht im vegetationskundlichen Sinn gemeint. Die tropischen Florenreiche umfassen nicht nur tropische Vegetationsgebiete, sondern auch temperate, nämlich in den Gebirgen! (Seite 923)

200 a) Wie sieht die Höhenstufung der Vegetation in den tropischen Gebirgen aus?

a) Niederungs-Regenwälder, ab 1500 m (± 20°C mittlere Jahrestemperatur) Berg-Regenwälder, über 2500 m (± 16°C) Nebelwälder (subalpine Buschwälder), über 3500 m (± 12°C) Paramo (Grasland).

b) Welche Wuchsform ist konvergent in der höchsten Stufe der tropischen Gebirge entstanden?

b) Kerzenschopfbäume: *Senecio* spp., *Lobelia* spp. in Afrika; *Espeletia* spp., *Puya* sp. in den Anden. (Seite 924)

201 Was ist die Heimat der Zimmerpflanzen *Clivia* und «Geranie» (recte und österreichisch «Pelargonie», *Pelargonium*), der Stapelien und der *Protea*, der meisten *Erica*- und Aizoaceen- (Mesembryanthemaceen-) Arten?

Die Capensis = das Kapländische Florenreich, das der Flache nach kleinste aller Florenreiche. (Seite 924)

202 Gibt es in der Antarktis Phanerogamen?

Nein; aber im Antarktischen Florenreich, zu dem gehören nämlich außer der Antarktis die Südinsel Neuseelands, die Südspitze Südamerikas und einige Inseln: *Nothofagus*-Wälder, Polsterpflanzen wie die Umbellifere *Azorella* etc. (Seite 924)

Einige abschließende umfassende (und zusammenfassende) Fragen

203 Vergleichen Sie die **floristische** Gliederung der Erde mit der **vegetationskundlichen**! Warum decken sie sich nicht? Wo liegen die Unterschiede?

Die eine beruht auf der Flora (auf der Verteilung der Sippen), die andere auf der Vegetation (auf der Verteilung der physiognomisch und ökologisch definierten Vegetationstypen). Die Vegetation widerspiegelt stärker die **aktuelle** klimatische Situation, die Flora dagegen ist stärker **historisch** bedingt (abhängig von der Evolution der Sippen, die ihrerseits natürlich von der Klimageschichte wesentlich beeinflußt worden ist). Voneinander räumlich entfernte Gebiete haben trotz gleichen Klimas verschiedene Floren: Man vergleiche die temperaten Laubwälder des pazifischen Asien mit jenen des atlantischen Nordamerika; die verschiedenen, weit voneinander entfernten Gebiete mediterranoiden Klimas untereinander (Frage 52), die sich floristisch erheblich voneinander unterscheiden; die Tropen der Alten mit jenen der Neuen Welt etc. Nord- und Südhemisphäre sind floristisch viel stärker ungleich, viel weniger symmetrisch als in vegetationskundlicher und klimatischer Hinsicht. (Vgl. die ausschlagbare Farbtafel der Vegetationszonen der Erde zwischen den Seiten 916 und 917!)

204 Erläutern Sie die Rolle der Geobotanik bei der **Bioindikation**! Kann der Geobotaniker besser Daten über die Standortfaktoren liefern als Bodenchemiker, Pedologe (= Bodenkundler) und Meteorologe gemeinsam? Wenn ja, wie und warum?

Ja. Die Kenntnis der Zeigerwerte der einzelnen Arten und, noch exakter, der Pflanzengesellschaften gibt rascher und präziser Auskunft, weil die Vegetation alle ökologisch relevanten Faktoren kombiniert und über längere Zeiträume (mindestens ein Jahr) integriert und außerdem die räumliche Verteilung (horizontal und vertikal!) genau anzeigt, was durch klima- und bodenphysikalische, pedologische und bodenchemische Messungen selbst mit großem Aufwand kaum erreichbar ist.

205 Welche Faktoren (oder eigentlich geobotanische Dimensionen) müssen Sie in Betracht ziehen, wenn Sie in der Natur versuchen, einen konkreten Vegetationsbestand (Bestandsindividuum eines Vegetationstyps; die Pflanzengemeinschaft, die Sie an einem bestimmten Biotop vorfinden) geobotanisch zu analysieren? Wie gehen Sie systematisch (nicht taxonomisch!) vor, damit Sie im Faktorengewirr nicht den Überblick verlieren?

a) **Großklima** (Makroklima);
b) **Geologie** und **Pedologie** (Gesteinsuntergrund, Boden);
c) **Höhenlage** (Höhenstufe);
d) **Lokalklima** (Meso- und Mikroklima): Exposition, Hangneigung;
e) menschliche Beeinflussung (**anthropogene** Faktoren: welche? wie intensiv?);
f) Sukzessionsstadium («**Dynamik**»; Frühstadium nach einem gröberen Eingriff in die Standortverhältnisse oder stabilisierte Gesellschaft?);
g) **Flora** (welche Sippen «stehen der Vegetation zur Verfügung»? florengeographische Position!).